北京课工场教育科技有限公司 出品

新技术技能人才培养系列教程

大数据开发实战系列

基于Hadoop与Spark的

大数据开发实战

肖睿 丁科 吴刚山 / 主编

鄢长青 张琪 / 副主编

U0381780

BIG DATA

人民邮电出版社

北京

图书在版编目（CIP）数据

基于Hadoop与Spark的大数据开发实战 / 肖睿，丁科，
吴刚山主编. -- 北京 : 人民邮电出版社，2018.4（2022.11重印）
新技术技能人才培养系列教程
ISBN 978-7-115-47764-4

Ⅰ. ①基… Ⅱ. ①肖… ②丁… ③吴… Ⅲ. ①数据处
理软件－教材 Ⅳ. ①TP274

中国版本图书馆CIP数据核字(2018)第010078号

内 容 提 要

大数据技术让我们以一种前所未有的方式，对海量数据进行分析，从中获得有巨大价值的产品和服务，最终形成变革之力。本书围绕 Hadoop 和 Spark 两个主流大数据技术进行讲解，主要内容包括 Hadoop 环境配置、Hadoop 分布式文件系统（HDFS）、Hadoop 分布式计算框架 MapReduce、Hadoop 资源调度框架 YARN 与 Hadoop 新特性、Hadoop 分布式数据库 HBase、数据仓库 Hive、大数据离线处理辅助系统、Spark Core、Spark SQL、Spark Streaming 等知识。

本书紧密结合实际应用，运用大量案例说明和实践，提炼含金量十足的开发经验。另外，本书配以多元的学习资源和支持服务，包括视频教程、案例素材下载、学习交流社区、讨论组等学习内容，为读者带来全方位的学习体验。

本书适合作为计算机、大数据相关专业的教材使用，也适合具有一定 Linux、Java 开发经验，并且想从事大数据开发的人员使用，也可作为大数据分析与运维人员的参考用书。

◆ 主　编　肖　睿　丁　科　吴刚山
　　副主编　鄢长青　张　琪
　　责任编辑　祝智敏
　　责任印制　马振武

◆ 人民邮电出版社出版发行　　北京市丰台区成寿寺路11号
　　邮编　100164　　电子邮件　315@ptpress.com.cn
　　网址　http://www.ptpress.com.cn
　　固安县铭成印刷有限公司印刷

◆ 开本：787×1092　1/16
　　印张：24　　　　　　　　　2018 年 4 月第 1 版
　　字数：566 千字　　　　　　2022 年 11 月河北第 11 次印刷

定价：66.80 元

读者服务热线：(010)81055256　印装质量热线：(010)81055316
反盗版热线：(010)81055315
广告经营许可证：京东市监广登字20170147号

大数据开发实战系列

编 委 会

主　　任：肖　睿

副 主 任：相洪波　　韩　露

委　　员：孙　苹　　李　娜　　张惠军　　杨　欢

　　　　　潘贞玉　　庞国广　　张德平　　王丙辰

课 工 场：周　嵘　　孙正哲　　刘　尧　　董　海

　　　　　崔建瑞　　冯娜娜　　李　真　　陈　璇

　　　　　尚永祯　　于学杰　　陈　燕　　刁志星

　　　　　刘校锋　　吉志星　　曹紫涵　　霍荣慧

序　言

丛书设计

准备好了吗？进入大数据时代！大数据已经并将继续影响人类生产生活的方方面面。2015 年 8 月 31 日，国务院正式下发《关于印发促进大数据发展行动纲要的通知》。企业资本则以 BAT 互联网公司为首，不断进行大数据创新，实现大数据的商业价值。本丛书根据企业人才的实际需求，参考以往学习难度曲线，选取"Java＋大数据"技术集作为学习路径，首先从 Java 语言入手，深入学习理解面向对象的编程思想、Java 高级特性以及数据库技术，并熟练掌握企业级应用框架——SSM、SSH，熟悉 Java Web 应用和 Hadoop 大数据开发，积累企业实战经验，通过实战项目对大型分布式应用有所了解和认知，为"大数据核心技术系列"的学习打下坚实基础。本丛书旨在为读者提供一站式实战型大数据应用开发学习指导，帮助读者踏上由开发入门到大数据实战的"互联网＋大数据"开发之旅！

丛书特点

1．以企业需求为设计导向

满足企业对人才的技能需求是本丛书的核心设计原则，为此课工场大数据开发教研团队，通过对数百位 BAT 一线技术专家进行访谈、上千家企业人力资源情况进行调研、上万个企业招聘岗位进行需求分析，从而实现对技术的准确定位，达到课程与企业需求的强契合度。

2．以任务驱动为讲解方式

丛书中的技能点和知识点都由任务驱动，读者在学习知识时不仅可以知其然，而且可以知其所以然，帮助读者融会贯通、举一反三。

3．以实战项目来提升技术

每本书均增设项目实战环节，以综合运用每本书的知识点，帮助读者提升项目开发能力。每个实战项目都有相应的项目思路指导、重难点讲解、实现步骤总结和知识点梳理。

4．以"互联网＋"实现终身学习

本丛书可配合使用课工场 APP 进行二维码扫描，观看配套视频的理论讲解和案例操作。同时课工场（www.kgc.cn）开辟教材配套版块，提供案例代码及作业素材下载。此外，课工场也为读者提供了体系化的学习路径、丰富的在线学习资源以及活跃的学习社区，欢迎广大读者进入学习。

读者对象

1. 大中专院校学生
2. 编程爱好者
3. 初中级程序开发人员
4. 相关培训机构的老师和学员

致谢

本丛书由课工场大数据开发教研团队编写。课工场是北京大学旗下专注于互联网人才培养的高端教育品牌。作为国内互联网人才教育生态系统的构建者，课工场依托北京大学优质的教育资源，重构职业教育生态体系，以学员为本，以企业为基，构建"教学大咖、技术大咖、行业大咖"三咖一体的教学矩阵，为学员提供高端、实用的学习内容！

读者服务

读者在学习过程中如遇疑难问题，可以访问课工场官方网站（www.kgc.cn），也可以发送邮件到 ke@kgc.cn，我们的客服专员将竭诚为您服务。

感谢您阅读本丛书，希望本丛书能成为您踏上大数据开发之旅的好伙伴！

"大数据开发实战系列"丛书编委会

前　言

本书以 Hadoop 和 Spark 为核心，阐述了基于这两种通用大数据处理平台的应用开发技术。

在 Hadoop 生态圈中，从 HDFS 初识分布式存储系统；以 MapReduce 详解分步式计算的步骤；利用 HBase 分析适合非结构化数据存储的分布式数据库；利用 Hive 分析将 SQL 查询转化为分布式计算的过程；并结合项目案例"音乐排行榜"练习 Hadoop 核心技能点的运用；同时，介绍了几种离线处理系统中常用的辅助工具。

在 Spark 生态圈中，从 Scala 开始介绍多范式编程；并从 Spark Core、Spark SQL、Spark Streaming 三个方面来分析对比 Hadoop 生态圈中的分布式计算、Hive、流式计算的可替换方案和它们各自的优势。

技能训练

> 掌握 Hadoop 运行环境的部署。
> 掌握大数据文件在 HDFS 中的存储。
> 掌握 MapReduce 编程模型以及 MapReduce 应用开发方法。
> 掌握 YARN 的运行原理。
> 掌握 HBase 数据库的操作方法。
> 掌握 Hive 数据仓库的操作方法。
> 掌握常用离线处理辅助系统 Sqoop 和 Azkaban 的用法。
> 掌握 Scala 基本编程方法。
> 掌握 Spark RDD 创建与操作。
> 掌握 DataFrame 编程方法。
> 掌握 Spark Streaming 对 Socket、HDFS 数据进行流式处理的方法。
> 了解 Spark Streaming 与 Flume、Kafka 的整合。

设计思路

本书共 12 章，内容包括 Hadoop 初体验、Hadoop 分布式文件系统、Hadoop 分布式计算框架、Hadoop 新特性、Hadoop 分布式数据库、Hadoop 综合实战——音乐排行榜、数据仓库 Hive、大数据离线处理辅助系统、Spark 基础、Spark Core、Spark SQL 和 Spark Streaming。具体内容安排如下。

> 第 1 章是对 Hadoop 的总体概述，介绍大数据基本概念、Hadoop 生态圈、

Hadoop 与大数据的关系以及 Hadoop 安装部署的详细步骤。

➤ 第 2 章是对 HDFS 的介绍，主要包括 HDFS 的体系结构、Shell 操作以及通过 Java API 实现访问。

➤ 第 3 章是对 MapReduce 分布式计算框架的讲解，包括 MapReduce 的编程模型、编写和运行 MapReduce 程序。

➤ 第 4 章是对 Hadoop 新的资源调度框架 YARN 及 Hadoop 新特性的讲解，以及如何实现 Hadoop 高可用集群。

➤ 第 5 章是对 HBase 数据库的讲解，介绍 HBase 的安装及其使用方法。

➤ 第 6 章通过案例"音乐排行榜"的实现，对前面各章的技能点做一个阶段回顾与总结，介绍如何通过 HDFS、MapReduce 与 HBase 的结合使用完成 Hadoop 离线批处理应用开发。

➤ 第 7 章是对 Hive 的讲解，介绍如何使用类似于 SQL 查询的方式来执行 MapReduce 计算。

➤ 第 8 章介绍 Sqoop、Azkaban 这两种在开发离线处理系统时常用的辅助工具。

➤ 第 9 章是对 Spark 的基本介绍，包括 Spark 的安装与运行、Spark 的开发语言 Scala。

➤ 第 10 章是对 Spark 的核心 RDD 的详解，介绍 Spark Core 的编程模型以及 Spark 应用程序的开发。

➤ 第 11 章是对 Spark SQL 的详解，包括常用的 SQL on Hadoop 框架、Spark SQL 的编程方法以及 Spark SQL 对多种外部数据源的操作。

➤ 第 12 章是对 Spark Streaming 的详解，包括 Spark Streaming 核心概念、常用的流处理系统，以及使用 Spark Streaming 进行流处理应用的开发。

章节导读

➤ 技能目标：本章要达成的学习目标，可以作为检验学习效果的标准。

➤ 本章任务：本章要完成的学习内容及要求，通过任务描述引导读者思考，进而引导读者全面了解章节内容。

➤ 案例代码：通过代码让读者掌握如何应用本章讲解的技能点。

➤ 本章总结：本章内容的概括和总结。

➤ 本章练习：针对本章学习内容的补充性练习，用于加强对本章知识的理解和运用。

本书由课工场大数据开发教研团队编写，参与编写的还有丁科、吴刚山、鄢长青、张琪等院校老师。由于编者水平有限，书中不妥或错误之处在所难免，殷切希望广大读者批评指正！

编者

2017 年 12 月

关于引用作品的版权声明

目　　录

第 1 章

Hadoop 初体验

技能目标

❖ 了解大数据和 Hadoop 是什么
❖ 掌握 Hadoop 的核心构成
❖ 了解 Hadoop 生态圈
❖ 掌握虚拟机、CentOS 和 Hadoop
  的安装

本章任务

学习本章，需要完成以下 3 个工作任务。记录学习过程中遇到的问题，通过自己的努力或访问 kgc.cn 解决。

任务 1：初识大数据

了解大数据的基本概念和基本特征，以及大数据带给企业的挑战有哪些。

任务 2：初识 Hadoop

了解 Hadoop 是什么，掌握 Hadoop 的核心构成，了解 Hadoop 生态圈中各个组件的功能。

任务 3：安装 Hadoop 平台

掌握虚拟机、CentOS、Hadoop 的安装。

任务 1　初识大数据

关键步骤如下。

➢ 了解大数据是什么。

➢ 了解大数据的特征。

➢ 了解大数据带给企业哪些方面的挑战。

1.1.1　大数据基本概念

1. 大数据概述

相信大家经常会在各种场合听到"大数据"这个词，被誉为数据仓库之父的 Bill Inmon 早在 20 世纪 90 年代就将大数据挂在嘴边了。那么到底什么是大数据呢？这是我们在本章要了解的。

我们现在生活的时代是一个数据时代，近年来随着互联网的高速发展，每分每秒都在产生数据，那么产生的这些数据如何进行存储和相应的分析处理呢？各大公司纷纷研发和采用一批新技术来应对日益庞大的数据处理需求，主要包括分布式文件系统、分布式计算框架等，这些都是我们需要学习和掌握的。

《互联网周刊》对大数据的定义为："大数据"的概念远不止大量的数据（TB）和处理大量数据的技术，或者所谓的"4 个 V"之类的简单概念，而是涵盖了人们在大规模数据的基础上可以做的事情，这些事情在小规模数据的基础上是无法实现的。换句话说，大数据让我们以一种前所未有的方式，通过对海量数据进行分析，来获得有巨大价值的产品和服务，或深刻的洞见，最终形成变革之力。

2. 大数据特征

（1）数据量大（Volume）

随着网络技术的发展和普及，每时每刻都会产生大量的数据。在我们的日常生活中，比如说在电商网站购物、在直播平台看直播、在线阅读新闻等，都会产生很多的日志，汇在一起每分每秒产生的数据量将是非常巨大的。

（2）类型繁多（Variety）

大数据中最常见的类型是日志，除了日志之外常见的还有音频、视频、图片等。由于不同类型的数据没有明显的模式，呈现出多样性的特点，这对于数据的处理要求也会更高。

（3）价值密度低（Value）

现阶段每时每刻产生的数据量已经很大了，如何从大量的日志中提取出我们需要的、对我们有价值的信息才是最重要的。数据量越来越大，里面必然会存在着大量与我们所需不相干的信息，如何更迅速地完成数据的价值提炼，是大数据时代有待解决的问题。

（4）处理速度快（Velocity）

传统的离线处理的时效性不高，换句话说时延是非常高的。随着时代的发展，对时效性的要求越来越高，需要实时对产生的数据进行分析处理，而不是采用原来的批处理方式。

1.1.2　大数据带来的挑战

1．对现有数据库的挑战

随着互联网时代的到来，现在产生的数据如果想存储在传统数据库里是不太现实的，即便传统的数据库有集群的概念，仍然不能处理 TB 量级的数据。而且现阶段产生的数据类型很多，有些类型的数据是没办法使用结构化数据查询语言（SQL）来处理的。

2．实时性的技术挑战

我们知道数据产生的价值会随着时间的流逝而大大降低，所以当数据产生后我们要尽可能快地进行处理。最典型的就是电商网站的推荐系统，早些年的推荐系统都是基于批处理来进行的，比如每隔半天或者一天进行计算然后再进行推荐，这样就会有很大的延时，对于订单的转换而言虽然有效果但不是很好。如果能做到实时推荐，那么肯定能大大提高公司的营业收入。

传统的离线批处理对处理时间的要求并不高。而实时处理的要求是区别大数据应用和传统数据库技术或者离线技术的关键差别之一。

3．对数据中心、运维团队的挑战

如今每天产生的数据量正呈爆炸式增长，那么如此多的数据该怎样进行高效的收集、存储、计算都是数据中心要面临的一个非常棘手的问题。而处理快速增长的数据量所需要的机器也日益增多，那么对于运维团队来说压力也会增加。

任务 2　初识 Hadoop

关键步骤如下。

➢ 认知 Hadoop 是什么。

➢ 了解 Hadoop 的发展史。

➢ 掌握 Hadoop 中的核心组件及功能。

➢ 了解 Hadoop 常用的发行版本。

➢ 了解 Hadoop 生态圈中常用的处理框架。

➢ 了解大数据在企业中的应用案例。

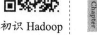

初识 Hadoop

1.2.1 Hadoop 概述

1. 什么是 Hadoop

Hadoop 是 Apache 基金会旗下的一个分布式系统基础架构。主要包括分布式文件系统 HDFS（Hadoop Distributed File System）、分布式计算系统 MapReduce 和分布式资源管理系统 YARN。Hadoop 使用户可以在不了解分布式系统底层细节的情况下，开发分布式程序并充分利用集群的分布式能力进行运算和存储。以 Apache Hadoop 为生态圈的框架是目前分析海量数据的首选。

针对任务 1 中描述的大数据，我们该如何对这些数据进行分析或者提取出我们需要的有价值的信息呢？我们可以采用 Hadoop 及其生态圈提供的分布式存储和分布式计算的功能来完成。

2. Hadoop 发展史

（1）2002 年，Doug Cutting 团队开发了网络搜索引擎 Nutch，这就是 Hadoop 的前身。

（2）2003—2004 年，随着 Google 两篇论文的发表诞生了 GFS 和 MapReduce。

（3）2006 年，为致力于 Hadoop 技术的进一步发展，Doug Cutting 加入 Yahoo!。

（4）2008 年 1 月，Hadoop 成为 Apache 顶级项目，并在同年 7 月打破最快排序 1TB 数据的世界纪录。

（5）2008 年 9 月，Hive 成为 Hadoop 子项目。

（6）2009 年 3 月，Cloudera 推出 CDH。

（7）2011 年 12 月，发布 1.0.0 版本，标志着 Hadoop 已经初具生产规模。

（8）2013 年 10 月，发布 2.2.0 版本，Hadoop 正式进入 2.x 时代。

（9）2014 年，先后发布 Hadoop2.3.0、Hadoop2.4.0、Hadoop2.5.0 和 Hadoop2.6.0。

（10）2015 年，发布 Hadoop2.7.0。

（11）2016 年，发布 Hadoop3.0-alpha 版本，预示着 Hadoop 进入 3.x 时代。

3. Hadoop 核心构成

Hadoop 框架主要包括三大部分：分布式文件系统、分布式计算系统、资源管理系统。

（1）分布式文件系统 HDFS

源自 Google 发表于 2003 年 10 月的 GFS 论文，HDFS 是 GFS 的克隆版。

Hadoop 分布式文件系统（HDFS）适用于大数据场景的数据存储，因为 HDFS 提供了高可靠性（主要通过多副本来实现）、高扩展性（通过添加机器来达到线性扩展）和高吞吐率的数据存储服务。按照官方的说法，HDFS 被设计成能够运行在通用硬件上的分布式文件系统，所以我们的 Hadoop 集群可以部署在普通的机器上，而不需要部署在价格昂贵的小型机或者其他机器上，能够大大减少公司的运营成本。

HDFS 的基本原理是将数据文件以指定的块大小拆分成数据块，并将数据块以副本的方式存储到多台机器上，即使某个节点出现故障，该节点上存储的数据块副本丢失，但是在其他节点上还有对应的数据副本，所以在 HDFS 中即使某个节点出现问题也不会造成数据的丢失（前提是你的 Hadoop 集群的副本系数大于 1）。HDFS 将数据文件的切分、容错、负载均衡等功能透明化（用户是感知不到整个过程的，只知道上传了一个文件到 HDFS 上，有关数据切分、存储在哪些机器上是感知不到的，非常易用）。我们可将 HDFS 看成一个容量巨大、具有高容错性的磁盘，在使用的时候完全可以当作普通的本地磁盘使用。所以说 HDFS 是适合于海量数据的可靠性存储。

（2）分布式计算系统 MapReduce

MapReduce 是一个编程模型，用以进行大数据量的计算。MapReduce 的名字源于这个模型中的两项核心操作：Map（映射）和 Reduce（归纳）。MapReduce 是一种简化应用程序开发的编程模型，能让没有多少并行应用开发经验的开发人员也可以快速地学会并行应用的开发，而不需要去关注并行计算中的一些底层问题，只要按照 MapReduce API 的编程模型实现相应业务逻辑的开发即可。

一个 MapReduce 作业通常会把输入的数据集切分为若干独立的数据块，由 map 任务以并行的方式处理它们，对 map 的输出先进行排序，然后再把结果输入 reduce 任务，由 reduce 任务来完成最终的统一处理。通常 MapReduce 作业的输入和输出都是使用 Hadoop 分布式文件系统（HDFS）进行存储，换句话说，就是 MapReduce 框架处理数据的输入源和输出目的地的大部分场景都是存储在 HDFS 上的。

在部署 Hadoop 集群时，通常是将计算节点和存储节点部署在相同的节点之上，这样做的好处是允许计算框架在进行任务调度时，可以将作业优先调度到那些已经存有数据的节点上进行数据的计算，使整个集群的网络带宽被非常高效地利用，这就是大数据中非常有名的一句话"移动计算而不是移动数据"。

（3）资源管理系统 YARN

YARN 的基本思想是将 Hadoop1.x 中 MapReduce 架构中的 JobTracker 的资源管理和作业调度监控功能进行分离，解决了在 Hadoop1.x 中只能运行 MapReduce 框架的限制。

YARN 是随着 Hadoop 的不断发展而催生的新框架，全称是 Yet Another Resource Negotiator，是一个通用资源管理系统，可为运行在 YARN 之上的分布式应用程序提供统一的资源管理和调度。YARN 的引入为 Hadoop 集群在利用率、资源统一管理和数据共享等方面带来了很大好处，而且在 YARN 之上还可运行各种不同类型的作业，比如：MapReduce、Spark、Tez 等不同的计算框架。

4. 为什么很多公司选择 Hadoop 作为大数据平台的解决方案

（1）Hadoop 源代码开放。

（2）社区活跃、参与者众多（这是我们选择某一项框架的很重要的原因，试想如果社区都不活跃，那么当我们在工作中遇到各种问题时，如何去解决）。

（3）涉及大数据分布式存储和计算的各个场景。

（4）发展了十余年，已得到企业界的验证。

5. Hadoop 发行版本

Hadoop 的发行版除了由社区维护的 Apache Hadoop 之外，Cloudera、Hortonworks、MapR 等都提供了自己的商业版。商业版主要是提供对各项服务的支持（高级功能要收取一定的费用），这对一些研发能力不是太强的企业来说是非常有利的，公司只要出一定的费用就能使用到一些高级功能。每个发行版都有自己的一些特点，这里对使用最多的 CDH 和 HDP 发行版的特点做简单介绍。

（1）Cloudera CDH

Cloudera CDH 版本的 Hadoop 是现在国内公司使用最多的。

优点：Cloudera Manager（简称 CM）采取"小白"式安装，配置简单、升级方便，资源分配设置方便，非常利于整合 Impala，而且文档写得很好，与 Spark 的整合力度也非常好。在 CM 的基础之上，我们通过页面就能完成对 Hadoop 生态圈各种环境的安装、配置和升级。

缺点：CM 不开源，Hadoop 的功能和社区版有些出入。

（2）Hortonworks HDP

优点：原装 Hadoop、纯开源，版本和社区版一致，支持 Tez，集成开源监控方案 Ganglia 和 Nagios。

缺点：安装、升级、添加、删除节点比较麻烦。

1.2.2　Hadoop 生态圈

1. 概述

当下 Hadoop 已经成长为一个庞大的体系，只要和海量数据相关的，没有哪个领域能缺少 Hadoop 的身影。

狭义的 Hadoop：是一个适合大数据分布式存储和分布式计算的平台，包括 HDFS、MapReduce 和 YARN。

广义的 Hadoop：指以 Hadoop 为基础的生态圈，是一个很庞大的体系，Hadoop 只是其中最重要、最基础的一部分；生态圈中的每个子系统只负责解决某一个特定的问题域（甚至可能更窄），它并不是一个全能系统，而是多个小而精的系统。Hadoop 生态圈的主要构成如图 1.1 所示。

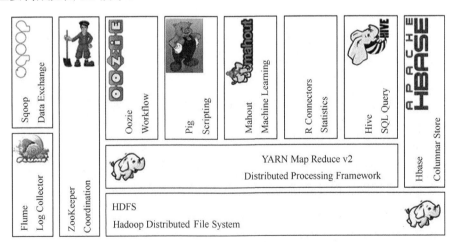

图 1.1　Hadoop 生态圈

2. HDFS

Hadoop 生态圈的基本组成部分是 Hadoop 分布式文件系统（HDFS）。大数据处理框架如 MapReduce 或者 Spark 等要处理的数据源大部分都是存储在 HDFS 之上，Hive 或者 HBase 等框架的数据通常情况下也是存储在 HDFS 之上。简而言之，HDFS 为大数据的存储提供了保障。

3. MapReduce

MapReduce 是一个分布式、并行处理的编程模型。开发人员只需编写 Hadoop 的 MapReduce 作业就能使用存储在 HDFS 中的数据来完成相应的数据处理功能。

4. YARN

YARN 是 Hadoop2.x 之后对 Hadoop1.x 之前 JobTracker 和 TaskTracker 模型进行优化而诞生的，主要负责整个系统的资源管理和调度，而且在 YARN 之上能运行各种不同类型（MapReduce、Tez、Spark）的执行框架。

5. HBase

HBase 是一个建立在 HDFS 之上的面向列的数据库，用于快速读 / 写大量数据。HBase 使用 ZooKeeper 进行管理，以确保所有组件都能正常运行。HBase 保障查询速度的一个关键因素就是其 RowKey 设计得是否合理，这点需要重点关注。

6. ZooKeeper

ZooKeeper 是分布式协调服务的框架。Hadoop 的许多组件都依赖于 ZooKeeper，比如 HDFS NameNode HA 的自动切换、HBase 的高可用，以及 Spark Standalone 模式 Master 的 HA 机制都是通过 ZooKeeper 来实现的。

7. Hive

Hive 让不熟悉 MapReduce 的开发人员能编写数据查询语句（SQL 语句）来对大数据进行统计分析操作。Hive 的执行原理就是将 SQL 语句翻译为 MapReduce 作业，并提交到 Hadoop 集群上运行。Hive 框架一诞生就受到了很多熟悉 SQL 人员的追捧，因为只需要写 SQL 语句，而不需要面向 MapReduce 编程 API 进行相应代码的开发，大大降低了学习的门槛，同时也提升了开发的效率。

8. Pig

Pig 是一个用于并行计算的高级数据流语言和执行框架，有一套和 SQL 类似的执行语句，处理的对象是 HDFS 上的文件。Pig 的数据处理语言采取数据流方式，一步一步地进行处理（该框架简单了解即可，近些年在生产上使用得并不是太多）。

9. Sqoop

Sqoop 是一个用于在关系数据库、数据仓库（Hive）和 Hadoop 之间转移数据的框架。可以借助 Sqoop 完成关系型数据库到 HDFS、Hive、HBase 等 Hadoop 生态圈中框架的数据导入导出操作，其底层也是通过 MapReduce 作业来实现的。

10. Flume

Flume 是由 Cloudera 提供的一个分布式、高可靠、高可用的服务，是用于分布式的海量日志的高效收集、聚合、移动 / 传输系统的框架；Flume 是一个基于流式数据的非常简单的（只需要一个配置文件）、灵活的、健壮的、容错的架构。

11．Oozie

Oozie 是一个工作流调度引擎，在 Oozie 上可以执行 MapReduce、Hive、Spark 等不同类型的单一或者具有依赖性（后一个作业的执行依赖于前一个或者多个作业的成功执行）的作业。可以使用 Cloudera Manager 中的 HUE 子项目在页面上对 Oozie 进行配置和管理。类似的在大数据中使用的工作流调度引擎还有 Azkaban，后续章节会详细介绍。

12．Mahout

Mahout 是一个机器学习和数据挖掘库，它提供的 MapReduce 包含很多实现，包括聚类算法、回归测试、统计建模。

1.2.3 Hadoop 应用案例

1. 大数据在华数传媒的应用

当下大数据之热使得技术界有关 Hadoop 的话题讨论得热火朝天。但在日常工作中，企业往往还是遵循既有模式，对于 Hadoop 到底能否真正有益于企业的应用依然心存顾虑。Hadoop 是不是很年轻？这个开源的事物能否符合公司业务级的严谨要求？有没有企业真的应用过？一系列问题萦绕在人们心头。这完全可以理解，毕竟任何一个新生事物出来人们都要有一个接受过程。

对于 Hadoop，其实这些都不是问题。专业人士都知道，Hadoop 已发展了十余年，这对于一个实用技术的稳定发展已足够长。事实上，虽然"大数据"一词才出来两三年，但它实际所指的海量、多类型的数据现象早已有了，不但在互联网领域，更在工业、商业、通信、金融、传媒等领域存在久远。比如，生产线上巨量传感器数据的接收与分析、通信系统全程全网的实时日志文件采集与分析、医疗系统密集数据采集与分析等，所有这些都需要新型的数据处理技术来支撑。Hadoop 在这些领域突显了强大的竞争力，并在国内外的相关实践中获得广泛应用。

2013 年，华数传媒的大数据系统完成了从无到有的基础建设，实现了基本应用。然而，系统仍面临很多挑战：数据量增加带来的服务性能压力、数据分析无法满足高时效性要求、业务支撑功能无法满足复杂的商用需求、对网络和服务器质量等数据分析仍为空白等。为此，华数传媒亟需解决如下问题。

（1）数据采集、存储和转发。通过大数据技术满足海量、多来源、多样性数据的存储、管理要求，支持平台硬件的线性扩展，提供快速实时的数据分析结果，并迅速作用于业务。

（2）个性化用户推荐。不仅限于数据本身的分析和决策价值，通过构建在大数据平台之上的整合业务能力，还能为用户提供融合、个性化的内容服务。

（3）从内容传输到内容制造。使用大数据挖掘技术可先于观众知道他们的需求，预知将受到追捧的电视节目。另外，通过观众对演员、情节、基调、类型等元数据的标签化，来了解受众偏好，从而进行分析观测，为后续影视制作的内容开发等做好准备。

（4）使用大数据平台提供基于全量数据的实时榜单。从时间（小时 / 天 / 周）、用户等维度，对点播节目、直播节目、节目类别、搜索关键词等进行排名分析、同比环比分析、趋势分析等。地区风向标主要从城市和时间等维度分析点播排行、剧集排行、分类排行、热搜排行及用户数量的变化。另外，从时间、频道、影片类型、剧集等维度，根据在看数量、新增数量、结束观看数量、完整看完数量等指标分析用户走向。

（5）新媒体指数分析。通过对用户行为进行分析获取很多的隐性指标，从侧面反映用户对业务的认可度、用户的使用行为习惯等。在此基础之上，大数据分析可帮助华数传媒构建规范的指标分析和衡量体系，为业务运营提供更加强有力的指导。

（6）智能推荐。运用星环科技大数据基础架构，通过对用户行为数据的采集分析，进行精准画像；使用智能推荐引擎，实现信息的个性化推荐（TV 屏、手机、PC）和个性化营销（个性化广告、丰富产品组合、市场分析）。

基于可持续扩展和优化的智能推荐算法，以及大数据带来的实时数据交互能力，为每一个用户量身定制的推荐节目极大地提高了产品的到达率，增强了用户的忠诚度。

2. 大数据在全球最大超市沃尔玛的应用

沃尔玛应用大数据技术分析顾客的商品搜索行为，找出超越竞争对手的商机。

全球最大连锁超市沃尔玛虽然十年前就投入了在线电子商务，但在线销售的营业收入远远落后于亚马逊。后来，沃尔玛采用 Hadoop 来分析顾客搜索商品的行为，以及用户通过搜索引擎找到沃尔玛网站的关键词，再利用这些关键词的分析结果发掘顾客需求，以规划下一季商品的促销策略，沃尔玛还打算分析顾客在 Facebook、Twitter 等社交网站上对商品的讨论，甚至沃尔玛能比父亲更快知道女儿怀孕的消息，并且主动寄送相关商品的促销邮件，期望能比竞争对手提前一步发现顾客需求。

3. 大数据在全球最大拍卖网站 eBay 的应用

eBay 用 Hadoop 拆解非结构性巨量数据，降低数据仓储负载。eBay 用 Hadoop 来分析买卖双方在网站上的行为。eBay 拥有全世界最大的数据仓储系统，每天增加的数据量有 50TB，光是存储就是一大挑战，更何况要分析这些数据。

eBay 是全球最大的拍卖网站，8 千万名用户每天产生的 50TB 数据量，相当于 5 天就增加了 1 座美国国会图书馆的数据量。

eBay 分析平台高级总监 Oliver Ratzesberger 也坦言，大数据分析面临的最大挑战就是要同时处理结构化以及非结构化的数据。eBay 正是利用 Hadoop 来解决了这一难题。

eBay 在 5 年多前就另外设置了一个软硬件整合的平台 Singularity，并搭配压缩技术来解决结构化数据和半结构化数据分析问题，3 年前更在这个平台上整合了 Hadoop 来处理非结构化数据，以及进行数据预处理，将大块结构化和非结构化数据拆解成小型数据，再放入数据仓储系统的数据模型中进行分析，以加快分析速度，也减轻数据仓储系统的分析负载。

任务 3　安装 Hadoop 平台

关键步骤如下。

➢ 虚拟机安装。

➢ CentOS 安装。

➢ Hadoop 伪分布式环境搭建。

1.3.1 安装虚拟机

1. 虚拟机概述

虚拟机软件使你可以在一台机器上同时运行两个或更多个 Windows、Linux 系统。它可以模拟一个标准的 PC 环境,这个环境和真实的计算机一样,也有芯片组、CPU、内存、显卡、声卡、网卡、软驱、硬盘、光驱、串口、并口、USB 控制器等。

常用的虚拟机软件:

(1)VMware Workstation(本书采用该软件,版本可以任意选择,区别不大)。

(2)VirtualBox。

2. VMware 安装

(1)点击安装文件后启动界面,欢迎界面如图 1.2 所示。

图 1.2 安装 VMware——欢迎界面

(2)点击"下一步"按钮,界面如图 1.3 所示。

图 1.3 安装 VMware——接受安装许可

（3）选择"我接受许可协议中的条款"后点击"下一步"按钮，点击"自定义"按钮，如图 1.4 所示。

图 1.4　安装 VMware——自定义安装

（4）更改安装位置和选择安装功能后如图 1.5 所示。

图 1.5　安装 VMware——选择安装目录

（5）点击"下一步"按钮后如图 1.6 所示。

（6）勾选"桌面"和"开始菜单程序文件夹"复选框后点击"下一步"按钮，如图 1.7 所示。

（7）点击"继续"按钮，界面如图 1.8 所示。

（8）"安装向导完成"界面如图 1.9 所示。

图 1.6 安装 VMware——安装组件

图 1.7 安装 VMware——选择创建快捷方式

图 1.8 安装 VMware——继续安装

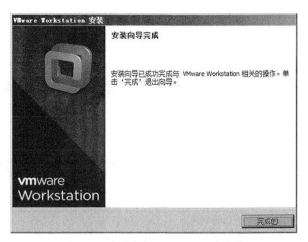

图 1.9　安装 VMware——安装完成

1.3.2　安装 Linux 系统

1. Linux 概述

Linux 是一个基于 POSIX 和 UNIX 的多用户、多任务、支持多线程和多 CPU 的免费使用和自由传播的类 UNIX 操作系统。它能运行主要的 UNIX 工具软件、应用程序和网络协议，它支持 32 位和 64 位硬件。Linux 继承了 UNIX 以网络为核心的设计思想，是一个性能稳定的多用户网络操作系统。

Linux 操作系统诞生于 1991 年 10 月 5 日（这是其第一次正式对外公布的时间）。Linux 可安装在手机、平板电脑、路由器、视频游戏控制台、台式计算机、大型机和超级计算机等各种设备中。

严格来讲，Linux 这个词本身只表示 Linux 内核，但实际上人们已经习惯了用 Linux 来形容整个基于 Linux 内核并且使用 GNU 工程各种工具和数据库的操作系统。

Linux 是一种自由和开放源码的系统，并有 GPL 授权，全世界的任何人都可以对其源代码进行修改然后发布使用，所以存在着许多不同的 Linux 版本，但它们都使用了 Linux 内核。所以 Linux 存在很多的变种以及版本。

（1）Ubuntu：2004 年 9 月发布，最为流行的桌面 Linux 发行版；个人应用比较多，社区力量很庞大。

（2）Red Hat：使用最广，性能稳定；商业版。

（3）CentOS：2003 年底推出，RHEL 的重新编译版，免费；服务器发行版；本书将采用该版本。

为什么选择 CentOS？

（1）主流：目前的 Linux 操作系统主要应用于生产环境，主流企业级 Linux 系统仍旧是 Red Hat 或者 CentOS。

（2）免费：Red Hat 和 CentOS 差别不大。CentOS 是一个基于 Red Hat Linux 提供的可自由使用源代码的企业级 Linux 发行版。

（3）更新方便：CentOS 独有的 yum 命令支持在线升级，可以即时更新系统，不像 Red Hat 那样需要花钱购买支持服务。

2. CentOS 安装

（1）首先安装 VMware Workstation，安装过程参见 VMware 安装。

（2）点击【文件】/【新建虚拟机】或直接点击【创建新的虚拟机】图标，如图 1.10 所示。

图 1.10　安装 CentOS——新建虚拟机

（3）在图 1.11 中选择"典型（推荐）"，点击"下一步"按钮。

图 1.11　安装 CentOS——选择典型方式安装

（4）在图 1.12 中选择"稍后安装操作系统"。

图 1.12　安装 CentOS——选择稍后安装操作系统

（5）在图 1.13 中选择操作系统和版本。

图 1.13　安装 CentOS——选择 Linux 以及 64 位系统

（6）在图 1.14 中输入虚拟机名称和安装路径。

图 1.14　安装 CentOS——虚拟机名称和安装路径

（7）在图 1.15 中设置磁盘大小。

图 1.15　安装 CentOS——选择磁盘占用空间

（8）在图 1.16 中自定义硬件。

图 1.16　安装 CentOS——自定义硬件

（9）在图 1.17 中选择 CentOS 安装镜像文件。

图 1.17　安装 CentOS——选择 CentOS 的镜像文件

（10）在图 1.18 中点击"完成"按钮。

图 1.18　安装 CentOS——完成

（11）在图 1.19 中启动虚拟机。

图 1.19　安装 CentOS——启动

（12）在图 1.20 中选择第一项，安装全新操作系统或升级现有操作系统。

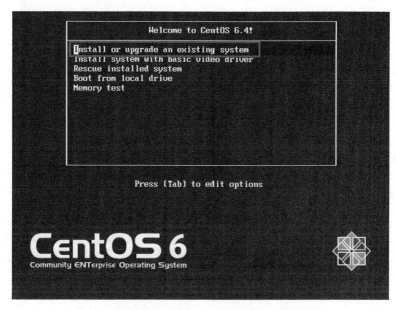

图 1.20　安装 CentOS——选择安装或者更新系统

（13）在图 1.21 中按 Tab 键选择 Skip，退出检测。

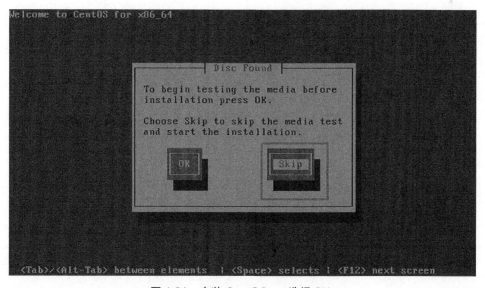

图 1.21　安装 CentOS——选择 Skip

（14）在图 1.22 中点击 Next 按钮。

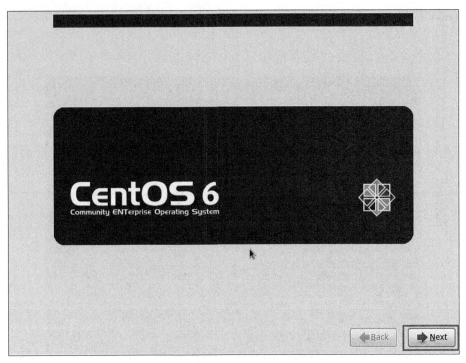

图 1.22　安装 CentOS——下一步

（15）在图 1.23 中选择语言，这里选择的是中文（简体）。

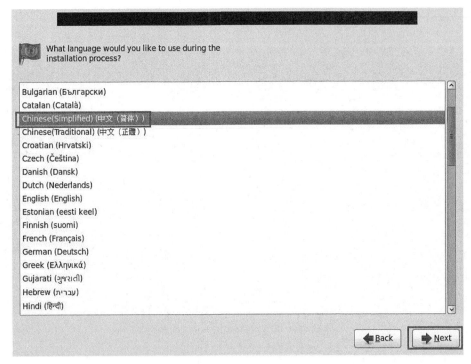

图 1.23　安装 CentOS——选择语言

（16）在图 1.24 中选择键盘样式。

图 1.24　安装 CentOS——选择键盘样式

（17）在图 1.25 中选择存储设备。

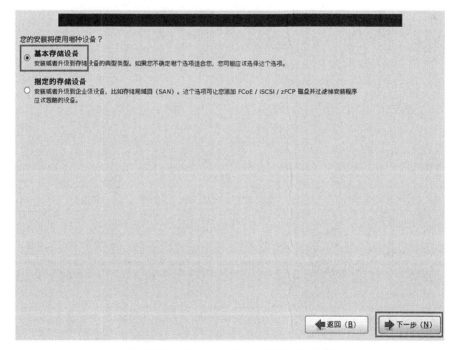

图 1.25　安装 CentOS——选择存储设备

如果以前安装过虚拟机，会出现图 1.26 所示的警告，选择"是，忽略所有数据"。

图 1.26　安装 CentOS——忽略所有数据继续下一步

（18）在图 1.27 中输入主机名。

图 1.27　安装 CentOS——输入主机名

（19）在图 1.28 中配置网络。

图 1.28　安装 CentOS——配置网络

（20）在图 1.29 中设置时区，勾选"系统时钟使用 UTC 时间"。

图 1.29　安装 CentOS——选择时区

（21）在图 1.30 中输入根用户（root）的密码。

图 1.30　安装 CentOS——为 root 用户输入密码

如果密码过于简单会出现提示，点击"无论如何都使用"，如图 1.31 所示。

图 1.31　安装 CentOS——密码过于简单的提示

（22）在图 1.32 中根据此 Linux 的具体功能，选择其他软件。

图 1.32　安装 CentOS——是否安装其他软件

（23）在图 1.32 中选择"现在自定义"，自定义安装需要的软件，如桌面配置，如图 1.33 所示。

图 1.33　安装 CentOS——安装自定义组件

可以根据具体的情况来配置，如图 1.34 中选择安装 Eclipse。

图 1.34　安装 CentOS——安装 Eclipse

还可以如图 1.35 所示安装 Java 平台、Perl 支持等。

图 1.35　安装 CentOS——安装 Java 环境

在图 1.36 中选择语言支持。

图 1.36　安装 CentOS——选择语言支持

（24）在图 1.37 中点击"下一步"按钮，开始安装。

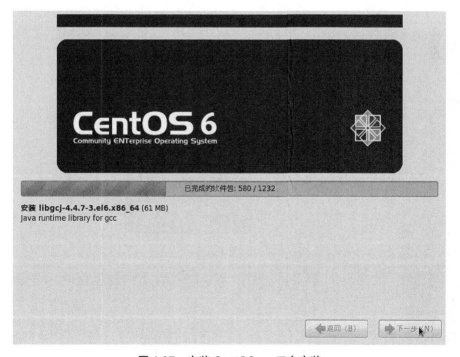

图 1.37　安装 CentOS——正在安装

（25）安装完成后，在图 1.38 所示界面点击"重新引导"按钮。

图 1.38　安装 CentOS——重新引导

（26）点击"前进"按钮，如图 1.39 所示。

图 1.39　安装 CentOS——欢迎

（27）在图 1.40 中点击"是，我同意该许可证协议"，再点击"前进"按钮。

图 1.40　安装 CentOS——同意许可证协议

（28）创建用户，如图 1.41 所示。

图 1.41　安装 CentOS——创建用户

（29）在图 1.42 中设置日期和时间，如果可以上网，勾选"在网络上同步日期和时间"。

图 1.42 安装 CentOS——设置日期和时间

（30）最后点击"前进"按钮，完成安装！

1.3.3 安装 Hadoop 伪分布式环境

1. Hadoop 安装包下载

本书采用的是 CDH 版本的 hadoop-2.6.0-cdh5.7.0，相关的下载地址为：
http://archive.cloudera.com/cdh5/cdh/5/；下载完存放在 ~/software/ 目录下，
相关的软件安装在 ~/app 目录下。

Hadoop 集群
安装

2. Hadoop 安装包解压

将下载的 Hadoop 安装包解压到 ~/app 目录下。

tar -zxvf ~/software/hadoop-2.6.0-cdh5.7.0.tar.gz -C /app

3. Hadoop 伪分布式环境搭建

Hadoop 启动后，NameNode 是通过 SSH（Secure Shell）来启动和停止各个 DataNode
上的进程，所以先在本机上实现 SSH 免密码登录。

ssh-keygen -t rsa
ssh-copy-id localhost

成功执行上述两条命令后即可免密码登录至本机：

ssh localhost

其中 localhost 可为主机名或 IP 地址。

在进行伪分布式环境部署之前，先来了解下伪分布式环境部署和分布式环境部署的
区别：

（1）伪分布式：在一台机器上启动 Hadoop 需要的所有进程进行工作。

（2）分布式：在多台机器上都部署 Hadoop，按照集群的规划在不同的机器上启动各自需要的 Haodop 进程进行相互协调工作。

环境搭建的步骤如下。

（1）将 Hadoop 安装目录添加到系统环境变量（~/.bash_profile）中。

```
vi ~/.bash_profile
export JAVA_HOME=/home/hadoop/app/jdk1.7.0_79
export HADOOP_HOME=/home/hadoop/app/hadoop-2.6.0-cdh5.7.0
export PATH=.:$HADOOP_HOME/bin:$HADOOP_HOME/sbin:$JAVA_HOME/bin:$PATH
```

执行"source ~/.bash_profile"命令使得环境变量生效。

（2）配置 Hadoop 环境的配置文件 hadoop-env.sh。

```
// 设置 JDK 的安装路径
export JAVA_HOME=/home/hadoop/app/jdk1.7.0_79
```

（3）配置 Hadoop 核心文件 core-site.xml。

```
// 配置 NameNode 的主机名和端口号
<property>
    <name>fs.defaultFS</name>
    <value>hdfs://hadoop000:8020</value>
</property>
```

（4）配置 HDFS 文件 hdfs-site.xml。

```
// 设置 HDFS 元数据文件存放路径
<property>
    <name>dfs.namenode.name.dir</name>
    <value>/home/hadoop/tmp/dfs/name</value>
</property>

<property>
    <name>dfs.datanode.data.dir</name>
    <value>/home/hadoop/tmp/dfs/data</value>
</property>

// 设置 HDFS 文件副本数
<property>
    <name>dfs.replication</name>
    <value>1</value>
</property>

// 设置其他用户执行操作时会提醒没有权限的问题
<property>
    <name>dfs.permissions</name>
```

```
    <value>false</value>
</property>
```

 注意

　　各目录一定要是非 /tmp 下的目录，否则默认是在 /tmp 下。如果是在虚拟机环境操作的话，每次重启后都会删除 /tmp 中的文件；该文件在 Hadoop 启动的时候会自动创建。

　　（5）配置 MapReduce 文件 mapred-site.xml。

```
<property>
    <name>mapreduce.framework.name</name>
    <value>yarn</value>
</property>
```

　　（6）配置 YARN 文件 yarn-site.xml。

```
<property>
    <name>yarn.nodemanager.aux-services</name>
    <value>mapreduce_shuffle</value>
</property>
```

　　（7）从节点配置文件 slaves。

```
hadoop000
```

4. 格式化 HDFS 系统

```
hadoop namenode -format
```

 注意

　　格式化 HDFS 操作只有第一次才使用，如果对已有的集群再一次执行格式化操作，那么已有集群上的数据会全部丢失。

5. 启动 HDFS

　　（1）常用的启动方式有两种。

　　启动方式一：一次启动所有进程

```
$HADOOP_HOME/sbin/start-dfs.sh
```

　　启动完成后可以通过 jps 命令检测是否启动成功，如果正常启动会有如下 3 个进程：

```
jps
SecondaryNameNode
```

NameNode

DataNode

启动方式二：单独启动每个进程

```
// 启动 namenode
hadoop-daemon.sh start namenode
//jps 检测会有 NameNode 进程

// 启动 datanode
hadoop-daemon.sh start datanode
//jps 检测会有 DataNode 进程

// 启动 secondarynamenode
hadoop-daemon.sh start secondarynamenode
//jps 检测会有 SecondaryNameNode 进程
```

（2）使用命令操作 HDFS 文件系统。

详细的 HDFS 脚本命令会在第 2 章中详细讲解，本章只做一个简单的应用。

```
// 创建 HDFS 目录
hadoop fs -mkdir /helloworld

// 查看目录是否创建成功
hadoop fs -ls /
```

（3）HDFS 界面浏览器访问：http://hadoop000:50070。

6．启动 YARN

（1）常用的启动方式有两种。

启动方式一：一次启动所有进程

```
$HADOOP_HOME/sbin/start-yarn.sh
```

启动完成后可以通过 jps 命令检测是否启动成功，如果正常启动会有如下两个进程。

```
jps
NodeManager
ResourceManager
```

启动方式二：单独启动每个进程

```
// 启动 resourcemanager
yarn-daemon.sh start resourcemanager
//jps 检测会有 jps: ResourceManager 进程

// 启动 resourcemanager
yarn-daemon.sh start nodemanager
//jps 检测会有 jps: NodeManager 进程
```

（2）运行 wordcount 测试案例。

Hadoop 安装包中自带了 wordcount 的应用程序，jar 包所处路径为：$HADOOP_HOME/share/hadoop/mapreduce/hadoop-mapreduce-examples-2.6.0-cdh5.7.0.jar。

```
//wordcount 要测试的数据文件： hello.txt， 使用制表符进行分隔
hello   world   hello
hello   welcome world

// 将 hello.txt 文件上传到 HDFS 文件系统上去
Hadoop fs -put hello.txt /

// 提交 mapreduce 作业到 yarn 上运行
hadoop jar $HADOOP_HOME/share/hadoop/mapreduce/hadoop-mapreduce-examples-2.6.0-cdh5.7.0.jar
wordcount /hello.txt /wc_out/

// 查看 wordcount 统计结果
hadoop fs -text /wc_out/part*
hello   3
welcome 1
world   2
```

（3）YARN 界面浏览器访问：http://hadoop000:8088。

➲ 本章总结

本章学习了以下知识点。

➢ 大数据是什么，有哪些特点。

➢ Hadoop 的由来、核心组件。

➢ Hadoop 生态圈。

➢ 大数据技术在企业中的应用。

➢ 虚拟机的安装。

➢ CentOS 的安装。

➢ Hadoop 环境的搭建。

➲ 本章练习

Hadoop 伪分布式环境的搭建。

第 2 章

Hadoop 分布式文件系统

技能目标

❖ 掌握 HDFS 文件系统的访问方式
❖ 掌握 HDFS 的体系结构
❖ 掌握 HDFS 数据的读写流程
❖ 了解 HDFS 的序列化使用

本章任务

学习本章，需要完成以下 4 个工作任务。记录学习过程中遇到的问题，通过自己的努力或访问 kgc.cn 解决。

任务 1：HDFS 入门

了解 HDFS 的产生背景、HDFS 文件系统是什么及其特点和设计目标，掌握 HDFS 文件系统的架构组成。

任务 2：HDFS 基本操作

掌握使用 HDFS shell 和 Java API 操作 HDFS 文件系统。

任务 3：HDFS 运行原理

掌握 HDFS 文件的读写流程、副本摆放策略，认知 HDFS 数据负载均衡和机架感知。

任务 4：HDFS 高级知识

了解 Hadoop 的序列化操作，掌握 SequenceFile 和 MapFile 的常用操作。

任务 1 HDFS 入门

关键步骤如下。

➢ 认知文件系统以及 HDFS 文件系统。

➢ 了解 HDFS 文件系统存储的优缺点。

➢ 认识 HDFS 的基本概念。

➢ 掌握 HDFS 的体系架构。

2.1.1 认识 HDFS

1. HDFS 产生背景

我们在上一章已经了解到当今世界产生的数据量越来越大，那么与之相对应的需要存储和处理的数据量也就越来越大。我们平时使用的操作系统的存储空间是有限的，根本存储不了那么多的数据，那么是否能把多个操作系统综合成为一个大的操作系统，然后把数据存储在这个大的系统中呢？这种方法其实是可行的，但却不方便管理和维护。因此，迫切需要一种系统来管理分散存储在多台机器上的文件，于是就产生了分布式文件管理系统（Distributed File System，DFS）。

那么到底什么是分布式文件系统？分布式文件系统允许将一个文件通过网络在多台主机上以多副本（提高容错性）的方式进行存储，实际上是通过网络来访问文件，用户和程序看起来就像是访问本地的磁盘一样。

2. HDFS 简介

HDFS（Hadoop Distributed File System）是 Hadoop 项目的核心子项目，用于分布式计算中的数据存储。Hadoop 官方给出的描述是：HDFS 可以运行在廉价的服务器上，为海量数据存储提供了高容错、高可靠性、高可扩展性、高获得性、高吞吐率等特征。说到 HDFS，就不得不提 Google 的 GFS，HDFS 就是基于它的开源实现。

Hadoop 整合了众多的底层文件系统，如本地文件系统、HDFS 文件系统、S3 文件系统，并提供了一个文件系统抽象类 org.apache.hadoop.fs.FileSystem，对应的具体实现类如表 2-1 所示。

表2-1　Hadoop的文件系统

文件系统	URI方案	Java实现	定义
Local	file	fs.LocalFileSystem	支持客户端校验和本地文件系统。带有校验和的本地文件系统在 fs.RawLocalFileSystem 中实现
HDFS	hdfs	hdfs.DistributionFileSystem	Hadoop 的分布式文件系统
HFTP	hftp	hdfs.HftpFileSystem	支持通过 HTTP 以只读的方式访问 HDFS，distcp 经常用于在不同的 HDFS 集群间复制数据
HSFTP	hsftp	hdfs.HsftpFileSystem	支持通过 HTTPS 以只读的方式访问 HDFS
HAR	har	fs.HarFileSystem	构建在 Hadoop 文件系统之上，对文件进行归档。Hadoop 归档文件主要用来减少 NameNode 的内存使用
FTP	ftp	fs.ftp.FtpFileSystem	由 FTP 服务器支持的文件系统
S3（本地）	s3a	fs.s3native.NativeS3FileSystem	基于 Amazon S3 的文件系统
S3（基于块）	s3	fs.s3.NativeS3FileSystem	基于 Amazon S3 的文件系统，以块格式存储解决了 S3 的 5GB 文件大小限制问题

Hadoop 提供了许多文件系统的接口，用户可以使用 URI 方案选取合适的文件系统来实现交互。

3．HDFS 的优点

（1）处理超大文件。这里的超大文件通常是指 MB 到 TB 量级的数据文件，Hadoop 并不怕文件大；相反，如果 HDFS 中存在众多的小文件，那么反而会导致 Hadoop 集群的性能有所下降。

（2）运行于廉价机器上。Hadoop 集群可以部署在普通的廉价机器之上，而无需部署在价格昂贵的小型机上，这可以降低公司的运营成本。但要是运行在廉价的机器上，出现故障该怎么办呢？这就要求 HDFS 自身要做到高可用、高可靠。

（3）流式地访问数据。HDFS 提供一次写入、多次读取的服务。比如你在 HDFS 上存储了一个要处理的问题，后续可能会有多个作业都要使用到这份数据，那么只需要通过集群来读取前面已经存储好的数据即可。HDFS 设计之初是不支持对文件追加内容的，但随着 Hadoop 社区的发展，现在已支持对已有文件进行内容的追加。

4．HDFS 的缺点

（1）不适合低延迟数据访问。HDFS 本身是为存储大数据而设计的，如果你在工作中遇到的是低延时的应用请求，那么 HDFS 不适合。实时性、低延迟的查询使用 HBase 会是更好的选择，但是 HBase 中的 rowkey 设计得是否合适也会决定你的查询性能的高低。

（2）无法高效存储大量小文件。HDFS 中的元数据（元数据信息包括：文件和目录自身的属性信息，例如文件名、目录名、父目录信息、文件大小、创建时间、修改时间等，记录与文件内容存储相关的信息，例如文件块情况、副本个数、每个副本存放在哪儿等）存放在 NameNode 中，所以 HDFS 所能容纳的文件数目由 NameNode 的内存大小决定。一旦集群中的小文件过多，会导致 NameNode 的压力陡增，进而影响到集群的性能。所以可以采用 SequenceFile 等方式对小文件进行合并，或者是使用 NameNode Federation 的方式来改善。

5．HDFS 的设计目标

HDFS 的设计目标的详细描述可以参考 Hadoop 的官方文档：http://hadoop.apache. org/docs/current/hadoop-project-dist/hadoop-hdfs/HdfsDesign.html#Introduction。本节只挑选几个重要的设计目标进行讲解。

（1）硬件错误。硬件错误是常态而不是异常。HDFS 可能由成百上千个服务器所构成，每个服务器上存储着文件系统的部分数据。事实上构成系统的组件数目是非常巨大的，而且任一个组件都有可能失效，这意味着总有一部分 HDFS 组件是不工作的。因此错误检测和快速、自动的恢复是 HDFS 最核心的架构目标。

（2）大规模数据集。运行在 HDFS 上的应用具有很大的数据集。HDFS 上的一个典型文件的大小一般都在 GB 至 TB 量级。因此，需要调节 HDFS 以支持大文件存储。HDFS 应该能提供整体较高的数据传输带宽，能在一个集群里扩展到数百个节点。一个单一的 HDFS 实例应该能支撑数以千万计的文件。

（3）移动计算代价比移动数据代价低。一个作业的计算，离它操作的数据越近就越高效，在数据达到海量级别的时候更是如此。因为这样能降低网络阻塞的影响，提高系统数据的吞吐量。将计算移动到数据附近，比将数据移动到应用附近显然更好。HDFS 为应用提供了将计算移动到数据附近的接口。

2.1.2 HDFS 基础

1．数据块（Block）

HDFS 默认的最基本的存储单位是数据块（Block），默认的块大小（Block Size）是 64MB（有些发布版本为 128MB）。HDFS 中的文件是分成以 Block Size 为大小的数据块存储的。如果一个文件小于一个数据块的大小，并不占用整个数据块存储空间，文件大小是多大就占用多少存储空间。HDFS 与 Block 的关系如图 2.1 所示。

图 2.1　HDFS 与 Block 的关系

2.　元数据节点（NameNode）

NameNode 的职责是管理文件系统的命名空间，它将所有的文件和文件夹的元数据保存在一个文件系统树中，如一个文件包括哪些数据块，这些数据块分布在哪些数据节点上，这些信息都要存储下来。

NameNode 目录结构如下所示。

```
${dfs.name.dir}/current/VERSION
            /edits
            /fsimage
            /fstime
```

目录结构描述如下。

（1）VERSION 文件是存放版本信息的文件，它保存了 HDFS 的版本号。

（2）edits：当文件系统客户端进行写操作时，首先记录在修改日志中，元数据节点在内存中保存了文件系统的元数据信息。在记录了修改日志后，元数据节点则修改内存中的数据结构。每次写操作成功之前，修改日志都会同步到文件系统。

（3）fsimage 文件即名字空间文件。

3.　数据节点（DataNode）

DataNode 是文件系统中真正存储数据的地方，一个文件被拆分成多个 Block 后，会将这些 Block 存储在对应的数据节点上。客户端向 NameNode 发起请求，然后到对应的数据节点上写入或者读出对应的数据 Block。

DataNode 目录结构如下所示。

```
${dfs.name.dir}/current/VERSION
            /blk_<id_1>
            /blk_<id_1>.meta
            /blk_<id_2>
            /blk_<id_2>.meta
            /...
            /blk_<id_64>
            /blk_<id_64>.meta
            /subdir0/
            /subdir1/
            /...
            /subdir63/
```

目录结构描述如下。

（1）blk_<id> 保存的是 HDFS 的数据块，其中保存了具体的二进制数据。

（2）blk_<id>.meta 保存的是数据块的属性信息：版本信息、类型信息和校验和。

（3）subdirxx：当一个目录中的数据块达到一定数量的时候，则创建子文件夹来保存数据块及数据块属性信息。

4. 从元数据节点（Secondary NameNode）

Secondary NameNode 并不是 NameNode 节点出现问题时的备用节点，它和元数据节点分别负责不同的功能。其主要功能就是周期性地将 NameNode 的 namespace image 和 edit log 合并，以防日志文件过大。合并后的 namespace image 也在元数据节点保存了一份，以防在 NameNode 失效的时候进行恢复。

Secondary NameNode 目录结构如下所示。

```
${dfs.name.dir}/current/VERSION
                /edits
                /fsimage
                /fstime
                /previous.checkpoint/VERSION
                /edits
                /fsimage
                /fstime
```

Secondary NameNode 用来帮助 NameNode 将内存中的元数据信息 checkpoint 到硬盘上。

2.1.3 HDFS 架构

1. 架构概述

HDFS 架构详细描述参见 http://hadoop.apache.org/docs/current/hadoop-project-dist/hadoop-hdfs/HdfsDesign.html#NameNode_and_DataNodes。

HDFS 采用 master/slave 架构。一个 HDFS 集群由一个 NameNode 和一定数量的 DataNode 组成。NameNode 是一个中心服务器，负责管理文件系统的名字空间（namespace）以及客户端对文件的访问。集群中的 DataNode 一般是一个节点对应一个，负责管理它所在节点上的存储数据。HDFS 暴露了文件系统的名字空间，用户能够以文件的形式在上面存储数据。从内部看，一个文件其实被分成一个或多个数据块，这些块存储在一组 DataNode 上。NameNode 执行文件系统的名字空间操作，比如打开、关闭、重命名文件或目录，它也负责确定数据块到具体 DataNode 的映射。DataNode 负责处理文件系统客户端的读写请求，在 NameNode 的统一调度下进行数据块的创建、删除和复制。HDFS 架构如图 2.2 所示。

2. 架构组件功能

NameNode 和 DataNode 被设计成可以在普通的商用机器上运行，这些机器一般运行着 GNU/Linux 操作系统（OS）。由于采用了可移植性极强的 Java 语言，HDFS 可以部署到多种类型的机器上，任何支持 Java 的机器都可以部署 NameNode 或 DataNode。一个典型的部署场景是一台机器上只运行一个 NameNode 实例，而集群中的其他机器分别运行一个 DataNode 实例。这种架构并不排斥在一台机器上运行多个 DataNode，只不过这样的情况比较少见。

图 2.2　HDFS 架构

文件系统的名字空间：HDFS 支持传统的层次型文件组织结构。用户或者应用程序可以创建目录，然后将文件保存在这些目录里。文件系统名字空间的层次结构和大多数现有的文件系统类似，用户可以创建、删除、移动或重命名文件。当前，HDFS 不支持用户磁盘配额和访问权限控制，也不支持硬链接和软链接。但是 HDFS 架构并不妨碍对这些特性的实现。

NameNode 负责维护文件系统的名字空间，任何对文件系统名字空间或属性的修改都将被 NameNode 记录下来。应用程序可以设置 HDFS 保存的文件的副本数目，文件副本的数目称为文件的副本系数，这个信息也是由 NameNode 保存的。

任务2　HDFS 基本操作

关键步骤如下。

➢ 掌握使用 shell 访问 HDFS 文件系统。

➢ 掌握使用 Java API 访问 HDFS 文件系统。

HDFS Shell
访问

2.2.1　使用 HDFS shell 访问

1. 概述

HDFS 为使用者提供了基于 shell 操作命令来管理 HDFS 上的数据的功能。这些 shell 命令和 Linux 的命令十分类似，这样设计的好处是让已经熟悉 Linux 的用户可以更加快速地对 HDFS 的数据进行操作，减少学习的时间。

使用 HDFS shell 之前需要先启动 Hadoop。

Chapter
2

HDFS 的基本命令格式如下。

bin/hdfs dfs -cmd <args>

> **注意**
>
> cmd 就是具体的命令，cmd 前面的 "-" 千万不要省略。

2. 列出文件目录

命令：hadoop fs -ls 目录路径

示例：查看 HDFS 根目录下的文件

```
[hadoop@hadoop000 ~]$ hadoop fs -ls /
Found 4 items
-rw-r--r--   1 hadoop supergroup        159 2017-01-15 05:11 /README.html
drwxr-xr-x   - hadoop supergroup          0 2017-01-15 05:15 /data
drwxr-xr-x   - hadoop supergroup          0 2017-01-15 05:31 /datas
-rw-r--r--   1 hadoop supergroup         40 2017-01-15 05:13 /text.log
```

如果想递归查看文件，可以使用 -ls -R 命令，即该命令不仅会打印出目录路径下的文件，而且会打印出其子目录和子目录的文件。例如想查看 /data 下的所有文件。

```
[hadoop@hadoop000 ~]$ hadoop fs -ls -R /data
drwxr-xr-x   - hadoop supergroup          0 2017-01-15 05:12 /data/input
-rw-r--r--   1 hadoop supergroup   21102856 2017-01-15 05:12 /data/input/src.zip
-rw-r--r--   1 hadoop supergroup         40 2017-01-15 05:15 /data/text.log
```

3. 在 HDFS 中创建文件夹

命令：hadoop fs -mkdir 文件夹名称

示例：在 HDFS 的根目录下创建名为 datatest 的文件夹

```
[hadoop@hadoop000 ~]$ hadoop fs -mkdir /datatest
[hadoop@hadoop000 ~]$ hadoop fs -ls /
Found 5 items
-rw-r--r--   1 hadoop supergroup        159 2017-01-15 05:11 /README.html
drwxr-xr-x   - hadoop supergroup          0 2017-01-15 05:15 /data
drwxr-xr-x   - hadoop supergroup          0 2017-01-15 05:31 /datas
drwxr-xr-x   - hadoop supergroup          0 2017-01-17 03:39 /datatest
-rw-r--r--   1 hadoop supergroup         40 2017-01-15 05:13 /text.log
```

如果想级联创建一个文件夹，需要在 -mkdir 命令后指定 -p 参数。例如，我们想在 HDFS 上创建这样一个目录：/datatest/mr/input，而 mr 目录在之前是不存在的，所以想一次性创建成功，必须加上 -p 参数，否则会报错，命令为：hadoop fs -mkdir -p /datatest/mr/input。

```
[hadoop@hadoop000 ~]$ hadoop fs -mkdir -p /datatest/mr/input
```

```
[hadoop@hadoop000 ~]$ hadoop fs -ls /datatest
Found 1 items
drwxr-xr-x  - hadoop supergroup  0 2017-01-17 03:41 /datatest/mr

[hadoop@hadoop000 ~]$ hadoop fs -ls /datatest/mr
Found 1 items
drwxr-xr-x  - hadoop supergroup 0 2017-01-17 03:41 /datatest/mr/input
```

4. 上传文件至 HDFS

命令：hadoop fs -put 源路径 目标存放路径

示例：将本地 Linux 文件系统目录 /home/hadoop/data/ 下的 input.txt 文件上传至 HDFS 文件目录 /datatest 下

```
[hadoop@hadoop000 ~]$ hodoop fs -put /home/hadoop/data/input.txt /datatest

[hadoop@hadoop000 ~]$ hodoop fs -ls /datatest
Found 2 items
-rw-r--r--  1 hadoop supergroup    343 2017-01-17 03:44 /datatest/input.txt
drwxr-xr-x  - hadoop supergroup      0 2017-01-17 03:41 /datatest/mr
```

5. 从 HDFS 上下载文件

命令：hdfs dfs -get HDFS 文件路径 本地存放路径

示例：将刚刚上传的 input.txt 文件下载到本地用户的目录下

```
[hadoop@hadoop000~]$ hdfs dfs -get /datatest/input.txt /home/hadoop/app
[hadoop@hadoop000~]$ ll
-rw-r--r--. 1 hadoop hadoop 343 Jan 17 03:48 input.txt
```

6. 查看 HDFS 上某个文件的内容

命令：hadoop fs -text(cat) HDFS 上的文件存放路径

示例：查看刚刚上传的 input.txt 文件

```
[hadoop@hadoop000~]$ hodoop fs -text /datatest/input.txt
spark hadoop spark hadoop hive
hadoop kafka Hbase spark Hadoop
spark hive cisco ES hadoop flume
```

注意

　　text 命令和 cat 命令都可以用来查看文件内容，这里只演示了 text 命令，cat 命令请读者自己动手操作。

7. 统计目录下各文件的大小

命令：hodoop fs -du 目录路径

示例：查看 /data test/ 目录下各个文件的大小

```
[hadoop@hadoop000 ~]$ hodoop fs -du /datatest/
96  96  /datatest/input.txt
0   0   /datatest/mr
```

 注意

统计目录下文件大小使用的单位是字节。

8. 删除 HDFS 上的某个文件或者文件夹

命令：hodoop fs -rm(r) 文件存放路径

示例：删除刚刚上传的 input.txt 文件

```
[hadoop@hadoop000 ~]$ hodoop fs -rm /datatest/input.txt
Deleted /datatest/input.txt

[hadoop@hadoop000 ~]$ hodoop fs -ls /datatest/
Found 1 items
drwxr-xr-x   - hadoop supergroup        0 2017-01-17 03:41 /datatest/mr
```

在 HDFS 中删除文件与删除目录所使用命令有区别，一个是 -rm，表示删除指定的文件或者空目录；一个是 -rmr，表示递归删除指定目录下的所有子目录和文件。如下面的命令是删除 output 下的所有子目录和文件。

```
hodoop fs -rmr /test/output
```

 注意

在生产环境中要慎用 -rmr，容易引起误删除操作。

9. 使用 help 命令寻求帮助

命令：hodoop fs -help 命令

示例：查看 rm 命令的帮助

```
[hadoop@hadoop000 ~]$ hodoop fs -help rm
-rm [-f] [-r|-R] [-skipTrash] <src> ... :
  Delete all files that match the specified file pattern. Equivalent to the Unix
  command "rm <src>"

  -skipTrash  option bypasses trash, if enabled, and immediately deletes <src>
  -f          If the file does not exist, do not display a diagnostic message or
              modify the exit status to reflect an error.
  -[rR]       Recursively deletes directories
```

以上讲解的命令是日常工作中使用频次较高的，所以务必要熟练掌握。如果还想学习其他 shell 命令操作，可以访问官网（http://hadoop.apache.org/docs/current/hadoop-project-dist/hadoop-common/FileSystemShell.html）、使用 help 帮助或者在网络上搜索，在此不再赘述。

2.2.2　使用 Java API 访问

1．概述

除了可以使用 HDFS shell 的方式来访问 HDFS 上的数据，Hadoop 还提供了以 Java API 的方式来操作 HDFS 上的数据。我们实际开发的大数据应用都是以代码的方式提交的，所以在代码中使用 API 的方式来操作 HDFS 数据也必须掌握。下面介绍如何使用 Java API 对 HDFS 中的文件进行操作。

2．搭建开发环境

我们使用 Maven 来构建 Java 应用程序，所以需要添加 maven 的依赖包。

代码 2.1　Maven pom 文件

```
<properties>
    <project.build.sourceEncoding>UTF-8</project.build.sourceEncoding>
    <hadoop.version>2.6.0-cdh5.7.0</hadoop.version>
</properties>


<dependencies>
  <dependency>
    <groupId>org.apache.hadoop</groupId>
    <artifactId>hadoop-common</artifactId>
    <version>${hadoop.version}</version>
  </dependency>

  <dependency>
    <groupId>org.apache.hadoop</groupId>
    <artifactId>hadoop-hdfs</artifactId>
    <version>${hadoop.version}</version>
  </dependency>

  <dependency>
    <groupId>junit</groupId>
    <artifactId>junit</artifactId>
    <version>4.10</version>
  </dependency>
</dependencies>
```

> **⚠ 注意**
>
> 　　在执行单元测试之前，需要在 $HADOOP_HOME/etc/hadoop/hdfs-site.xml 中添加如下配置，并重启 HDFS 集群。
>
> ```xml
> <property>
>   <name>dfs.permissions</name>
>   <value>false</value>
> </property>
> ```

3. 单元测试的 setUp 和 tearDown 方法

在单元测试中，一般将初始化的操作放在 setUp 方法中完成，将关闭资源的操作放在 tearDown 方法中完成。那么我们在测试 HDFS 时，打开文件系统的操作就可以放在 setUp 中，而关闭文件系统的操作就可以放在 tearDown 中。

代码 2.2　单元测试 setUp 和 tearDown 方法

```java
package com.kgc.bigdata.hadoop.hdfs.api;

import org.apache.hadoop.conf.Configuration;
import org.apache.hadoop.fs.*;
import org.junit.After;
import org.junit.Before;
import org.junit.Test;
import java.net.URI;

/**
 * HDFS Java API 操作
 */
public class HDFSApp {

    public static final String HDFS_PATH = "hdfs://hadoop000:8020";

    Configuration configuration = null;
    FileSystem fileSystem = null;

    @Before
    public void setUp() throws Exception{
        System.out.println("HDFSApp.setUp()");
        configuration = new Configuration();
        fileSystem = FileSystem.get(new URI(HDFS_PATH), configuration);
    }
```

```
    @After
    public void tearDown() throws Exception{
        fileSystem = null;
        configuration = null;
        System.out.println("HDFSApp.tearDown()");
    }
}
```

4. 使用 Java API 操作 HDFS 的常用操作

代码 2.3　Java API 操作 HDFS 文件

```
/**
 * 创建目录
 */
@Test
public void mkdir() throws Exception {
    fileSystem.mkdirs(new Path("/hdfsapi/test"));
}


/**
 * 创建文件
 */
@Test
public void create() throws Exception {
    FSDataOutputStream output = fileSystem.create(new Path("/hdfsapi/test/a.txt"));
    output.write("hello world".getBytes());
    output.flush();
    output.close();
}


/**
 * 重命名
 */
@Test
public void rename() throws Exception {
    Path oldPath = new Path("/hdfsapi/test/a.txt");
    Path newPath = new Path("/hdfsapi/test/b.txt");
    System.out.println(fileSystem.rename(oldPath, newPath));
}


/**
 * 上传本地文件到 HDFS
 */
@Test
```

```
public void copyFromLocalFile() throws Exception {
    Path src = new Path("/home/hadoop/data/hello.txt");
    Path dist = new Path("/hdfsapi/test/");
    fileSystem.copyFromLocalFile(src, dist);
}

/**
 * 查看某个目录下的所有文件
 */
@Test
public void listFiles() throws Exception {
    FileStatus[] listStatus = fileSystem.listStatus(new Path("/hdfsapi/test"));
    for (FileStatus fileStatus : listStatus) {
        String isDir = fileStatus.isDirectory() ? " 文件夹 " : " 文件 ";  // 文件 / 文件夹
        String permission = fileStatus.getPermission().toString(); // 权限
        short replication = fileStatus.getReplication(); // 副本系数
        long len = fileStatus.getLen(); // 长度
        String path = fileStatus.getPath().toString(); // 路径
        System.out.println(isDir + "\t" + permission + "\t" + replication + "\t" + len + "\t" + path);
    }
}

/**
 * 查看文件块信息
 */
@Test
public void getFileBlockLocations() throws Exception {
    FileStatus fileStatus = fileSystem.getFileStatus(new Path("/hdfsapi/test/b.txt"));
    BlockLocation[] blocks = fileSystem.getFileBlockLocations(fileStatus, 0, fileStatus.getLen());
    for (BlockLocation block : blocks) {
        for (String host : block.getHosts()) {
            System.out.println(host);
        }
    }
}
```

任务 3 HDFS 运行原理

关键步骤如下。

➤ 掌握 HDFS 文件读写流程。

➤ 认知 HDFS 的副本机制。

➤ 了解 HDFS 文件数据的负载均衡和机架感知。

2.3.1　HDFS 读写流程

1. HDFS 文件读流程

客户端读取数据的过程如下。

（1）客户端通过调用 FileSystem 的 open 方法获取需要读取的数据文件，对于 HDFS 来说该 FileSystem 就是 DistributeFileSystem。

（2）DistributeFileSystem 通过 RPC 来调用 NameNode，获取到要读取的数据文件对应的 Block 存储在哪些 DataNode 之上。

（3）客户端先到最佳位置（距离最近）的 DataNode 上调用 FSDataInputStream 的 read 方法，通过反复调用 read 方法，可以将数据从 DataNode 传递到客户端。

（4）当读取完所有的数据之后，FSDataInputStream 会关闭与 DataNode 的连接，然后寻找下一块的最佳位置，客户端只需要读取连续的流。

（5）一旦客户端完成读取操作后，就对 FSDataInputStream 调用 close 方法来完成资源的关闭操作。

过程示意如图 2.3 所示。

图 2.3　HDFS 读数据流程

2. HDFS 文件写流程

客户端写数据的过程如下。

（1）客户端通过调用 DistributeFileSystem 的 create 方法来创建一个文件。

（2）DistributeFileSystem 会对 NameNode 发起 RPC 请求，在文件系统的名字空间中创建一个新的文件，此时会进行各种检查，比如检查要创建的文件是否已经存在，如果该文件不存在，NameNode 就会为该文件创建一条元数据记录。

（3）客户端调用 FSDataOutputStream 的 write 方法将数据写到一个内部队列中。假设副本系数为 3，那么将队列中的数据写到 3 个副本对应存储的 DataNode 上。

（4）FSDataOutputStream 内部维护着一个确认队列，当接收到所有 DataNode 确认写完的消息后，数据才会从确认队列中删除。

（5）当客户端完成数据的写入后，会对数据流调用 close 方法来关闭相关资源。

过程示意如图 2.4 所示。

图 2.4　HDFS 写数据流程

2.3.2　HDFS 副本机制

HDFS 上的文件对应的 Block 保存有多个副本且提供容错机制，因此副本丢失或宕机时能够自动恢复。默认保存 3 个副本。HDFS 副本摆放机制如图 2.5 所示。

图 2.5　HDFS 副本摆放机制

1. 副本摆放策略

第一个副本：放置在上传文件的 DataNode 上；如果是集群外提交，则随机挑选一个磁盘不太慢、CPU 不太忙的节点。

第二个副本：放置在与第一个副本不同的机架的节点上。

第三个副本：放置在与第二个副本相同机架的不同节点上。

如果还有更多的副本则随机放在节点中。

2. 副本系数

（1）上传文件到 HDFS 时，当时 Hadoop 的副本系数是多少，那么这个文件的块副本数就有几份，无论以后怎么更改系统的副本系数，这个文件的副本数都不会改变。也就是说，上传到 HDFS 系统的文件副本数是由当时的系统副本数决定的，不会受副本系数修改的影响。

（2）在上传文件时可以指定副本系数，dfs.replication 是客户端属性，不指定具体的 replication 时将采用默认副本数；文件上传后，备份数已经确定，修改 dfs.replication 既不会影响以前的文件，也不会影响后面指定副本数的文件，只会影响后面采用默认副本数的文件。

（3）replication 默认是由客户端决定的，如果客户端未设置，才会去配置文件中读取。

（4）如果在 hdfs-site.xml 中设置了 dfs.replication=1，并不意味块的备份数就是 1，因为可能没把 hdfs-site.xml 加入到工程的 classpath 里，那么程序运行时读取的可能就是 hdfs-default.xml 中 dfs.replication 的默认值 3，这也是 dfs.replication 总是 3 的原因。

```
hadoop fs setrep 3 test/test.txt
hadoop fs -ls test/test.txt
```

此时 test.txt 的副本系数就是 3 了，但是重新 put 一个文件到 hdfs 系统中，备份块数还是 1（假设 dfs.replication 的默认值为 1）。

2.3.3　HDFS 负载均衡

HDFS 的架构支持数据均衡策略。如果某个 DataNode 上的空闲空间低于特定的临界点，按照数据均衡策略，系统就会自动将数据从这个 DataNode 移动到其他空闲的 DataNode 上。当对某个文件的请求突然增加，也可能启动一个计划来创建该文件新的副本，同时重新平衡集群中的其他数据。当 HDFS 负载不均衡时，需要对 HDFS 进行数据的负载均衡调整，即对各节点机器上数据的存储分布进行调整，从而让数据均匀地分布在各个 DataNode 上，以均衡 IO 性能、平衡 IO 负载、平均数据、平衡集群，防止热点的发生。

在 Hadoop 中，包含一个 start-balancer.sh 脚本，通过运行这个脚本，可以启动 HDFS 的数据均衡服务 Balancer。该脚本位于 $HADOOP_HOME/bin 目录下。启动命令为：$HADOOP_HOME$HADOOP_HOME/bin/start-balancer.sh –threshold。

影响 Balancer 的几个参数。

（1）-threshold

默认设置：10，参数取值范围：0 ～ 100

参数含义：判断集群是否平衡的阈值。理论上，该参数值越小整个集群越平衡。

（2）dfs.balance.bandwidthPerSec

默认设置：1048576（1M/s）

参数含义：Balancer 运行时允许占用的带宽。

示例如下：

启动数据均衡，默认阈值为 10%
$HADOOP_HOME/bin/start-balancer.sh

启动数据均衡，阈值 5%
$HADOOP_HOME/bin/start-balancer.sh –threshold 5

停止数据均衡
$HADOOP_HOME/bin/stop-balancer.sh

在 hdfs-site.xml 文件中可以设置数据均衡占用的网络带宽限制。

```
<property>
    <name>dfs.balance.bandwidthPerSec</name>
    <value>1048576</value>
    <description> Specifies the maximum bandwidth that each datanode can utilize for the balancing purpose in
term of the number of bytes per second. </description>
</property>
```

2.3.4　HDFS 机架感知

通常大型 Hadoop 集群是以机架的形式来组织的，同一个机架上的不同节点间的网络状况比不同机架之间的网络状况更为理想，NameNode 设法将数据块副本保存在不同的机架上以提高容错性。

HDFS 不能自动判断集群中各个 DataNode 的网络拓扑情况。但 Hadoop 允许集群的管理员通过配置 dfs.network.script 参数来确定节点所处的机架。配置文件提供了 ip 到 rackid 的翻译。NameNode 通过这个配置可以知道集群中各个 DataNode 机器的 rackid。如果 topology.script.file.name 没有设定，则每个 ip 都会被翻译成 /default-rack。机架感知如图 2.6 所示。

图 2.6　机架感知

图中 D 和 R 代表交换机，H 代表 DataNode。则 H1 的 rackid=/D1/R1/H1，有了 rackid 信息（这些 rackid 信息可以通过 topology.script.file.name 配置），就可以计算出任意两台 DataNode 之间的距离。

distance(/D1/R1/H1,/D1/R1/H1) = 0 相同的 DataNode
distance(/D1/R1/H1,/D1/R1/H2) = 2 同一 rack 下的不同 DataNode
distance(/D1/R1/H1,/D1/R1/H4) = 4 同一 IDC 下的不同 DataNode
distance(/D1/R1/H1,/D1/R1/H7) = 6 不同 IDC 下的 DataNode

说明

（1）当没有配置机架信息时，所有的机器都在同一个默认的机架下，名为 "/default-rack"。这种情况下任何一台 DataNode 机器，不管物理上是否属于同一个机架，都会被认为是在同一个机架下。

（2）一旦配置了 topology.script.file.name，就可以按照网络拓扑结构来寻找 DataNode；topology.script.file.name 这个配置选项的 value 则指定为一个可执行程序，通常为一个脚本。

任务 4　HDFS 高级知识

关键步骤如下。

➢ Hadoop 的序列化机制。
➢ SequenceFile 的使用。
➢ MapFile 的使用。

2.4.1　Hadoop 序列化机制

1. 什么是序列化和反序列化

序列化：将对象转化为字节流，以便在网络上传输或者写在磁盘上进行永久存储。

反序列化：将字节流转回成对象。

序列化在分布式数据处理的两个领域经常出现：进程间通信和永久存储。

Hadoop 中多个节点进程间通信是通过远程过程调用（Remote Procedure Call，RPC）实现的。

2. Hadoop 的序列化

Hadoop 的序列化并不采用 Java 的序列化，而是采用自己的序列化机制。在 Hadoop 的序列化机制中，用户可以复用对象，这就减少了 Java 对象的分配和回收，提高了应用效率。

Hadoop 通过 Writable 接口实现序列化机制，但没有提供比较功能，所以和 Java 中的 Comparable 接口合并，提供了一个 WritableComparable 接口。

```
public interface Writable {
    void write(DataOutput out) throws IOException;        // 状态写入到 DataOutput 二进制流
    void readFields(DataInput in) throws IOException;     // 从 DataInput 二进制流中读取状态
}

public interface WritableComparable<T> extends Writable, Comparable<T> {
}
```

3．Hadoop *的序列化案例*

功能需求：序列化 Person 对象，并将序列化的对象反序列化出来。

实现步骤：

（1）序列化对象类 implements WritableComparable。

（2）属性：既可以采用 Hadoop 的类型，也可以采用 Java 的类型。

（3）实现 write 方法接口：将对象转换为字节流并写入到输出流 out 中。

① 如果属性是 Hadoop 类型的：name.write(out)。

② 如果属性是 Java 类型的：out.write(name)。

（4）实现 readFields 接口：从输入流 in 中读取字节流并反序列化对象。

① 如果属性是 Hadoop 类型的：name.readFields(in)。

② 如果属性是 Java 类型的： in.readFields(name)。

（5）实现 compare To 方法接口。

（6）setter 方法：采用 Java 类型的属性，方便客户端操作。

（7）构造方法。

（8）实现 toString、hashCode、equals 方法。

代码2.4　Hadoop 序列化操作

```
package com.kgc.bigdata.hadoop.hdfs.io;

import org.apache.hadoop.io.IntWritable;
import org.apache.hadoop.io.Text;
import org.apache.hadoop.io.WritableComparable;

import java.io.DataInput;
import java.io.DataOutput;
import java.io.IOException;

/**
 * 序列化实体类
 */
public class Person implements WritableComparable<Person> {
```

```java
private Text name = new Text();
private IntWritable age = new IntWritable();
private Text sex = new Text();

public Person(String name, int age, String sex){
    this.name.set(name);
    this.age.set(age);
    this.sex.set(sex);
}

public Person(Text name, IntWritable age, Text sex) {
    this.name = name;
    this.age = age;
    this.sex = sex;
}

public Person() {
}

public void set(String name, int age, String sex){
    this.name.set(name);
    this.age.set(age);
    this.sex.set(sex);
}

@Override
public void write(DataOutput out) throws IOException {
    name.write(out);
    age.write(out);
    sex.write(out);
}

@Override
public void readFields(DataInput in) throws IOException {
    name.readFields(in);
    age.readFields(in);
    sex.readFields(in);
}

// 比较规则： 姓名相同比年龄， 年龄相同比性别
@Override
public int compareTo(Person o) {
```

```java
        int result = 0;

        int comp1 = name.compareTo(o.name);
        if (comp1 != 0) {
            return comp1;
        }

        int comp2 = age.compareTo(o.age);
        if (comp2 != 0) {
            return comp2;
        }

        int comp3 = sex.compareTo(o.sex);
        if (comp3 != 0) {
            return comp3;
        }
        return result;
    }

    @Override
    public int hashCode() {
        final int prime = 31;
        int result = 1;
        result = prime * result + ((age == null) ? 0 : age.hashCode());
        result = prime * result + ((name == null) ? 0 : name.hashCode());
        result = prime * result + ((sex == null) ? 0 : sex.hashCode());
        return result;
    }

    @Override
    public boolean equals(Object obj) {
        if (this == obj)
            return true;
        if (obj == null)
            return false;
        if (getClass() != obj.getClass())
            return false;
        Person other = (Person) obj;
        if (age == null) {
            if (other.age != null)
                return false;
        } else if (!age.equals(other.age))
            return false;
```

```
      if (name == null) {
        if (other.name != null)
          return false;
      } else if (!name.equals(other.name))
        return false;
      if (sex == null) {
        if (other.sex != null)
          return false;
      } else if (!sex.equals(other.sex))
        return false;
      return true;
    }

    @Override
    public String toString() {
      return "Person [name=" + name + ", age=" + age + ", sex=" + sex + "]";
    }
}
```

序列化工具类：

```
package com.kgc.bigdata.hadoop.hdfs.io;

import org.apache.hadoop.io.Writable;

import java.io.*;

/**
 * 序列化操作
 */
public class HadoopSerializationUtil {

    public static byte[] serialize(Writable writable) throws IOException {
      ByteArrayOutputStream out = new ByteArrayOutputStream();
      DataOutputStream dataout = new DataOutputStream(out);
      writable.write(dataout);
      dataout.close();
      return out.toByteArray();
    }

    public static void deserialize(Writable writable, byte[] bytes)
        throws Exception {
      ByteArrayInputStream in = new ByteArrayInputStream(bytes);
      DataInputStream datain = new DataInputStream(in);
      writable.readFields(datain);
```

```
            datain.close();
        }

    }
```

    测试类：

```
package com.kgc.bigdata.hadoop.hdfs.io;

public class Test {
    public static void main(String[] args) throws Exception {
        // 测试序列化
        Person person = new Person("zhangsan", 27, "man");
        byte[] values = HadoopSerializationUtil.serialize(person);

        // 测试反序列化
        Person p = new Person();
        HadoopSerializationUtil.deserialize(p, values);
        System.out.println(p);
    }
}
```

    输出：

```
Person [name= zhangsan, age=27, sex=man]
```

2.4.2　SequenceFile

1．SequenceFile 概述

SequenceFile 是 Hadoop 提供的一种对二进制文件的支持。二进制文件直接将 <Key, Value> 对序列化到文件中。而 HDFS 是适合存储大文件的，很小的文件如果很多的话，NameNode 的压力会非常大，因为每个文件都会有一条元数据信息存储在 NameNode 上，小文件非常多也就意味着在 NameNode 上存储的元数据信息非常多。Hadoop 是适合存储大数据的，所以可以通过 SequenceFile 将小文件合并，从而获得更高效率的存储和计算。SequenceFile 中的 Key 和 Value 可以是任意类型的 Writable 或者自定义 Writable 类型。

注意

　　对于一定大小的数据，比如说 100GB，如果采用 SequenceFile 进行存储的话，占用的空间将是大于 100GB 的，因为为了查找方便 SequenceFile 的存储中添加了一些额外的信息。

2．SequenceFile 特点

（1）支持压缩：可定制为基于 Record（记录）和 Block（块）压缩。

无压缩类型：如果没有启动压缩（默认设置），那么每个记录就由它的记录长度（字节数）、键的长度、键和值组成，长度字段为 4 字节。SequenceFile 内部结构如图 2.7 所示。

图 2.7　SequenceFile 内部结构

Record 针对行压缩，只压缩 Value 部分不压缩 Key；而 Block 对 Key 和 Value 都压缩。

（2）本地化任务支持：因为文件可以被切分，因此在运行 MapReduce 任务时数据的本地化情况应该是非常好的；尽可能多地发起 Map Task 来进行并行处理，进而提高作业的执行效率。

（3）难度低：因为是 Hadoop 框架提供的 API，所以业务逻辑一侧的修改比较简单。

3．SequenceFile *写操作*

实现步骤如下。

（1）设置 Configuration。

（2）获取 FileSystem。

（3）设置文件输出路径。

（4）SequenceFile.createWriter() 创建 SequenceFile.Write 写入。

（5）调用 SequenceFile.Write.append 追加写入。

（6）关闭流。

代码 2.5　SequenceFile 文件写操作

package com.kgc.bigdata.hadoop.hdfs.sequence;

import org.apache.hadoop.conf.Configuration;
import org.apache.hadoop.fs.FileSystem;
import org.apache.hadoop.fs.Path;
import org.apache.hadoop.io.IOUtils;
import org.apache.hadoop.io.IntWritable;
import org.apache.hadoop.io.SequenceFile;
import org.apache.hadoop.io.Text;

```
import java.net.URI;

/**
 * SequenceFile 写操作
 */
public class SequenceFileWriter {
    private static Configuration configuration = new Configuration();
    private static String url = "hdfs://hadoop000:8020";

    private static String[] data ={"a,b,c,d,e,f,g","e,f,g,h,i,j,k","l,m,n,o,p,q,r,s","t,u,v,w,x,y,z"};

    public static void main(String[] args) throws Exception{
        FileSystem fs = FileSystem.get(URI.create(url), configuration);
        Path outputPath = new Path("MySequenceFile.seq");

        IntWritable key = new IntWritable();
        Text value = new Text();

        SequenceFile.Writer writer = SequenceFile.createWriter(fs, configuration, outputPath, IntWritable.class, Text.class);

        for (int i = 0; i < 10; i++) {
            key.set(10-i);
            value.set(data[i%data.length]);
            writer.append(key, value);
        }

        IOUtils.closeStream(writer);
    }
}
```

文件的默认 HDFS 写出路径为 /user/<user>/。

4. SequenceFile 读操作

实现步骤如下。

（1）设置 Configuration。

（2）获取 FileSystem。

（3）设置文件输入路径。

（4）调用 SequenceFile.Reader() 创建读取类 SequenceFile.Reader。

（5）获取 Key 和 Value 的 class。

（6）读取。

（7）关闭流。

代码 2.6　SequenceFile 文件读操作

```
package com.kgc.bigdata.hadoop.hdfs.sequence;
```

```java
import org.apache.hadoop.conf.Configuration;
import org.apache.hadoop.fs.FileSystem;
import org.apache.hadoop.fs.Path;
import org.apache.hadoop.io.IOUtils;
import org.apache.hadoop.io.SequenceFile;
import org.apache.hadoop.io.Writable;
import org.apache.hadoop.util.ReflectionUtils;

import java.net.URI;

/**
 * SequenceFile 读操作
 */
public class SequenceFileReader {

    static Configuration configuration = new Configuration();
    private static String url = "hdfs://hadoop000:8020";

    public static void main(String[] args) throws Exception{
        FileSystem fs = FileSystem.get(URI.create(url), configuration);
        Path inputPath = new Path("MySequenceFile.seq");

        SequenceFile.Reader reader = new SequenceFile.Reader(fs,inputPath,configuration);

        Writable keyClass = (Writable) ReflectionUtils.newInstance(reader.getKeyClass(), configuration);
        Writable valueClass = (Writable) ReflectionUtils.newInstance(reader.getValueClass(), configuration);
        while(reader.next(keyClass, valueClass)){
            System.out.println("key : " + keyClass);
            System.out.println("value : " + valueClass);
            System.out.println("position : " + reader.getPosition());
        }

        IOUtils.closeStream(reader);
    }
}
```

5. SequenceFile 写操作使用压缩

SequenceFile 写操作的压缩也支持 Record 和 Block 两种，在读取时能够自动解压。

代码 2.7　SequenceFile 文件使用压缩写操作

```java
package com.kgc.bigdata.hadoop.hdfs.sequence;



import org.apache.hadoop.conf.Configuration;
```

```java
import org.apache.hadoop.fs.FileSystem;
import org.apache.hadoop.fs.Path;
import org.apache.hadoop.io.*;
import org.apache.hadoop.io.compress.BZip2Codec;
import org.apache.hadoop.util.ReflectionUtils;

import java.net.URI;

/**
 * SequenceFile 压缩方式写操作
 */
public class SequenceFileCompression {

    static Configuration configuration = null;
    private static String url = "hdfs://hadoop000:8020";

    static {
        configuration = new Configuration();
    }

    private static String[] data = {"a,b,c,d,e,f,g", "e,f,g,h,i,j,k",
            "l,m,n,o,p,q,r,s", "t,u,v,w,x,y,z"};

    public static void main(String[] args) throws Exception {
        FileSystem fs = FileSystem.get(URI.create(url), configuration);
        Path outputPath = new Path("MySequenceFileCompression.seq");

        IntWritable key = new IntWritable();
        Text value = new Text();

        SequenceFile.Writer writer = SequenceFile.createWriter(fs,
                configuration, outputPath, IntWritable.class, Text.class,
                SequenceFile.CompressionType.RECORD, new BZip2Codec());

        for (int i = 0; i < 10; i++) {
            key.set(10 - i);
            value.set(data[i % data.length]);
            writer.append(key, value);
        }

        IOUtils.closeStream(writer);
```

```
Path inputPath = new Path("MySequenceFileCompression.seq");
SequenceFile.Reader reader = new SequenceFile.Reader(fs,inputPath,configuration);

Writable keyClass = (Writable) ReflectionUtils.newInstance(reader.getKeyClass(), configuration);
Writable valueClass = (Writable) ReflectionUtils.newInstance(reader.getValueClass(), configuration);
while(reader.next(keyClass, valueClass)){
    System.out.println("key : " + keyClass);
    System.out.println("value : " + valueClass);
    System.out.println("position : " + reader.getPosition());
}

IOUtils.closeStream(reader);
    }
}
```

2.4.3　MapFile

1. MapFile 概述

MapFile 是排过序的 SequenceFile，由两部分构成，分别是 data 和 index。index 作为文件的数据索引，主要记录了每个 Record 的 key 值，以及该 Record 在文件中的偏移位置。在 MapFile 被访问的时候，索引文件会先被加载到内存，通过 index 映射关系可迅速定位到指定 Record 所在文件位置。因此，相对于 SequenceFile 而言，MapFile 的检索效率更高，缺点是会消耗一部分内存来存储 index 数据。

2. MapFile 写操作

实现步骤如下。

（1）设置 Configuration。

（2）获取 FileSystem。

（3）设置文件输出路径。

（4）MapFile.Writer() 创建 MapFile.Writer 写入。

（5）调用 MapFile.Writer.append 追加写入。

（6）关闭流。

代码 2.8　MapFile 写操作

```
package com.kgc.bigdata.hadoop.hdfs.mapfile;

import org.apache.hadoop.conf.Configuration;
import org.apache.hadoop.fs.FileSystem;
import org.apache.hadoop.fs.Path;
import org.apache.hadoop.io.IOUtils;
import org.apache.hadoop.io.MapFile;
import org.apache.hadoop.io.Text;
```

```java
import java.net.URI;

/**
 * MapFile 写文件
 */
public class MapFileWriter {

    static Configuration configuration = new Configuration();
    private static String url = "hdfs://hadoop000:8020";

    public static void main(String[] args) throws Exception {

        FileSystem fs = FileSystem.get(URI.create(url), configuration);
        Path outPath = new Path("MyMapFile.map");

        Text key = new Text();
        key.set("mymapkey");
        Text value = new Text();
        value.set("mymapvalue");

        MapFile.Writer writer = new MapFile.Writer(configuration, fs,
            outPath.toString(), Text.class, Text.class);

        writer.append(key, value);
        IOUtils.closeStream(writer);
    }
}
```

3. MapFile 读操作

实现步骤如下。

（1）设置 Configuration。

（2）获取 FileSystem。

（3）设置文件输入路径。

（4）MapFile.Reader() 创建读取类 MapFile.Reader。

（5）获取 Key 与 Value 的 class。

（6）读取。

（7）关闭流。

代码 2.9　MapFile 读操作

```java
package com.kgc.bigdata.hadoop.hdfs.mapfile;
```

```
import org.apache.hadoop.conf.Configuration;
import org.apache.hadoop.fs.FileSystem;
import org.apache.hadoop.fs.Path;
import org.apache.hadoop.io.IOUtils;
import org.apache.hadoop.io.MapFile;
import org.apache.hadoop.io.Writable;
import org.apache.hadoop.io.WritableComparable;
import org.apache.hadoop.util.ReflectionUtils;

import java.net.URI;

/**
 * MapFile 读文件
 */
public class MapFileReader {

    static Configuration configuration = new Configuration();
    private static String url = "hdfs://hadoop000:8020";

    public static void main(String[] args) throws Exception {

        FileSystem fs = FileSystem.get(URI.create(url), configuration);
        Path inPath = new Path("MyMapFile.map");

        MapFile.Reader reader = new MapFile.Reader(fs, inPath.toString(),
            configuration);

        Writable keyclass = (Writable) ReflectionUtils.newInstance(
            reader.getKeyClass(), configuration);
        Writable valueclass = (Writable) ReflectionUtils.newInstance(
            reader.getValueClass(), configuration);

        while (reader.next((WritableComparable) keyclass, valueclass)) {
            System.out.println(keyclass);
            System.out.println(valueclass);
        }
        IOUtils.closeStream(reader);
    }
}
```

➡ 本章总结

本章学习了以下知识点。

➢ HDFS 文件产生背景、设计目标及特点。

> ➤ HDFS 的基本概念。
> ➤ HDFS 的体系结构及各组件功能。
> ➤ 使用 HDFS shell 以及 Java API 操作 HDFS。
> ➤ HDFS 文件数据读写流程。
> ➤ HDFS 副本机制、数据负载均衡以及机架感知。
> ➤ HDFS 序列化。
> ➤ SequenceFile 以及 MapFile 的读写操作。

➔ 本章练习

在实际生产环境中，输入数据往往是由许多小文件组成的，这里的小文件是指小于 HDFS 系统块大小的文件。然而每一个存储在 HDFS 中的文件、目录和块都会映射为一个对象，存储在 NameNode 服务器内存中，通常占用 150 字节。如果有 1000 万个文件，就需要消耗大约 3GB 的内存空间。如果有 10 亿个文件呢？所以在项目开始之前，我们需要选择一种合适的方案来解决小文件问题。请开发一个应用程序来对小文件进行合并。

第 3 章

Hadoop 分布式计算框架

技能目标

❖ 了解 MapReduce 是什么
❖ 掌握 MapReduce 编程模型
❖ 掌握 MapReduce 中常见核心 API 编程
❖ 掌握 MapReduce 开发常用的功能

本章任务

学习本章，需要完成以下 3 个工作任务。记录学习过程中遇到的问题，通过自己的努力或访问 kgc.cn 解决。

任务 1：认识 MapReduce 编程模型

理解并掌握 MapReduce 的编程模型，进一步加深对大数据并行计算模型的理解与认识。

任务 2：MapReduce 应用开发

通过学习 MapReduce 各个组件的概念和原理，加深对 MapReduce 底层原理和计算模型的掌握。

任务 3：MapReduce 高级应用

掌握 MapReduce 开发常用的应用，例如 Join、排序、二次排序、合并小文件等。

任务 1　认识 MapReduce 编程模型

关键步骤如下。

➤ MapReduce 是什么，适合做什么，不适合做什么。

➤ MapReduce 中 map 和 reduce 方法的功能。

➤ 开发 MapReduce 版本的 WordCount 程序并提交到集群运行。

MapReduce
编程模型

3.1.1　MapReduce 基础

1. MapReduce 是什么

MapReduce 是 Google 的一项重要开源技术，它是一个编程模型，用于大数据量的计算。对于大数据量的计算，通常采用的处理方式就是并行计算。但对许多开发人员来说，自己完完全全实现一个并行计算程序难度太大，而 MapReduce 就是一种简化并行计算的编程模型，它使得没有多少并行计算经验的开发人员也可以开发并行应用程序。这也是 MapReduce 的价值所在，通过简化编程模型，降低了开发并行应用程序的入门门槛。

2. MapReduce 设计目标

MapReduce 的设计目标是方便编程人员在不熟悉分布式并行编程的情况下，将自己的程序运行在分布式系统上。MapReduce 采用的是"分而治之"的思想，即把对大规模数据集的操作，分发给一个主节点管理下的各个子节点共同完成，然后整合各个子节点的中间结果，从而得到最终的计算结果。简而言之，MapReduce 就是"分散任务，汇总结果"。

3. MapReduce 特点

（1）易于编程。MapReduce 只需简单地实现一些接口，就可以完成一个分布式程序，这个分布式程序可以分布到大量廉价的 PC 机上运行。也就是说你写一个分布式程序，跟写一个简单的串行程序是一模一样的。就是因为这个特点，使得 MapReduce 编程变得日益流行。

（2）良好的扩展性。当你的计算资源不能得到满足的时候，可以通过简单的增加机器来扩展它的计算能力。

（3）高容错性。MapReduce 设计的初衷就是使程序能够部署在廉价的 PC 机上，这就要求它具有很高的容错性。比如其中一台机器挂了，可以把它上面的计算任务转移到另外一个节点上运行，不至于使整个任务运行失败，而且这个过程不需要人工干预，完全是由 Hadoop 内部完成的。

（4）能对 PB 量级以上海量数据进行离线处理。适合离线处理而不适合实时处理，比如要求毫秒级返回一个结果，MapReduce 将很难做到。

4. MapReduce 不擅长的场景

易于编程的 MapReduce 虽然具有很多优势，但也有不擅长的地方。这里的不擅长并不代表它不能做，而是在有些场景下实现的效果比较差，并不适合用 MapReduce 来处理，主要表现在以下几个方面。

（1）实时计算：MapReduce 无法像 MySQL 一样，在毫秒或者秒级内返回结果。

（2）流式计算：流式计算的输入数据是动态的，而 MapReduce 的输入数据集是静态的，不能动态变化。这是因为 MapReduce 自身的设计特点决定了数据源必须是静态的。

（3）DAG（有向图）计算：多个应用程序存在依赖关系，后一个应用程序的输入为前一个应用程序的输出。在这种情况下，MapReduce 并不是不能做，而是使用其之后，每个 MapReduce 作业的输出结果都会写入到磁盘，会造成大量的磁盘 IO，降低使用性能。

3.1.2　MapReduce 编程模型

1. 编程模型概述

从 MapReduce 自身的命名特点可以看出，MapReduce 由两个阶段组成：Map 和 Reduce。用户只需编写 map() 和 reduce() 两个函数，即可完成简单的分布式程序的设计。

map() 函数以 key/value 对作为输入，产生另外一系列 key/value 对作为中间输出写入本地磁盘。MapReduce 框架会自动将这些中间数据按照 key 值进行聚集，且 key 值相同（用户可设定聚集策略，默认情况下是对 key 值进行哈希取模）的数据被统一交给 reduce() 函数处理。

reduce() 函数以 key 及对应的 value 列表作为输入，经合并 key 相同的 value 值后，产生另外一系列 key/value 对作为最终输出写入 HDFS。

MapReduce 将作业（一个 MapReduce 应用程序）的整个运行过程分为 Map 阶段和 Reduce 阶段，编程模型如图 3.1 所示。

（1）Map 阶段由一定数量的 Map Task 组成。

➢ 输入数据格式解析：InputFormat（把输入文件分片）

➢ 输入数据处理：Mapper

➢ 数据分组：Partitioner

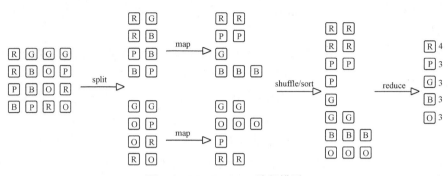

图 3.1　MapReduce 编程模型

（2）Reduce 阶段由一定数量的 Reduce Task 组成。

➢ 数据远程拷贝（从 Map Task 的输出拷贝部分数据）

➢ 数据按照 key 排序和分组（key 相同的都放在一起，按照 key 进行分组操作，每一组交由 Reducer 进行处理）

➢ 数据处理：Reducer

➢ 数据输出格式：OutputFormat（输出文件格式、分隔符等的设置）

2. 编程模型三步曲

（1）Input：一系列 k1/v1 对。

（2）Map 和 Reduce：Map：(k1,v1) -> list(k2,v2)，Reduce：(k2, list(v2)) -> list(k3,v3)。

其中：k2/v2 是中间结果对。

（3）Output：一系列 (k3,v3) 对。

3.1.3　MapReduce 词频统计编程实例

通过上一节的学习，我们已经理解了 MapReduce 的基本编程模型，为了加深对 MapReduce 的理解，本节将以一个 WordCount 程序来详细解释 MapReduce 模型。一个最简单的 MapReduce 应用程序至少包含 3 个部分：一个 Map 函数、一个 Reduce 函数和一个 main 函数。在运行一个 MapReduce 计算任务时，任务过程被分成 map 阶段和 reduce 阶段，每个阶段都采用键值（key/value）对作为输入（input）和输出（output），main 函数则将作业控制和文件输入 / 输出结合起来。

我们一起来看看 WordCount 程序的需求：现有大量的文件，每个文件又有大量的单词，要求统计每个单词出现的词频。

1. WordCount 实现设计分析

（1）Map 过程：并行读取文本，对读取的单词进行 map 操作，每个词都以 <key,value> 形式生成。

读取第一行 Hello World Bye World，分割单词形成 Map。

<Hello,1> <World,1> <Bye,1> <World,1>

读取第二行 Hello Hadoop Bye Hadoop，分割单词形成 Map。

<Hello,1> <Hadoop,1> <Bye,1> <Hadoop,1>

读取第三行 Bye Hadoop Hello Hadoop，分割单词形成 Map。

<Bye,1> <Hadoop,1> <Hello,1> <Hadoop,1>

（2）Reduce 操作是对 map 的结果进行排序、合并，最后得出词频。

reduce 将形成的 Map 根据相同的 key 组合成 value 数组。<Bye,1,1,1> <Hadoop,1,1,1,1> <Hello,1,1,1> <World,1,1>。循环执行 Reduce(K,V[])，分别统计每个单词出现的次数，<Bye,3> <Hadoop,4> <Hello,3> <World,2>。

2. WordCount 代码开发

在前面已经详细描述了 MapReduce 的编程模型，接下来一起使用 Maven 来完成相关程序的开发，至于开发工具，可以根据自己的喜好选择，Eclipse 或者 IDEA 均可。为了方便大家理解，在重要程序处均标注了相关注释！

（1）新建工程，添加 Maven 依赖。

```
<dependency>
    <groupId>org.apache.hadoop</groupId>
    <artifactId>hadoop-common</artifactId>
    <version>${hadoop.version}</version>
</dependency>

<dependency>
    <groupId>org.apache.hadoop</groupId>
    <artifactId>hadoop-hdfs</artifactId>
    <version>${hadoop.version}</version>
</dependency>

<dependency>
    <groupId>org.apache.hadoop</groupId>
    <artifactId>hadoop-mapreduce-client-core</artifactId>
    <version>${hadoop.version}</version>
</dependency>
```

（2）完整的 WordCount 程序代码。

代码 3.1　WordCount 代码实现

```
package com.kgc.bigdata.hadoop.mapreduce.wordcount;
```

```java
import com.kgc.bigdata.hadoop.mapreduce.partitioner.PartitionerApp;
import org.apache.hadoop.conf.Configuration;
import org.apache.hadoop.fs.FileSystem;
import org.apache.hadoop.fs.Path;
import org.apache.hadoop.io.IntWritable;
import org.apache.hadoop.io.LongWritable;
import org.apache.hadoop.io.Text;
import org.apache.hadoop.mapreduce.Job;
import org.apache.hadoop.mapreduce.Mapper;
import org.apache.hadoop.mapreduce.Partitioner;
import org.apache.hadoop.mapreduce.Reducer;
import org.apache.hadoop.mapreduce.lib.input.FileInputFormat;
import org.apache.hadoop.mapreduce.lib.input.TextInputFormat;
import org.apache.hadoop.mapreduce.lib.output.FileOutputFormat;
import org.apache.hadoop.mapreduce.lib.output.TextOutputFormat;

import java.io.IOException;
import java.net.URI;
import java.util.StringTokenizer;


/**
 * WordCount 的 MapReduce 实现
 */
public class WordCountApp {
    public static class MyMapper
            extends Mapper<Object, Text, Text, IntWritable> {

        private final static IntWritable one = new IntWritable(1);
        private Text word = new Text();

        public void map(Object key, Text value, Context context
        ) throws IOException, InterruptedException {
            StringTokenizer itr = new StringTokenizer(value.toString());
            while (itr.hasMoreTokens()) {
                word.set(itr.nextToken());
                context.write(word, one);
            }
        }
    }

    public static class MyReducer
            extends Reducer<Text, IntWritable, Text, IntWritable> {
```

```java
    private IntWritable result = new IntWritable();

    public void reduce(Text key, Iterable<IntWritable> values,
                Context context) throws IOException, InterruptedException {
        int sum = 0;
        for (IntWritable val : values) {
            sum += val.get();
        }
        result.set(sum);
        context.write(key, result);
    }
}

public static void main(String[] args) throws Exception {
    String INPUT_PATH = "hdfs://hadoop000:8020/wc";
    String OUTPUT_PATH = "hdfs://hadoop000:8020/outputwc";

    Configuration conf = new Configuration();
    final FileSystem fileSystem = FileSystem.get(new URI(INPUT_PATH), conf);
    if (fileSystem.exists(new Path(OUTPUT_PATH))) {
        fileSystem.delete(new Path(OUTPUT_PATH), true);
    }

    Job job = Job.getInstance(conf, "WordCountApp");

    // 运行 jar 类
    job.setJarByClass(WordCountApp.class);

    // 设置 map
    job.setMapperClass(MyMapper.class);
    job.setMapOutputKeyClass(Text.class);
    job.setMapOutputValueClass(IntWritable.class);

    // 设置 reduce
    job.setReducerClass(MyReducer.class);
    job.setOutputKeyClass(Text.class);
    job.setOutputValueClass(IntWritable.class);

    // 设置输入格式
    job.setInputFormatClass(TextInputFormat.class);
    Path inputPath = new Path(INPUT_PATH);
    FileInputFormat.addInputPath(job, inputPath);
```

```
        // 设置输出格式
        job.setOutputFormatClass(TextOutputFormat.class);
        Path outputPath = new Path(OUTPUT_PATH);
        FileOutputFormat.setOutputPath(job, outputPath);

        // 提交 job
        System.exit(job.waitForCompletion(true) ? 0 : 1);
    }
}
```

3. WordCount 代码说明

（1）对于 map 函数的方法

```
public void map(Object key, Text value, Context context)
```

继承 Mapper 类，实现 map 方法，这里有 3 个参数，前面两个参数 Object key、Text value 就是输入的 key 和 value，第三个参数 Context context 记录的是整个上下文，比如我们可以通过 context 将数据写出去。

（2）对于 reduce 函数的方法

```
public void reduce(Text key, Iterable<IntWritable> values, Context context)
```

继承 Reducer 类，实现 reduce 方法，reduce 函数的输入也是一个 key/value 的形式，不过它的 value 是迭代器的形式 Iterable<IntWritable> values，也就是说 reduce 的输入是一个 key 对应一组 value，reduce 也有 context 参数，和 map 的 context 参数作用一致。

（3）对于 main 函数的调用

创建 Configuration 类：

```
Configuration conf = new Configuration();
```

运行 MapReduce 程序前都要初始化 Configuration 类，该类主要是读取 MapReduce 系统配置信息。

创建 Job 类：

```
Job job = Job.getInstance(conf, "word count");
job.setJarByClass(WordCount.class);
job.setMapperClass(TokenizerMapper.class);
job.setReducerClass(IntSumReducer.class);
```

第一行构建一个 job，有两个参数，一个是 conf，另一个是这个 job 的名称。第二行设置我们自己开发的 MapReduce 类。第三行和第四行设置 map 函数和 reduce 函数实现类。

设置输出的 key/value 的类型：

```
job.setOutputKeyClass(Text.class);
job.setOutputValueClass(IntWritable.class);
```

这里是定义输出的 key/value 的类型，也就是最终存储在 HDFS 的结果文件中的 key/value 的类型。

设置 Job 的输入输出路径并提交到集群运行：

```
FileInputFormat.addInputPath(job, new Path(args[0]));
FileOutputFormat.setOutputPath(job, new Path(args[1]));
System.exit(job.waitForCompletion(true) ? 0 : 1);
```

第一行构建输入的数据文件，第二行构建输出的数据文件，最后一行表示如果 job
运行成功了，我们的程序就会正常退出。

4. WordCount 提交到集群运行

在这里我们第一次接触 MapReduce，因此先以伪分布式集群的方式运行 WordCount
程序！感兴趣的读者也可以在完全分布式集群中运行，具体过程在此不再讨论（其实是
一模一样的）。操作步骤如下。

（1）使用 mvn clean package -DskipTests 打包成 hadoop-1.0-SNAPSHOT.jar，然后
上传到 /home/hadoop/lib 目录下面。

（2）将测试数据上传到 HDFS 目录中。

```
hadoop fs -mkdir /wc
hadoop fs -put hello.txt /wc
```

（3）提交 MapReduce 作业到集群运行。

```
hadoop jar /home/hadoop/lib/hadoop-1.0-SNAPSHOT.jar  com.kgc.bigdata.hadoop.mapreduce.
wordcount.WordCountApp
```

（4）查看作业输出结果。

```
hadoop fs -text /outputwc/part-*
hello   3
welcome 1
world   2
```

任务 2　MapReduce 应用开发

关键步骤如下。

➢ MapReduce 类型。

➢ MapReduce 输入格式。

➢ MapReduce 输出格式。

➢ MapReduce 中 Combiner、Partitioner、RecordReader 的使用。

3.2.1　MapReduce 输入 / 输出类型

1. MapReduce 类型概述

使用 Hadoop 中的 MapReduce 编程模型非常简单，只需要定义好 map 和 reduce 函

数的输入和输出 key/value 对的类型即可，下面来看看各种数据类型是如何在 MapReduce 中使用的。

MapReduce 中的 map 和 reduce 函数需要遵循如下的格式。

map: (k1,v1) -> list(l2,v2)
reduce: (k2, list(v2)) -> list(k3,v3)

从这个需要遵循的格式可以看出，reduce 函数的输入类型必须与 map 函数的输出类型一致。

2. MapReduce 中常用的设置

（1）输入数据类型由输入格式（InputFormat）设置。比如：TextInputFormat 的 Key 的类型是 LongWritable，Value 的类型是 Text。

（2）map 的输出的 Key 的类型通过 setMapOutputKeyClass 设置，Value 的类型通过 setMapOutputValueClass 设置。

（3）reduce 的输出的 Key 的类型通过 setOutputKeyClass 设置，Value 的类型通过 setOutputValueClass 设置。

3.2.2　MapReduce 输入格式

MapReduce 处理的数据文件，一般情况下输入文件是存储在 HDFS 上。这些文件的格式是任意的：可以使用基于行的日志文件，也可以使用二进制格式、多行输入记录或者其他一些格式。这些文件一般会很大，达到数十 GB，甚至更大。那么 MapReduce 是如何读取这些数据的呢？

1. InputFormat 接口

InputFormat 接口决定了输入文件如何被 Hadoop 分块。InputFormat 能够从一个 job 中得到一个 split 集合，然后再为这个 split 集合配上一个合适的 RecordReader（getRecordReader）来读取每个 split 中的数据。下面来看一下 InputFormat 接口由哪些抽象方法组成。

```
public abstract class InputFormat<K, V> {
    public InputFormat() {
    }

    public abstract List<InputSplit> getSplits(JobContext context) throws IOException, InterruptedException;

    public abstract RecordReader<K, V> createRecordReader(InputSplit split, TaskAttemptContext context) throws IOException, InterruptedException;
}
```

方法说明：

（1）getSplits(JobContext context) 方法负责将一个大数据在逻辑上分成许多片。比如数据库表有 100 条数据，按照主键 ID 升序存储。假设每 20 条分成一片，这个 List 的大小就是 5，然后每个 InputSplit 记录两个参数，第一个为这个分片的起始 ID，第二个为这个分片数据的大小，如 20。很明显 InputSplit 并没有真正存储数据，只是提供了一个如何将数据分片的方法。

（2）createRecordReader(InputSplit split,TaskAttemptContext context) 方法根据 InputSplit 定义的方法，返回一个能够读取分片记录的 RecordReader。getSplits 用来获取由输入文件计算出来的 InputSplit，后面将看到计算 InputSplit 时，会考虑输入文件是否可分割、文件存储时分块的大小和文件大小等因素；而 createRecordReader() 提供了前面说的 RecordReader 的实现，将 Key/Value 对从 InputSplit 中正确读出，比如 LineRecordReader，它以 Key 为偏移值，Value 为每行数据，这使得所有 createRecordReader() 返回 LineRecordReader 的 InputFormat 都是以偏移值为 Key、每行数据为 Value 的形式读取输入分片的。

2．InputFormat 接口实现类

InputFormat 接口实现类有很多，其层次结构如图 3.2 所示。

图 3.2　InputFormat 实现类

常用的 InputFormat 实现类介绍以下。

（1）FileInputFormat

FileInputFormat 是所有使用文件作为数据源的 InputFormat 实现的基类，主要作用是指出作业的输入文件位置。因为作业的输入被设定为一组路径，这对指定作业输入提供了很强的灵活性。FileInputFormat 提供了 4 种静态方法来设定作业的输入路径：

```
public static void addInputPath(Job job,Path path);
```

```
public static void addInputPaths(Job job,String commaSeparatedPaths);

public static void setInputPaths(Job job,Path... inputPaths);

public static void setInputPaths(Job job,String commaSeparatedPaths);
```

（2）KeyValueTextInputFormat

每一行均为一条记录，被分隔符（缺省是 tab）分割为 key（Text），value（Text）。可以通过 mapreduce.input.keyvaluelinerecordreader.key.value.separator 属性（或者旧版本 API 中的 key.value.separator.in.input.line）来设定分隔符。

3.2.3 MapReduce 输出格式

针对前面介绍的输入格式，Hadoop 都有相对应的输出格式。默认情况下只有一个 Reduce，即输出只有一个文件，文件名为 part-r-00000。输出文件的个数与 Reduce 的个数一致，如果有两个 Reduce，输出结果就有两个文件，第一个为 part-r-00000，第二个为 part-r-00001，依次类推。

1. OutputFormat 接口

OutputFormat 主要用于描述输出数据的格式，它能够将用户提供的 key/value 对写入特定格式的文件中。通过 OutputFormat 接口，也可以实现具体的输出格式，但过程有些复杂也没有必要。Hadoop 自带了很多 OutputFormat 实现，它们与 InputFormat 实现相对应，足以满足日常的业务需要。

2. OutputFormat 接口实现类

OutputFormat 接口实现类有很多，其层次结构如图 3.3 所示。

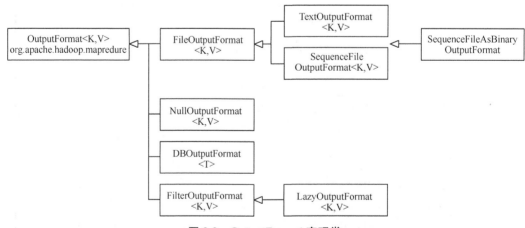

图 3.3 OutputFormat 实现类

OutputFormat 是 MapReduce 输出的基类，所有 MapReduce 输出都实现了 OutputFormat 接口。

常用的 OutputFormat 实现类介绍如下。

（1）文本输出

默认的输出格式是 TextOutputFormat，它把每条记录写为文本行，利用它的键和值可以实现 Writable 的任意类型，因为 TextOutputFormat 调用 toString() 方法把它们转换为字符串。每个 key/value 对由制表符进行分割，当然也可以设定 mapreduce.output. textoutputformat.separator 属性（旧版本 API 中为 mapred.textoutputformat.separator）来改变默认的分隔符。与 FileOutputFormat 对应的输入格式是 KeyValueTextInputFormat，它通过可配置的分隔符将 key/value 对文本分割。

可以使用 NullWritable 来省略输出的 key 或 value（或两者都省略），相当于 NullOutputFormat 输出格式（它什么也不输出），这也会导致无分隔符输出，使得输出只适合用 TextInputFormat 读取。

（2）二进制输出

SequenceFileOutputFormat 将它的输出写为一个顺序文件。如果输出需要作为后续 MapReduce 任务的输入，这将是一种好的输出格式，因为其格式紧凑，很容易被压缩。

3.2.4　Combiner 操作

1. Combiner 概述

通过前面章节的学习我们知道，Hadoop 框架使用 Mapper 将数据处理成一个 <key,value> 键值对，再在网络节点间对其进行整理（shuffle），然后使用 Reducer 处理数据并进行最终输出。试想存在这样一个实际场景：

如果有 10 亿个数据，Mapper 会生成 10 亿个 key/value 对在网络间进行传输，但如果我们只是对数据求最大值，那么很明显，Mapper 只需要输出它所知道的最大值即可。这样做不仅可以减轻网络压力，同样可以大幅度提高程序效率。

在 MapReducer 框架中，Combiner 就是为了避免 map 任务和 reduce 任务之间的无效数据传输而设置的。Hadoop 允许用户针对 map 任务的输出指定一个合并函数，即减少传输到 Reducer 中的数据量。它主要是为了削减 Mapper 的输出数量，从而减少网络带宽和 Reducer 上的负载。

我们可以把 Combiner 操作看成是在每个单独的节点上先做一次 Reducer 操作，其输入及输出的参数和 Reducer 是一样的。以 WordCount 为例，Combiner 的执行过程如图 3.4 所示。

注意

我们可以使用 Combiner 求和、求最值，但是求平均数不可以。

2. Combiner 在 WordCount 中的使用

我们可以在 Map 输出之后添加一步 Combiner 的操作，先进行一次聚合，再由 Reducer 来处理，进而使得传输数据减少，提高执行效率。

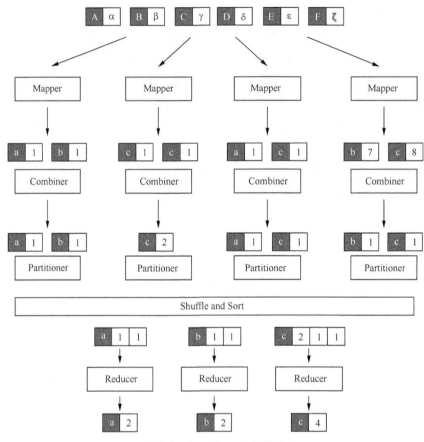

图 3.4　Combiner 执行流程

代码 3.2　Combiner 操作

package com.kgc.bigdata.hadoop.mapreduce.combiner;

import org.apache.hadoop.conf.Configuration;
import org.apache.hadoop.fs.Path;
import org.apache.hadoop.io.IntWritable;
import org.apache.hadoop.io.Text;
import org.apache.hadoop.mapreduce.Job;
import org.apache.hadoop.mapreduce.Mapper;
import org.apache.hadoop.mapreduce.Reducer;
import org.apache.hadoop.mapreduce.lib.input.FileInputFormat;
import org.apache.hadoop.mapreduce.lib.output.FileOutputFormat;

import java.io.IOException;
import java.util.StringTokenizer;

/**

```
 * WordCount 中使用 Combiner
 */
    public class WordCountCombinerApp {
      public static class TokenizerMapper
          extends Mapper<Object, Text, Text, IntWritable>{

        private final static IntWritable one = new IntWritable(1);
        private Text word = new Text();

        public void map(Object key, Text value, Mapper.Context context
        ) throws IOException, InterruptedException {
          StringTokenizer itr = new StringTokenizer(value.toString());
          while (itr.hasMoreTokens()) {
            word.set(itr.nextToken());
            context.write(word, one);
          }
        }
      }

      public static class IntSumReducer
          extends Reducer<Text,IntWritable,Text,IntWritable> {
        private IntWritable result = new IntWritable();

        public void reduce(Text key, Iterable<IntWritable> values,
                    Context context
        ) throws IOException, InterruptedException {
          int sum = 0;
          for (IntWritable val : values) {
            sum += val.get();
          }
          result.set(sum);
          context.write(key, result);
        }
      }

      public static void main(String[] args) throws Exception {
        Configuration conf = new Configuration();
        Job job = Job.getInstance(conf, "word count");
        job.setJarByClass(WordCountCombinerApp.class);
        job.setMapperClass(TokenizerMapper.class);

        // 通过 job 设置 Combiner 处理类， 其逻辑是可以直接使用 Reducer
        job.setCombinerClass(IntSumReducer.class);
```

```
        job.setReducerClass(IntSumReducer.class);
        job.setOutputKeyClass(Text.class);
        job.setOutputValueClass(IntWritable.class);
        FileInputFormat.addInputPath(job, new Path(args[0]));
        FileOutputFormat.setOutputPath(job, new Path(args[1]));
        System.exit(job.waitForCompletion(true) ? 0 : 1);
    }
}
```

3.2.5　Partitioner 操作

1．Partitioner 概述

在进行 MapReduce 计算时，有时候需要把最终的输出数据分到不同的文件中，比如按照省份划分的情况，需要把同一省份的数据放到一个文件中；按照性别划分的情况，需要把同一性别的数据放到一个文件中。我们知道最终的输出数据来自于 Reducer 任务，如果要得到多个文件，就意味着有同样数量的 Reducer 任务在运行。Reducer 任务的数据来自于 Mapper 任务，也就说 Mapper 任务要划分数据，把不同的数据分配给不同的 Reducer 任务运行。Mapper 任务划分数据的过程称作 Partition，负责划分数据的类称作 Partitioner。

MapReduce 默认的 Partitioner 是 HashPartitioner。通常 Partitioner 先计算 key 的散列值（通常为 md5 值），然后通过 Reducer 个数执行取模运算：key.hashCode%(reducer 个数)。这种方式不仅能够随机地将整个 key 空间平均分配给每个 Reducer，同时也能确保不同 Mapper 产生的相同 key 能被分配到同一个 Reducer。

2．Partitioner 案例

需求：分别统计每种类型手机的销售情况，每种类型手机的统计数据单独存放在一个结果中。

代码 3.3　Partitioner 操作

package com.kgc.bigdata.hadoop.mapreduce.partitioner;

import org.apache.hadoop.conf.Configuration;
import org.apache.hadoop.fs.FileSystem;
import org.apache.hadoop.fs.Path;
import org.apache.hadoop.io.IntWritable;
import org.apache.hadoop.io.LongWritable;
import org.apache.hadoop.io.Text;
import org.apache.hadoop.mapreduce.Job;
import org.apache.hadoop.mapreduce.Mapper;
import org.apache.hadoop.mapreduce.Partitioner;
import org.apache.hadoop.mapreduce.Reducer;

```java
import org.apache.hadoop.mapreduce.lib.input.FileInputFormat;
import org.apache.hadoop.mapreduce.lib.input.TextInputFormat;
import org.apache.hadoop.mapreduce.lib.output.FileOutputFormat;
import org.apache.hadoop.mapreduce.lib.output.TextOutputFormat;

import java.io.IOException;
import java.net.URI;

/**
 * 自定义 Partitoner 在 MapReduce 中的应用
 */
public class PartitionerApp {

    private static class MyMapper extends Mapper<LongWritable, Text, Text, IntWritable> {
        @Override
        protected void map(LongWritable key, Text value, Context context)
                throws IOException, InterruptedException {
            String[] s = value.toString().split("\t");
            context.write(new Text(s[0]), new IntWritable(Integer.parseInt(s[1])));
        }

    }

    private static class MyReducer extends Reducer<Text, IntWritable, Text, IntWritable> {

        @Override
        protected void reduce(Text key, Iterable<IntWritable> value, Context context)
                throws IOException, InterruptedException {
            int sum = 0;
            for (IntWritable val : value) {
                sum += val.get();
            }
            context.write(key, new IntWritable(sum));
        }

    }

    public static class MyPartitioner extends Partitioner<Text, IntWritable> {

        // 转发给 4 个不同的 reducer
        @Override
        public int getPartition(Text key, IntWritable value, int numPartitons) {
            if (key.toString().equals("xiaomi"))
```

```
            return 0;
        if (key.toString().equals("huawei"))
            return 1;
        if (key.toString().equals("iphone7"))
            return 2;
        return 3;
    }
}


// driver
public static void main(String[] args) throws Exception {

    String INPUT_PATH = "hdfs://hadoop000:8020/partitioner";
    String OUTPUT_PATH = "hdfs://hadoop000:8020/outputpartitioner";

    Configuration conf = new Configuration();
    final FileSystem fileSystem = FileSystem.get(new URI(INPUT_PATH), conf);
    if (fileSystem.exists(new Path(OUTPUT_PATH))) {
        fileSystem.delete(new Path(OUTPUT_PATH), true);
    }

    Job job = Job.getInstance(conf, "PartitionerApp");

    // 运行 jar 类
    job.setJarByClass(PartitionerApp.class);

    // 设置 map
    job.setMapperClass(MyMapper.class);
    job.setMapOutputKeyClass(Text.class);
    job.setMapOutputValueClass(IntWritable.class);

    // 设置 reduce
    job.setReducerClass(MyReducer.class);
    job.setOutputKeyClass(Text.class);
    job.setOutputValueClass(IntWritable.class);

    // 设置 Partitioner
    job.setPartitionerClass(MyPartitioner.class);
    // 设置 4 个 reducer, 每个分区一个
    job.setNumReduceTasks(4);


    //输入格式
    job.setInputFormatClass(TextInputFormat.class);
    Path inputPath = new Path(INPUT_PATH);
    FileInputFormat.addInputPath(job, inputPath);
```

```
// 输出格式
job.setOutputFormatClass(TextOutputFormat.class);
Path outputPath = new Path(OUTPUT_PATH);
FileOutputFormat.setOutputPath(job, outputPath);

// 提交 job
System.exit(job.waitForCompletion(true) ? 0 : 1);
    }
}
```

3．提交作业到集群运行

（1）使用 mvn clean package -DskipTests 打包成 hadoop-1.0-SNAPSHOT.jar，然后上传到 /home/hadoop/lib 目录下面。

（2）将测试数据上传到 HDFS 目录中。

```
hadoop fs -mkdir /partitioner
hadoop fs -put part_1.txt part_2.txt /partitioner
```

（3）提交 MapReduce 作业到集群运行。

```
hadoop jar /home/hadoop/lib/hadoop-1.0-SNAPSHOT.jar com.kgc.bigdata.hadoop.mapreduce.
partitioner.PartitionerApp
```

（4）查看作业输出结果。

```
hadoop fs -ls /outputpartitioner
Found 5 items
-rw-r--r--   1 hadoop supergroup      0 2017-02-19 13:40 /outputpartitioner/_SUCCESS
-rw-r--r--   1 hadoop supergroup     51 2017-02-19 13:40 /outputpartitioner/part-r-00000
-rw-r--r--   1 hadoop supergroup     51 2017-02-19 13:40 /outputpartitioner/part-r-00001
-rw-r--r--   1 hadoop supergroup     52 2017-02-19 13:40 /outputpartitioner/part-r-00002
-rw-r--r--   1 hadoop supergroup     52 2017-02-19 13:40 /outputpartitioner/part-r-00003

hadoop fs -text /outputpartitioner/part-r-00000
xiaomi  35

hadoop fs -text /outputpartitioner/part-r-00001
huawei  11

hadoop fs -text /outputpartitioner/part-r-00002
iphone7 120

hadoop fs -text /outputpartitioner/part-r-00003
iphone7p 120
```

3.2.6 自定义 RecordReader

1. RecordReader 概述

RecordReader 表示以怎样的方式从分片中读取一条记录，每读取一条记录都会调用一次 RecordReader 类。系统默认的 RecordReader 是 LineRecordReader，它是 TextInputFormat 对应的 RecordReader；而 SequenceFileInputFormat 对应的 RecordReader 是 SequenceFileRecordReader。LineRecordReader 以每行的偏移量作为读入 Map 的 Key，每行的内容作为读入 Map 的 Value。很多时候 Hadoop 内置的 RecordReader 并不能满足需求，比如我们在读取记录的时候，希望 Map 读入的 Key 值不是偏移量而是行号或者文件名，这时候就需要自定义 RecordReader。

自定义 RecordReader 的实现步骤如下。

（1）继承抽象类 RecordReader，实现 RecordReader 的一个实例。

（2）实现自定义 InputFormat 类，重写 InputFormat 中的 CreateRecordReader() 方法，返回值是自定义的 RecordReader 实例。

（3）配置 job.setInputFormatClass() 为自定义的 InputFormat 实例。

2. RecordReader 案例

需求：分别统计数据文件中奇数行和偶数行的和。

代码 3.4　RecordReader 操作

```
package com.kgc.bigdata.hadoop.mapreduce.recordreader;

import org.apache.hadoop.fs.FileSystem;
import org.apache.hadoop.fs.Path;
import org.apache.hadoop.io.LongWritable;
import org.apache.hadoop.io.Text;
import org.apache.hadoop.mapreduce.InputSplit;
import org.apache.hadoop.mapreduce.RecordReader;
import org.apache.hadoop.mapreduce.TaskAttemptContext;
import org.apache.hadoop.mapreduce.lib.input.FileInputFormat;

import java.io.IOException;

/**
 * 自定义 InputFormat
 */
public class MyInputFormat extends FileInputFormat<LongWritable, Text> {

    @Override
    public RecordReader<LongWritable, Text> createRecordReader(InputSplit split,
            TaskAttemptContext context) throws IOException, InterruptedException {
        // 返回自定义的 RecordReader
```

```
        return new RecordReaderApp.MyRecordReader();
    }

    /**
     * 为了使切分数据的时候行号不发生错乱， 这里设置为不进行切分
     */
    protected boolean isSplitable(FileSystem fs, Path filename) {
        return false;
    }
}
```

```
package com.kgc.bigdata.hadoop.mapreduce.recordreader;

import org.apache.hadoop.io.LongWritable;
import org.apache.hadoop.io.Text;
import org.apache.hadoop.mapreduce.Partitioner;

/**
 * 自定义 Partitioner
 */
public class MyPartitioner extends Partitioner<LongWritable, Text> {

    @Override
    public int getPartition(LongWritable key, Text value, int numPartitions) {
        // 偶数放到第二个分区进行计算
        if (key.get() % 2 == 0) {
            // 将输入到 reduce 中的 key 设置为 1
            key.set(1);
            return 1;
        } else {// 奇数放在第一个分区进行计算
            // 将输入到 reduce 中的 key 设置为 0
            key.set(0);
            return 0;
        }
    }
}
```

```
package com.kgc.bigdata.hadoop.mapreduce.recordreader;

import org.apache.hadoop.conf.Configuration;
import org.apache.hadoop.fs.FSDataInputStream;
import org.apache.hadoop.fs.FileSystem;
import org.apache.hadoop.fs.Path;
import org.apache.hadoop.io.LongWritable;
import org.apache.hadoop.io.Text;
import org.apache.hadoop.mapreduce.*;
```

```java
import org.apache.hadoop.mapreduce.lib.input.FileInputFormat;
import org.apache.hadoop.mapreduce.lib.input.FileSplit;
import org.apache.hadoop.mapreduce.lib.output.FileOutputFormat;
import org.apache.hadoop.mapreduce.lib.output.TextOutputFormat;
import org.apache.hadoop.util.LineReader;

import java.io.IOException;
import java.net.URI;

/**
 * 自定义 RecordReader 在 MapReduce 中的使用
 */
public class RecordReaderApp {
    public static class MyRecordReader extends RecordReader<LongWritable, Text> {

        // 起始位置 （相对整个分片而言）
        private long start;

        // 结束位置 （相对整个分片而言）
        private long end;

        // 当前位置
        private long pos;

        // 文件输入流
        private FSDataInputStream fin = null;
        //key、 value
        private LongWritable key = null;
        private Text value = null;
        // 定义行阅读器 （hadoop.util 包下的类）
        private LineReader reader = null;

        @Override
        public void initialize(InputSplit split, TaskAttemptContext context) throws IOException {

            // 获取分片
            FileSplit fileSplit = (FileSplit) split;
            // 获取起始位置
            start = fileSplit.getStart();
            // 获取结束位置
            end = start + fileSplit.getLength();
            // 创建配置
            Configuration conf = context.getConfiguration();
            // 获取文件路径
```

```java
        Path path = fileSplit.getPath();
        // 根据路径获取文件系统
        FileSystem fileSystem = path.getFileSystem(conf);
        // 打开文件输入流
        fin = fileSystem.open(path);
        // 找到开始位置开始读取
        fin.seek(start);
        // 创建阅读器
        reader = new LineReader(fin);
        // 将当前位置设置为 1
        pos = 1;

    }

    @Override
    public boolean nextKeyValue() throws IOException, InterruptedException {
        if (key == null) {
            key = new LongWritable();
        }
        key.set(pos);
        if (value == null) {
            value = new Text();
        }
        if (reader.readLine(value) == 0) {
            return false;
        }
        pos++;

        return true;

    }

    @Override
    public LongWritable getCurrentKey() throws IOException, InterruptedException {
        return key;
    }

    @Override
    public Text getCurrentValue() throws IOException, InterruptedException {
        return value;
    }

    @Override
    public float getProgress() throws IOException, InterruptedException {
```

```
            return 0;
        }

        @Override
        public void close() throws IOException {
            fin.close();

        }
    }

    public static class MyMapper extends Mapper<LongWritable, Text, LongWritable, Text> {
        @Override
        protected void map(LongWritable key, Text value, Mapper<LongWritable, Text, LongWritable, Text>.
Context context) throws IOException, InterruptedException {
            // 直接将读取的记录写出去
            context.write(key, value);
        }
    }

    public static class MyReducer extends Reducer<LongWritable, Text, Text, LongWritable> {

        // 创建写出去的 key 和 value
        private Text outKey = new Text();
        private LongWritable outValue = new LongWritable();

        protected void reduce(LongWritable key, Iterable<Text> values, Reducer<LongWritable, Text, Text,
LongWritable>.Context context) throws IOException, InterruptedException {

            System.out.println(" 奇数行还是偶数行： " + key);

            // 定义求和的变量
            long sum = 0;
            // 遍历 value 求和
            for (Text val : values) {
                // 累加
                sum += Long.parseLong(val.toString());
            }

            // 判断奇偶数
            if (key.get() == 0) {
                outKey.set(" 奇数之和为： ");
            } else {
```

```
            outKey.set(" 偶数之和为： ");


        }
        // 设置 value
        outValue.set(sum);

        // 把结果写出去
        context.write(outKey, outValue);
    }
}


// driver
public static void main(String[] args) throws Exception {

    String INPUT_PATH = "hdfs://hadoop000:8020/recordreader";
    String OUTPUT_PATH = "hdfs://hadoop000:8020/outputrecordreader";

    Configuration conf = new Configuration();
    final FileSystem fileSystem = FileSystem.get(new URI(INPUT_PATH), conf);
    if (fileSystem.exists(new Path(OUTPUT_PATH))) {
        fileSystem.delete(new Path(OUTPUT_PATH), true);
    }

    Job job = Job.getInstance(conf, "RecordReaderApp");

    // 运行 jar 类
    job.setJarByClass(RecordReaderApp.class);

    // 设置输入目录和输入数据格式化的类
    FileInputFormat.setInputPaths(job, INPUT_PATH);
    job.setInputFormatClass(MyInputFormat.class);

    // 设置自定义 Mapper 类和 map 函数输出数据的 key 和 value 的类型
    job.setMapperClass(MyMapper.class);
    job.setMapOutputKeyClass(LongWritable.class);
    job.setMapOutputValueClass(Text.class);

    // 设置分区和 reduce 数量 （reduce 的数量和分区的数量对应， 因为分区为一个， 所以 reduce
的数量也是一个）
    job.setPartitionerClass(MyPartitioner.class);
    job.setNumReduceTasks(2);

    // Shuffle 把数据从 Map 端拷贝到 Reduce 端
    // 指定 Reducer 类和输出 key 和 value 的类型
    job.setReducerClass(MyReducer.class);
```

```
        job.setOutputKeyClass(Text.class);
        job.setOutputValueClass(LongWritable.class);

        // 指定输出的路径和设置输出的格式化类
        FileOutputFormat.setOutputPath(job, new Path(OUTPUT_PATH));
        job.setOutputFormatClass(TextOutputFormat.class);

        // 提交作业
        System.exit(job.waitForCompletion(true) ? 0 : 1);
    }
}
```

3. 提交作业到集群运行

（1）使用 mvn clean package -DskipTests 打包成 hadoop-1.0-SNAPSHOT.jar，然后上传到 /home/hadoop/lib 目录下面。

（2）将测试数据上传到 HDFS 目录中。

```
hadoop fs -mkdir /recordreader
hadoop fs -put recordreader.txt /recordreader
```

（3）提交 MapReduce 作业到集群运行。

```
hadoop jar /home/hadoop/lib/hadoop-1.0-SNAPSHOT.jar  com.kgc.bigdata.hadoop.mapreduce.
recordreader.RecordReaderApp
```

（4）查看作业输出结果。

```
hadoop fs -ls /outputrecordreader
Found 3 items
-rw-r--r--  1 hadoop supergroup    0 2017-02-19 14:03 /outputrecordreader/_SUCCESS
-rw-r--r--  1 hadoop supergroup   69 2017-02-19 14:03 /outputrecordreader/part-r-00000
-rw-r--r--  1 hadoop supergroup   67 2017-02-19 14:03 /outputrecordreader/part-r-00001

hadoop fs -text /outputrecordreader/part-r-00000
奇数之和为：    25

hadoop fs -text /outputrecordreader/part-r-00001
偶数之和为：    30
```

任务 3　MapReduce 高级应用

关键步骤如下。

➤ 使用 MapReduce 完成 join 操作。

➤ 使用 MapReduce 完成排序操作。

➤ 使用 MapReduce 完成二次排序操作。

➤ 使用 MapReduce 完成小文件合并操作。

3.3.1　使用 MapReduce 实现 join 操作

1．概述

熟悉 SQL 的读者都知道，使用 SQL 语法实现 join 是非常简单的，只需要一条 SQL 语句即可，但是在大数据场景下使用 MapReduce 编程模型实现 join 还是比较繁琐的。在实际生产中我们可以借助 Hive、Spark SQL 等框架来实现 join，但是对于 join 的实现原理还是需要掌握的，这对于理解 join 的底层实现很有帮助，所以本节我们将学习如何使用 MapReduce API 来实现 join。

2．需求

实现如下 SQL 的功能。

select e.empno,e.ename,d.deptno,d.dname from emp e join dept d on e.deptno=d.deptno;

// 测试数据 emp.txt

7369	SMITH	CLERK	7902	1980-12-17	800.00		20
7499	ALLEN	SALESMAN	7698	1981-2-20	1600.00	300.00	30
7521	WARD	SALESMAN	7698	1981-2-22	1250.00	500.00	30
7566	JONES	MANAGER	7839	1981-4-2	2975.00		20

….

// 测试数据 dept.txt

10	ACCOUNTING	NEW YORK
20	RESEARCH	DALLAS
30	SALES	CHICAGO
40	OPERATIONS	BOSTON

3．MapReduce Map 端 join 的实现原理

（1）Map 端读取所有的文件，并在输出的内容里加上标示，代表数据是从哪个文件里来的。

（2）在 reduce 处理函数中，按照标识对数据进行处理。

（3）然后根据 key 用 join 来求出结果直接输出。

4．MapReduce Map 端 join 的代码实现

（1）员工类定义

代码 3.5　ReduceJoin 实现

package com.kgc.bigdata.hadoop.mapreduce.reducejoin;

import java.io.DataInput;

```java
import java.io.DataOutput;
import java.io.IOException;

import org.apache.hadoop.io.WritableComparable;

/**
 * 员工对象
 */
public class Emplyee implements WritableComparable {

    private String empNo = "";
    private String empName = "";
    private String deptNo = "";
    private String deptName = "";
    private int flag = 0;
    // 区分是员工还是部门

    public Emplyee() {
    }

    public Emplyee(String empNo, String empName, String deptNo, String deptName, int flag) {
        this.empNo = empNo;
        this.empName = empName;
        this.deptNo = deptNo;
        this.deptName = deptName;
        this.flag = flag;
    }

    public Emplyee(Emplyee e) {
        this.empNo = e.empNo;
        this.empName = e.empName;
        this.deptNo = e.deptNo;
        this.deptName = e.deptName;
        this.flag = e.flag;
    }

    public String getEmpNo() {
        return empNo;
    }

    public void setEmpNo(String empNo) {
        this.empNo = empNo;
    }
```

```
public String getEmpName() {
    return empName;
}

public void setEmpName(String empName) {
    this.empName = empName;
}

public String getDeptNo() {
    return deptNo;
}

public void setDeptNo(String deptNo) {
    this.deptNo = deptNo;
}

public String getDeptName() {
    return deptName;
}

public void setDeptName(String deptName) {
    this.deptName = deptName;
}

public int getFlag() {
    return flag;
}

public void setFlag(int flag) {
    this.flag = flag;
}

@Override
public void readFields(DataInput input) throws IOException {
    this.empNo = input.readUTF();
    this.empName = input.readUTF();
    this.deptNo = input.readUTF();
    this.deptName = input.readUTF();
    this.flag = input.readInt();
}

@Override
public void write(DataOutput output) throws IOException {
    output.writeUTF(this.empNo);
    output.writeUTF(this.empName);
    output.writeUTF(this.deptNo);
```

```
        output.writeUTF(this.deptName);
        output.writeInt(this.flag);


    }

    // 不做排序
    @Override
    public int compareTo(Object o) {
        return 0;
    }

    @Override
    public String toString() {
        return this.empNo + "," + this.empName + "," + this.deptNo + "," + this.deptName;
    }
}
```

（2）自定义 Mapper 类开发

```
package com.kgc.bigdata.hadoop.mapreduce.reducejoin;

import org.apache.hadoop.io.LongWritable;
import org.apache.hadoop.io.Text;
import org.apache.hadoop.mapreduce.Mapper;

import java.io.IOException;

public class MyMapper extends Mapper<LongWritable, Text, LongWritable, Emplyee> {

    @Override
    protected void map(LongWritable key, Text value, Context context)
        throws IOException, InterruptedException {
        String val = value.toString();
        String[] arr = val.split("\t");

        System.out.println("arr.length=" + arr.length + "   arr[0]=" + arr[0]);

        if (arr.length <= 3) {//dept
            Emplyee e = new Emplyee();
            e.setDeptNo(arr[0]);
            e.setDeptName(arr[1]);
            e.setFlag(1);
```

```
        context.write(new LongWritable(Long.valueOf(e.getDeptNo())), e);

    } else {//emp
        Emplyee e = new Emplyee();
        e.setEmpNo(arr[0]);
        e.setEmpName(arr[1]);
        e.setDeptNo(arr[7]);
        e.setFlag(0);

        context.write(new LongWritable(Long.valueOf(e.getDeptNo())), e);
    }
  }
}
```

（3）自定义 Reducer 类开发

```
package com.kgc.bigdata.hadoop.mapreduce.reducejoin;

import org.apache.hadoop.io.LongWritable;
import org.apache.hadoop.io.NullWritable;
import org.apache.hadoop.io.Text;
import org.apache.hadoop.mapreduce.Reducer;

import java.io.IOException;
import java.util.ArrayList;
import java.util.List;

public class MyReducer extends
    Reducer<LongWritable, Emplyee, NullWritable, Text> {

  @Override
  protected void reduce(LongWritable key, Iterable<Emplyee> iter, Context context)
      throws IOException, InterruptedException {

    Emplyee dept = null;
    List<Emplyee> list = new ArrayList<Emplyee>();

    for (Emplyee tmp : iter) {
      if (tmp.getFlag() == 0) {//emp
        Emplyee emplyee = new Emplyee(tmp);
        list.add(emplyee);
      } else {
        dept = new Emplyee(tmp);
```

```
                }
            }

        if (dept != null) {
            for (Emplyee emp : list) {
                emp.setDeptName(dept.getDeptName());
                context.write(NullWritable.get(), new Text(emp.toString()));
            }
        }
    }
}
```

（4）驱动类开发

```
package com.kgc.bigdata.hadoop.mapreduce.reducejoin;

import org.apache.hadoop.conf.Configuration;
import org.apache.hadoop.fs.FileSystem;
import org.apache.hadoop.fs.Path;
import org.apache.hadoop.io.LongWritable;
import org.apache.hadoop.io.NullWritable;
import org.apache.hadoop.mapreduce.Job;
import org.apache.hadoop.mapreduce.lib.input.FileInputFormat;
import org.apache.hadoop.mapreduce.lib.output.FileOutputFormat;

import java.net.URI;

/**
 * 使用 MapReduce API 完成 Reduce Join 的功能
 */
public class EmpJoinApp {


    public static void main(String[] args) throws Exception {
        String INPUT_PATH = "hdfs://hadoop000:8020/inputjoin";
        String OUTPUT_PATH = "hdfs://hadoop000:8020/outputmapjoin";

        Configuration conf = new Configuration();
        final FileSystem fileSystem = FileSystem.get(new URI(INPUT_PATH), conf);
        if (fileSystem.exists(new Path(OUTPUT_PATH))) {
            fileSystem.delete(new Path(OUTPUT_PATH), true);
        }

        Job job = Job.getInstance(conf, "Reduce Join");

        // 设置主类
        job.setJarByClass(EmpJoinApp.class);
```

```
// 设置 Map 和 Reduce 处理类
job.setMapperClass(MyMapper.class);
job.setReducerClass(MyReducer.class);

// 设置 Map 输出类型
job.setMapOutputKeyClass(LongWritable.class);
job.setMapOutputValueClass(Emplyee.class);

// 设置 Reduce 输出类型
job.setOutputKeyClass(NullWritable.class);
job.setOutputValueClass(Emplyee.class);

// 设置输入和输出目录
FileInputFormat.addInputPath(job, new Path(INPUT_PATH));
FileOutputFormat.setOutputPath(job, new Path(OUTPUT_PATH));

System.exit(job.waitForCompletion(true) ? 0 : 1);
    }
}
```

5. 提交作业到集群运行

（1）使用 mvn clean package -DskipTests 打包成 hadoop-1.0-SNAPSHOT.jar，然后上传到 /home/hadoop/lib 目录下面。

（2）将测试数据上传到 HDFS 目录中。

```
hadoop fs -mkdir /inputjoin
hadoop fs -put emp.txt dept.txt /inputjoin
```

（3）提交 MapReduce 作业到集群运行。

```
hadoop jar /home/hadoop/lib/hadoop-1.0-SNAPSHOT.jar com.kgc.bigdata.hadoop.mapreduce.
reducejoin.EmpJoinApp
```

（4）查看作业输出结果。

```
hadoop fs -text /outputmapjoin/part*
```

```
7934,MILLER,10,ACCOUNTING
7839,KING,10,ACCOUNTING
7782,CLARK,10,ACCOUNTING
7876,ADAMS,20,RESEARCH
7788,SCOTT,20,RESEARCH
7369,SMITH,20,RESEARCH
7566,JONES,20,RESEARCH
7902,FORD,20,RESEARCH
```

7844,TURNER,30,SALES

7499,ALLEN,30,SALES

7698,BLAKE,30,SALES

7654,MARTIN,30,SALES

7521,WARD,30,SALES

7900,JAMES,30,SALES

3.3.2 使用 MapReduce 实现排序

1. 需求

要求对输入文件中的数据进行排序。输入文件中的每行内容均为一个数字，即一个数据。要求在每行输出两个间隔的数字，其中，第一个代表原始数据在原始数据集中的排位，第二个代表原始数据。

2. MapReduce 排序的实现原理

在 MapReduce 中默认可以进行排序，如果 key 为封装成 int 的 IntWritable 类型，那么 MapReduce 按照数字大小对 key 排序；如果 key 为封装成 String 的 Text 类型，那么 MapReduce 按照字典顺序对字符串排序。我们能否使用内置的排序来完成这个功能呢？答案是肯定的。

在使用之前首先需要了解默认排序规则：按照 key 值进行排序。我们应该使用封装 int 的 IntWritable 型数据结构，也就是在 map 中将读入的数据转化成 IntWritable 型，然后作为 key 值输出（value 任意）。reduce 拿到 <key,value-list> 之后，将输入的 key 作为 value 输出，并根据 value-list 中元素的个数决定输出的次数。输出的 key 是一个全局变量，它统计 key 的当前位次。

3. MapReduce 排序的代码实现

代码 3.6　排序实现

```
package com.kgc.bigdata.hadoop.mapreduce.sort;

import org.apache.hadoop.conf.Configuration;
import org.apache.hadoop.fs.FileSystem;
import org.apache.hadoop.fs.Path;
import org.apache.hadoop.io.IntWritable;
import org.apache.hadoop.io.LongWritable;
import org.apache.hadoop.io.Text;
import org.apache.hadoop.mapreduce.Job;
import org.apache.hadoop.mapreduce.Mapper;
import org.apache.hadoop.mapreduce.Reducer;
import org.apache.hadoop.mapreduce.lib.input.FileInputFormat;
import org.apache.hadoop.mapreduce.lib.output.FileOutputFormat;

import java.io.IOException;
```

```
import java.net.URI;

/**
 * 使用 MapReduce API 实现排序
 */
public class SortApp {
    public static class MyMapper extends
            Mapper<LongWritable, Text, IntWritable, IntWritable> {
        private static IntWritable data = new IntWritable();

        public void map(LongWritable key, Text value, Context context)
                throws IOException, InterruptedException {
            String line = value.toString();
            data.set(Integer.parseInt(line));
            context.write(data, new IntWritable(1));
        }

    }


    public static class MyReducer extends
            Reducer<IntWritable, IntWritable, IntWritable, IntWritable> {
        private static IntWritable data = new IntWritable(1);

        public void reduce(IntWritable key, Iterable<IntWritable> values, Context context)
                throws IOException, InterruptedException {
            for (IntWritable val : values) {
                context.write(data, key);
                data = new IntWritable(data.get() + 1);
            }
        }
    }


    public static void main(String[] args) throws Exception {

        String INPUT_PATH = "hdfs://hadoop000:8020/sort";
        String OUTPUT_PATH = "hdfs://hadoop000:8020/outputsort";

        Configuration conf = new Configuration();
        final FileSystem fileSystem = FileSystem.get(new URI(INPUT_PATH), conf);
        if (fileSystem.exists(new Path(OUTPUT_PATH))) {
            fileSystem.delete(new Path(OUTPUT_PATH), true);
        }
```

```
        Job job = Job.getInstance(conf, "SortApp");

        // 设置主类
        job.setJarByClass(SortApp.class);

        // 设置 Map 和 Reduce 处理类
        job.setMapperClass(MyMapper.class);
        job.setReducerClass(MyReducer.class);

        // 设置输出类型
        job.setOutputKeyClass(IntWritable.class);
        job.setOutputValueClass(IntWritable.class);

        // 设置输入和输出目录
        FileInputFormat.addInputPath(job, new Path(INPUT_PATH));
        FileOutputFormat.setOutputPath(job, new Path(OUTPUT_PATH));

        System.exit(job.waitForCompletion(true) ? 0 : 1);
    }
}
```

4. 提交作业到集群运行

（1）使用 mvn clean package -DskipTests 打包成 hadoop-1.0-SNAPSHOT.jar，然后上传到 /home/hadoop/lib 目录下面。

（2）将测试数据上传到 HDFS 目录中。

```
hadoop fs -mkdir /sort
hadoop fs -put sort.txt /sort
```

（3）提交 MapReduce 作业到集群运行。

```
hadoop jar /home/hadoop/lib/hadoop-1.0-SNAPSHOT.jar com.kgc.bigdata.hadoop.mapreduce.sort.
SortApp
```

（4）查看作业输出结果。

```
hadoop fs -text /outputsort/part*
1    1
2    2
3    3
4    4
5    5
6    9
```

3.3.3　使用 MapReduce 实现二次排序

1.　概述

默认情况下，Map 输出的结果会对 key 进行默认的排序，但有时候对 key 排序的同时还需要对 value 排序，这就是所谓的二次排序。

2.　需求

对输入文件中的数据（每行两列，列与列之间的分隔符是制表符），输出结果先按照第一列的升序排列，如果第一列的值相等，就按照第二列的升序排列。形如：

```
30      10
30      20
30      30
30      40

40      5
40      10
40      20
40      30

50      10
50      20
50      50
50      60
```

3.　MapReduce 二次排序的实现原理

（1）Mapper 任务会接收输入分片，然后不断地调用 map 函数，对记录进行处理。处理完毕后，转换为新的 <key,value> 输出。

（2）对 map 函数输出的 <key, value> 调用分区函数，将数据进行分区。不同分区的数据会被送到不同的 Reducer 任务中。

（3）对于不同分区的数据，会按照 key 进行排序，这里的 key 必须实现 WritableComparable 接口。该接口实现了 Comparable 接口，因此可以进行比较排序。

（4）对于排序后的 <key,value>，会按照 key 进行分组。如果 key 相同，那么相同 key 的 <key,value> 就被分到一个组中。最终，每个分组会调用一次 reduce 函数。

（5）排序、分组后的数据会被送到 Reducer 节点。

4.　MapReduce 二次排序的代码实现

代码 3.7　二次排序实现

```java
package com.kgc.bigdata.hadoop.mapreduce.secondsort;

import org.apache.hadoop.io.WritableComparable;

import java.io.DataInput;
```

```java
import java.io.DataOutput;
import java.io.IOException;

public class IntPair implements WritableComparable<IntPair> {

    private int first = 0;
    private int second = 0;

    public void set(int left, int right) {
        first = left;
        second = right;
    }
    public int getFirst() {
        return first;
    }
    public int getSecond() {
        return second;
    }


    @Override
    public void readFields(DataInput in) throws IOException {
        first = in.readInt();
        second = in.readInt();
    }
    @Override
    public void write(DataOutput out) throws IOException {
        out.writeInt(first);
        out.writeInt(second);
    }
    @Override
    public int hashCode() {
        return first+"".hashCode() + second+"".hashCode();
    }
    @Override
    public boolean equals(Object right) {
        if (right instanceof IntPair) {
            IntPair r = (IntPair) right;
            return r.first == first && r.second == second;
        } else {
            return false;
        }
    }
    // 这里的代码是关键，因为对 key 排序时，调用的就是 compareTo 方法
```

```
    @Override
    public int compareTo(IntPair o) {
        if (first != o.first) {
            return first - o.first;
        } else if (second != o.second) {
            return second - o.second;
        } else {
            return 0;
        }
    }
}


package com.kgc.bigdata.hadoop.mapreduce.secondsort;

import java.io.IOException;
import java.net.URI;
import java.util.StringTokenizer;

import org.apache.hadoop.conf.Configuration;
import org.apache.hadoop.fs.FileSystem;
import org.apache.hadoop.fs.Path;
import org.apache.hadoop.io.*;
import org.apache.hadoop.mapreduce.Job;
import org.apache.hadoop.mapreduce.Mapper;
import org.apache.hadoop.mapreduce.Partitioner;
import org.apache.hadoop.mapreduce.Reducer;
import org.apache.hadoop.mapreduce.lib.input.FileInputFormat;
import org.apache.hadoop.mapreduce.lib.input.TextInputFormat;
import org.apache.hadoop.mapreduce.lib.output.FileOutputFormat;
import org.apache.hadoop.mapreduce.lib.output.TextOutputFormat;

public class SecondarySortApp {

    public static class MyMapper extends Mapper<LongWritable, Text, IntPair, IntWritable> {

        private final IntPair key = new IntPair();
        private final IntWritable value = new IntWritable();

        @Override
        public void map(LongWritable inKey, Text inValue,
                Context context) throws IOException, InterruptedException {
            StringTokenizer itr = new StringTokenizer(inValue.toString());
```

```
            int left = 0;
            int right = 0;
            if (itr.hasMoreTokens()) {
                left = Integer.parseInt(itr.nextToken());
                if (itr.hasMoreTokens()) {
                    right = Integer.parseInt(itr.nextToken());
                }
                key.set(left, right);
                value.set(right);
                context.write(key, value);
            }
        }
    }

    /**
     * 在分组比较的时候， 只比较原来的 key， 而不是组合 key
     */
    public static class GroupingComparator implements RawComparator<IntPair> {
        @Override
        public int compare(byte[] b1, int s1, int l1, byte[] b2, int s2, int l2) {
            return WritableComparator.compareBytes(b1, s1, Integer.SIZE/8, b2, s2, Integer.SIZE/8);
        }

        @Override
        public int compare(IntPair o1, IntPair o2) {
            int first1 = o1.getFirst();
            int first2 = o2.getFirst();
            return first1 - first2;
        }
    }

    public static class MyReducer extends Reducer<IntPair, IntWritable, Text, IntWritable> {
        private static final Text SEPARATOR = new Text("-------------");
        private final Text first = new Text();

        @Override
        public void reduce(IntPair key, Iterable<IntWritable> values, Context context) throws IOException,
InterruptedException {
            context.write(SEPARATOR, null);
            first.set(Integer.toString(key.getFirst()));
            for(IntWritable value: values) {
                context.write(first, value);
            }
        }
```

```java
    }

    public static void main(String[] args) throws Exception {
        String INPUT_PATH = "hdfs://hadoop000:8020/secondsort";
        String OUTPUT_PATH = "hdfs://hadoop000:8020/outputsecondsort";

        Configuration conf = new Configuration();
        final FileSystem fileSystem = FileSystem.get(new URI(INPUT_PATH), conf);
        if (fileSystem.exists(new Path(OUTPUT_PATH))) {
            fileSystem.delete(new Path(OUTPUT_PATH), true);
        }

        Job job = Job.getInstance(conf, "SecondarySortApp");

        // 设置主类
        job.setJarByClass(SecondarySortApp.class);

        // 输入路径
        FileInputFormat.setInputPaths(job, new Path(INPUT_PATH));
        // 输出路径
        FileOutputFormat.setOutputPath(job, new Path(OUTPUT_PATH));

        // 设置 Map 和 Reduce 处理类
        job.setMapperClass(MyMapper.class);
        job.setReducerClass(MyReducer.class);

        // 分组函数
        job.setGroupingComparatorClass(GroupingComparator.class);

        job.setMapOutputKeyClass(IntPair.class);
        job.setMapOutputValueClass(IntWritable.class);

        job.setOutputKeyClass(Text.class);
        job.setOutputValueClass(IntWritable.class);

        // 输入输出格式
        job.setInputFormatClass(TextInputFormat.class);
        job.setOutputFormatClass(TextOutputFormat.class);

        System.exit(job.waitForCompletion(true) ? 0 : 1);
    }
}
```

5. 提交作业到集群运行

（1）使用 mvn clean package -DskipTests 打包成 hadoop-1.0-SNAPSHOT.jar，然后上传到 /home/hadoop/lib 目录下面。

（2）将测试数据上传到 HDFS 目录中。

```
hadoop fs -mkdir /secondsort
hadoop fs -put secondsort.txt /secondsort
```

（3）提交 MapReduce 作业到集群运行。

```
hadoop jar /home/hadoop/lib/hadoop-1.0-SNAPSHOT.jar com.kgc.bigdata.hadoop.mapreduce.
secondsort.SecondarySortApp
```

（4）查看作业输出结果。

```
hadoop fs -text /outputsecondsort/part*
--------------------------------------------------
30    10
30    20
30    30
30    40
--------------------------------------------------
40    5
40    10
40    20
40    30
--------------------------------------------------
50    10
50    20
50    50
50    60
```

3.3.4 使用 MapReduce 合并小文件

1. 概述

Hadoop 处理单个大文件要比处理多个小文件更有效率，另外单个文件也非常占用 HDFS 的存储空间，所以往往要将小文件合并起来处理。

2. 需求

通过 MapReduce API 对小文件进行合并，输出为 SequenceFile。

3. 合并小文件的代码实现

代码 3.8 合并小文件实现

```
package com.kgc.bigdata.hadoop.mapreduce.merge;

import org.apache.hadoop.fs.Path;
```

```java
import org.apache.hadoop.io.BytesWritable;
import org.apache.hadoop.io.NullWritable;
import org.apache.hadoop.mapreduce.InputSplit;
import org.apache.hadoop.mapreduce.JobContext;
import org.apache.hadoop.mapreduce.RecordReader;
import org.apache.hadoop.mapreduce.TaskAttemptContext;
import org.apache.hadoop.mapreduce.lib.input.FileInputFormat;

import java.io.IOException;

/**
 * 实现将整个文件作为一条记录处理的 InputFormat
 */
public class WholeFileInputFormat extends
    FileInputFormat<NullWritable, BytesWritable> {

  // 设置每个小文件不可分片， 保证一个小文件生成一个 key-value
  @Override
  protected boolean isSplitable(JobContext context, Path file) {
    return false;
  }

  @Override
  public RecordReader<NullWritable, BytesWritable> createRecordReader(
      InputSplit split, TaskAttemptContext context) throws IOException, InterruptedException {
    WholeFileRecordReader reader = new WholeFileRecordReader();
    reader.initialize(split, context);
    return reader;
  }
}


package com.kgc.bigdata.hadoop.mapreduce.merge;

import java.io.IOException;

import org.apache.hadoop.conf.Configuration;
import org.apache.hadoop.fs.FSDataInputStream;
import org.apache.hadoop.fs.FileSystem;
import org.apache.hadoop.fs.Path;
import org.apache.hadoop.io.BytesWritable;
import org.apache.hadoop.io.IOUtils;
import org.apache.hadoop.io.NullWritable;
```

```java
import org.apache.hadoop.mapreduce.InputSplit;
import org.apache.hadoop.mapreduce.RecordReader;
import org.apache.hadoop.mapreduce.TaskAttemptContext;
import org.apache.hadoop.mapreduce.lib.input.FileSplit;

/**
 * 实现一个定制的 RecordReader，  这 6 个方法均继承自 RecordReader
 */
class WholeFileRecordReader extends RecordReader<NullWritable, BytesWritable> {
    private FileSplit fileSplit;
    private Configuration conf;
    private BytesWritable value = new BytesWritable();
    private boolean processed = false;

    @Override
    public void initialize(InputSplit split, TaskAttemptContext context)
        throws IOException, InterruptedException {
        this.fileSplit = (FileSplit) split;
        this.conf = context.getConfiguration();
    }

    @Override
    public boolean nextKeyValue() throws IOException, InterruptedException {
        if (!processed) {
            byte[] contents = new byte[(int) fileSplit.getLength()];
            Path file = fileSplit.getPath();
            FileSystem fs = file.getFileSystem(conf);
            FSDataInputStream in = null;
            try {
                in = fs.open(file);
                IOUtils.readFully(in, contents, 0, contents.length);
                value.set(contents, 0, contents.length);
            } finally {
                IOUtils.closeStream(in);
            }
            processed = true;
            return true;
        }
        return false;
    }

    @Override
```

```
public NullWritable getCurrentKey() throws IOException, InterruptedException {
    return NullWritable.get();
}

@Override
public BytesWritable getCurrentValue() throws IOException, InterruptedException {
    return value;
}

@Override
public float getProgress() throws IOException {
    return processed ? 1.0f : 0.0f;
}

@Override
public void close() throws IOException {
    // do nothing
}
}

package com.kgc.bigdata.hadoop.mapreduce.merge;

import org.apache.hadoop.conf.Configuration;
import org.apache.hadoop.fs.FileSystem;
import org.apache.hadoop.fs.Path;
import org.apache.hadoop.io.BytesWritable;
import org.apache.hadoop.io.NullWritable;
import org.apache.hadoop.io.Text;
import org.apache.hadoop.mapreduce.InputSplit;
import org.apache.hadoop.mapreduce.Job;
import org.apache.hadoop.mapreduce.Mapper;
import org.apache.hadoop.mapreduce.lib.input.FileInputFormat;
import org.apache.hadoop.mapreduce.lib.input.FileSplit;
import org.apache.hadoop.mapreduce.lib.output.FileOutputFormat;
import org.apache.hadoop.mapreduce.lib.output.SequenceFileOutputFormat;

import java.io.IOException;
import java.net.URI;

/**
 * 使用 MapReduce API 完成文件合并的功能
 */
```

```java
public class MergeApp {

    /**
     * 将小文件打包成 SequenceFile
     */
    static class SequenceFileMapper extends
            Mapper<NullWritable, BytesWritable, Text, BytesWritable> {
        private Text filenameKey;

        @Override
        protected void setup(Context context) throws IOException, InterruptedException {
            InputSplit split = context.getInputSplit();
            Path path = ((FileSplit) split).getPath();
            filenameKey = new Text(path.toString());
        }

        @Override
        protected void map(NullWritable key, BytesWritable value, Context context)
                throws IOException, InterruptedException {
            context.write(filenameKey, value);
        }
    }

    public static void main(String[] args) throws Exception {
        String INPUT_PATH = "hdfs://hadoop000:8020/inputmerge";
        String OUTPUT_PATH = "hdfs://hadoop000:8020/outputmerge";

        Configuration conf = new Configuration();
        final FileSystem fileSystem = FileSystem.get(new URI(INPUT_PATH), conf);
        if (fileSystem.exists(new Path(OUTPUT_PATH))) {
            fileSystem.delete(new Path(OUTPUT_PATH), true);
        }

        Job job = Job.getInstance(conf, "MergeApp");

        // 设置主类
        job.setJarByClass(MergeApp.class);

        job.setInputFormatClass(WholeFileInputFormat.class);
        job.setOutputFormatClass(SequenceFileOutputFormat.class);
        job.setOutputKeyClass(Text.class);
        job.setOutputValueClass(BytesWritable.class);
        job.setMapperClass(SequenceFileMapper.class);
```

```
// 设置输入和输出目录
FileInputFormat.addInputPath(job, new Path(INPUT_PATH));
FileOutputFormat.setOutputPath(job, new Path(OUTPUT_PATH));

System.exit(job.waitForCompletion(true) ? 0 : 1);
    }
}
```

4. 提交作业到集群运行

（1）使用 mvn clean package -DskipTests 打包成 hadoop-1.0-SNAPSHOT.jar，然后上传到 /home/hadoop/lib 目录下面。

（2）将测试数据上传到 HDFS 目录中。

```
hadoop fs -mkdir /inputmerge
hadoop fs -put secondsort.txt /inputmerge
```

（3）提交 MapReduce 作业到集群运行。

```
hadoop jar /home/hadoop/lib/hadoop-1.0-SNAPSHOT.jar  com.kgc.bigdata.hadoop.mapreduce.merge.
MergeApp
```

（4）查看作业输出结果。

```
hadoop fs -ls /outputmerge
Found 2 items
-rw-r--r--   1 hadoop supergroup        0 2017-02-18 19:23 /outputmerge/_SUCCESS
-rw-r--r--   1 hadoop supergroup  7630548 2017-02-18 19:23 /outputmerge/part-r-00000
```

➔ 本章总结

本章学习了以下知识点。
➢ 掌握 MapReduce 的编程模型。
➢ 掌握 MapReduce 中 Combiner、Partitioner 的使用。
➢ 掌握使用 MapReduce API 完成常用的功能。

➔ 本章练习

使用 MapReduce API 完成如下功能。

需求：统计每个手机号码的流量（上行、下行）、数据包（上行、下行）。

输出结果字段：手机号码、上行数据包数、下行数据包数、上行数据量、下行数据量。

输入文件字段说明如下。

序号	字段	字段类型	描述
0	reportTme	long	记录报告时间戳
1	msisdn	String	手机号码
2	apmac	String	AP mac
3	acmac	String	AC mac
4	host	String	访问的网址
5	siteType	String	网址种类
6	upPackNum	long	上行数据包数，单位：个
7	downPackNum	long	下行数据包数，单位：个
8	upPayLoad	long	上行总流量。注意单位的转换，单位：byte
9	downPayLoad	long	下行总流量。注意单位的转换，单位：byte
10	httpStatus	String	HTTP Response 的状态

第 4 章

Hadoop 新特性

技能目标

- ❖ 了解 YARN 的架构
- ❖ 掌握 HDFS NN 高可用机制的原理及搭建
- ❖ 了解 HDFS Federation 机制
- ❖ 掌握 YARN RM 高可用机制的原理
  及搭建
- ❖ 了解 HDFS 和 YARN 的
  其他新特性

本章任务

学习本章，需要完成以下 3 个工作任务。记录学习过程中遇到的问题，通过自己的努力或访问 kgc.cn 解决。

任务 1：初识 YARN

了解 YARN 的产生背景，掌握 YARN 的架构和工作原理。

任务 2：了解 HDFS 新特性

掌握 HDFS NN 高可用机制的实现原理和环境搭建，了解 Federation 及其他 HDFS 新特性的使用。

任务 3：了解 YARN 新特性

掌握 YARN RM 高可用机制的实现原理和环境搭建，了解 RM 的重启机制。

任务 1：初识 YARN
├─ 4.1.1 YARN 产生背景
├─ 4.1.2 YARN 简介
└─ 4.1.3 YARN 架构设计

第 4 章 Hadoop 新特性
任务 2：了解 HDFS 新特性
├─ 4.2.1 HDFS NameNode 高可用机制
├─ 4.2.2 HDFS NameNode Federation
├─ 4.2.3 HDFS Snapshots
├─ 4.2.4 HDFS REST API
└─ 4.2.5 DistCp 工具

任务 3：了解 YARN 新特性
├─ 4.3.1 ResourceManager 自动重启
└─ 4.3.2 ResourceManager 高可用机制

任务 1 初识 YARN

关键步骤如下。

➤ 了解 MapReduce1.x 存在的问题及 YARN 的产生背景。

➤ 掌握 YARN 的架构和运行机制。

资源调度
框架 YARN

4.1.1 YARN 产生背景

1. MapReduce1.0 存在的问题

Hadoop1.x 中的 MapReduce 构成如图 4.1 所示。在 Hadoop1.x 中，MapReduce 是 Master/Slave 结构，在集群中的表现形式为：1 个 JobTracker 带多个 TaskTracker；JobTracker 负责资源管理和作业调度；TaskTracker 定期向 JobTracker 汇报本节点的健康状况、资源使用情况、任务执行情况以及接收来自 JobTracker 的命令（启动/杀死任务等）并执行。

在 Hadoop1.x 中存在的问题如下。

（1）单点故障：JobTracker 只有一个，如果 JobTracker 出故障，整个集群就没办法使用了。

（2）JobTracker 负责接收来自各个 TaskTracker 节点的 RPC 请求，压力会很大，限制了集群的扩展；随着节点规模增大，JobTracker 就成为了瓶颈。

（3）仅支持 MapReduce 计算框架，不支持其他类型的计算框架。MapReduce 是一个基于 Map 和 Reduce、适合批处理、基于磁盘的计算框架。

2. 资源利用率

在没有 YARN 之前，是一个集群一个计算框架。比如，Hadoop 一个集群、Spark 一个集群、HBase 一个集群，造成各个集群管理复杂，资源利用率很低；像在某个时间段内 Hadoop 集群忙而 Spark 集群闲着；反之亦然，各个集群之间不能共享资源造成集群间资源浪费。

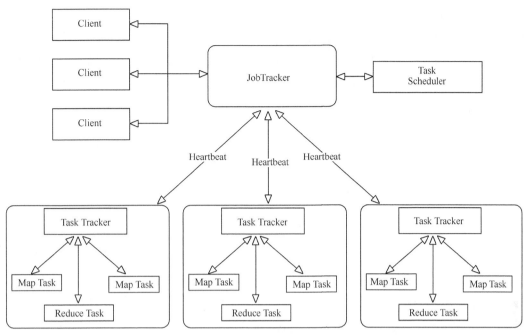

图 4.1　MapReduce 架构图

解决思路：将所有的计算框架运行在一个集群中，共享一个集群的资源，按需分配。Hadoop 需要资源就将资源分配给 Hadoop，Spark 需要资源就将资源分配给 Spark，进而整个集群中的资源利用率就高于多个小集群的资源利用率。

3. 数据共享

随着数据量的暴增，跨集群间的数据移动不仅需要花费更长的时间，硬件成本也会大大增加；而共享集群模式可让多种框架共享数据（存放在 HDFS 上的数据）和硬件资源，将大大减少数据移动带来的成本。这就是所谓的移动计算要比移动数据更好，在作业进行任务调度时，将作业尽可能地分配到数据所在的节点上去运行，以减少数据在网络上传输带来的开销。

4.1.2　YARN 简介

1. YARN 概述

Apache Hadoop YARN（Yet Another Resource Negotiator，另一种资源协调者）是一种新的 Hadoop 资源管理器，是一个通用资源管理系统，可为上层应用提供统一的资源管理和调度。它的引入为集群在利用率、资源统一管理和数据共享等方面带来了很大好处。

YARN 是随着 Hadoop 发展而催生的新框架，取代了以前 Hadoop1.x 中 JobTracker 的角色。因为以前 JobTracker 的任务过重，负责任务的调度、跟踪和失败重启等过程，而且只能运行 MapReduce 作业，不支持其他编程模式，这也限制了 JobTracker 的使用范围，于是 YARN 应运而生。

2. YARN 架构

YARN 由 Client、ResourceManager（简称 RM）、NodeManager（简称 NM）、ApplicationMaster（简称 AM）组成，也采用 Master/Slave 结构，一个 ResourceManager 对应多个 NodeManager，其架构如图 4.2 所示。

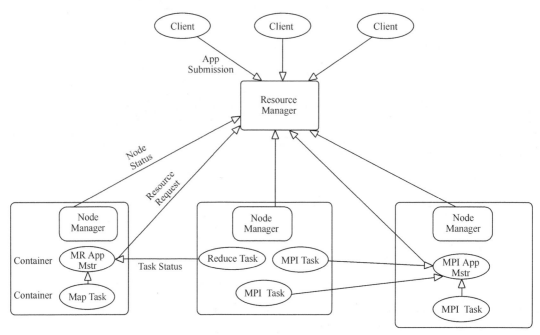

图 4.2　YARN 架构图

Client 向 ResourceManager 提交任务、终止任务等。

ApplicationMaster 由对应的应用程序完成；每个应用程序对应一个 Application-Master，ApplicationMaster 向 ResourceManager 申请资源用于在 NodeManager 上启动相应的任务。

NodeManager 通过心跳信息向 ResourceManager 汇报自身的健康状况、任务执行情况、领取任务情况等。

Map Task 对应的是 MapReduce 作业启动时产生的 Map 任务，MPI Task 是 MPI 框架（MPI 是消息传递接口，可以理解为更原生的一种分布式模型）对应的执行任务。

3. YARN 核心组件功能

（1）ResourceManager：整个集群只有一个，负责集群资源的统一管理和调度。

➢ 处理来自客户端的请求（启动 / 终止应用程序）。

➢ 启动 / 监控 ApplicationMaster；一旦某个 AM 出故障，RM 将会在另外一个节点上启动该 AM。

➢ 监控 NodeManager，接收 NodeManager 汇报的心跳信息并分配任务给 NodeManager 去执行；一旦某个 NM 出故障，标记一下该 NM 上的任务，来告诉对应的 AM 如何处理。

（2）NodeManager：整个集群中有多个，负责单节点资源管理和使用。

➢ 周期性向 ResourceManager 汇报本节点上的资源使用情况和各个 Container 的运行状态。

➢ 接收并处理来自 ResourceManager 的 Container 启动 / 停止的各种命令。

➢ 处理来自 ApplicationMaster 的命令。

（3）ApplicationMaster：每个应用一个，负责应用程序的管理。

➢ 数据切分。

➢ 为应用程序 / 作业向 ResourceManager 申请资源（Container），并分配给内部任务。

➢ 与 NodeManager 通信以启动 / 停止任务。

➢ 任务监控和容错（在任务执行失败时重新为该任务申请资源以重启任务）。

➢ 处理 ResourceManager 发过来的命令：终止 Container、让 NodeManager 重启等。

（4）Container：对任务运行环境的抽象。

➢ 任务运行资源（节点、内存、CPU）。

➢ 任务启动命令。

➢ 任务运行环境。

➢ 任务是运行在 Container 中，一个 Container 中既可以运行 ApplicationMaster，也可以运行具体的 Map、Reduce、MPI、Spark Task。

4.1.3　YARN 架构设计

1. YARN 工作原理

YARN 工作原理如图 4.3 所示。

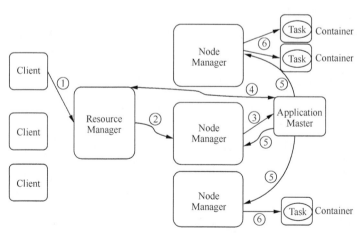

图 4.3　YARN 工作原理

执行步骤如下。

（1）用户向 YARN 中提交应用程序 / 作业，其中包括 ApplicationMaster 程序、启动 ApplicationMaster 的命令、用户程序等。

（2）ResourceManager 为作业分配第一个 Container，并与对应的 NodeManager 通信，

要求它在这个 Container 中启动该作业的 ApplicationMaster。

（3）ApplicationMaster 首先向 ResourceManager 注册，这样用户可以直接通过 ResourceManager 查询作业的运行状态；然后将为各个任务申请资源并监控任务的运行状态，直到运行结束。即重复步骤（7）。

（4）ApplicationMaster 采用轮询的方式通过 RPC 请求向 ResourceManager 申请和获取资源。

（5）一旦 ApplicationMaster 申请到资源，便与对应的 NodeManager 通信，要求它启动任务。

（6）NodeManager 启动任务。

（7）各个任务通过 RPC 协议向 ApplicationMaster 汇报自己的状态和进度，以便 ApplicaitonMaster 随时掌握各个任务的运行状态，从而可以在任务失败时重新启动任务；在作业运行过程中，用户可随时通过 RPC 向 ApplicationMaster 查询作业当前运行状态。

（8）作业完成后，ApplicationMaster 向 ResourceManager 注销并关闭自己。

2．YARN 容错性

（1）ResourceMananger：基于 ZooKeeper 实现高可用机制（High Available，HA）避免单点故障。

（2）NodeManager：执行失败后，ResourceManager 将失败任务告诉对应的 ApplicationMaster，由 ApplicationMaster 决定如何处理失败的任务。

（3）ApplicationMaster：执行失败后，由 ResourceManager 负责重启；ApplicationMaster 需处理内部任务的容错问题，并保存已经运行完成的 Task，重启后无需重新运行。

3．YARN 设计目标

作为通用的、统一的资源管理系统，YARN 可以：

（1）同时运行长应用程序（永不停止的程序：Service、HTTP Server）。

（2）运行短应用程序（秒、分、小时级内运行结束的程序：MR job、Spark job 等）。

（3）打造以 YARN 为核心的生态圈，如图 4.4 所示。

图 4.4　YARN 为核心的生态圈

在引入 YARN 之后，可以在 YARN 上运行各种不同框架的作业：

➢ 离线计算框架：MapReduce

➤　DAG 计算框架：Tez

➤　流式计算框架：Storm

➤　内存计算框架：Spark

 注意

　　图 4.4 中的 HDFS2 指的是基于 HDFS 之上的 HA 和 Federation 等新特性，下一节详细讲解。

任务 2　了解 HDFS 新特性

关键步骤如下。

➤　掌握 HDFS NameNode 高可用机制原理与部署。

➤　掌握 HDFS NameNode Federation 原理与部署。

➤　了解 HDFS Snapshots 的使用。

➤　了解 WebHDFS REST API 的使用。

➤　了解 DistCp 的使用。

4.2.1　HDFS NameNode 高可用机制

1. HDFS NameNode 单点故障概述

在 Hadoop 中，HDFS NameNode 所处的位置是非常重要的，绝对不允许出现故障。因为整个 HDFS 文件系统的元数据信息都由 NameNode 来管理，NameNode 的可用性直接决定了整个 Hadoop 的可用性。在 Hadoop1.x 时代，NameNode 存在单点故障，一旦 NameNode 进程不能正常工作了，就会影响整个集群的正常使用，整个 HDFS 也就无法使用，而 Hive 或者 HBase 等的数据都存放在 HDFS 之上，所以 Hive 或者 HBase 等框架也就无法使用，这可能导致你的生产集群上很多框架都没法正常使用。通过重新启动 NameNode 来进行数据恢复的过程也会比较耗时。

2. HDFS NameNode 高可用机制体系架构

在 Hadoop2.x 中，HDFS NameNode 的单点问题得到了解决。HDFS NameNode 高可用机制体系架构如图 4.5 所示。

从图 4.5 中，可以看出 NameNode 的高可用架构主要分为以下几个部分。

（1）在典型的高可用集群中，两个独立的机器作为 NameNode。任何时刻，只有一个 NameNode 处于 Active 状态，另一个处于 Standby 状态。Active NameNode 负责所有的客户端操作，而 Standby NameNode 只是简单地充当 Slave，它负责维护状态信息以便在需要时能快速切换。

图 4.5　HDFS NameNode 高可用机制体系架构

（2）主备切换控制器 ZKFailoverController：ZKFailoverController 作为独立的进程运行，对 NameNode 的主备切换进行总体控制。ZKFailoverController 能及时检测到 NameNode 的健康状况，在主 NameNode 故障时借助 ZooKeeper 实现自动的主备选举和切换，当然 NameNode 目前也支持不依赖于 ZooKeeper 的手动主备切换。ZooKeeper 集群的目的是为主备切换控制器提供主备选举支持。

ZKFailoverController 的主要职责如下。

➢ 健康监测：周期性地向它监控的 NameNode 发送健康探测命令，从而来确定某个 NameNode 是否处于健康状态，如果机器宕机，心跳失败，那么 ZKFailoverController 就会标记它处于一个不健康的状态。

➢ 会话管理：如果 NameNode 是健康的，ZKFailoverController 就会在 ZooKeeper 中保持一个打开的会话，如果同时 NameNode 还是 Active 状态的，那么 ZKFailover Controller 还会在 ZooKeeper 中占有一个类型为短暂类型的 znode，当 NameNode 挂掉时，这个 znode 将会被删除，然后备用的 NameNode 将会得到这把锁，升级为主 NameNode，同时标记状态为 Active。当宕机的 NameNode 重新启动时，它会再次注册 ZooKeeper，发现已经有 znode 锁了，便会自动变为 Standby 状态。如此往复循环，保证高可靠性。需要注意的是，目前仅支持最多配置 2 个 NameNode。

➢ master 选举：如上所述，通过在 ZooKeeper 中维持一个短暂类型的 znode，来实现抢占式的锁机制，从而判断哪个 NameNode 为 Active 状态。

（3）共享存储系统 Quorum Journal Node：为了让 Standby Node 与 Active Node 保持状态的同步，它们两个都要与称为“Journal Node”（JN）的一组独立的进程通信。Active Node 所做的任何对名字空间的修改，都将修改记录的日志发送给大多数的

JN。Standby Node 能够从 JN 读取 edit，并且时时监控它们对 edit log 的修改。Standby Node 获取 edit 后，将它们应用到自己的名字空间。故障切换时，Standby 在提升自己为 Active 状态前已经从 JN 读完了所有的 edit，这就确保了故障切换发生前两个 NameNode 名字空间的状态是完全同步的。

（4）DataNode 节点：除了通过共享存储系统共享 HDFS 的元数据信息之外，主 NameNode 和备 NameNode 还需要共享 HDFS 的数据块和 DataNode 之间的映射关系。DataNode 会同时向主 NameNode 和备 NameNode 上报数据块的位置信息。

3．HDFS NameNode 的主备切换实现原理

在 HDFS NameNode 的高可用整体架构中，NameNode 主备切换主要由 ZKFailover-Controller、HealthMonitor 和 ActiveStandbyElector 这 3 个组件来协同实现，其主备切换的流程如图 4.6 所示。

图 4.6　NameNode 主备切换流程图

ZKFailoverController 作为 NameNode 机器上一个独立的进程启动（进程名为 zkfc），启动的时候会创建 HealthMonitor 和 ActiveStandbyElector 这两个主要的内部组件。ZKFailoverController 在创建 HealthMonitor 和 ActiveStandbyElector 的同时，也会向 HealthMonitor 和 ActiveStandbyElector 注册相应的回调方法。

HealthMonitor 主要负责检测 NameNode 的健康状态，如果检测到 NameNode 的健康状态发生变化，会回调 ZKFailoverController 的相应方法进行自动的主备选举。

ActiveStandbyElector 主要负责完成自动的主备选举，内部封装了 ZooKeeper 的处理逻辑，一旦 ZooKeeper 主备选举完成，会回调 ZKFailoverController 的相应方法来进行 NameNode 的主备状态切换。

NameNode 实现主备切换的流程如下。

（1）HealthMonitor 初始化完成之后会启动内部的线程来定时调用对应 NameNode 的 HAServiceProtocol RPC 接口的方法，对 NameNode 的健康状态进行检测。

（2）如果 HealthMonitor 检测到 NameNode 的健康状态发生变化，会回调 ZKFailover

Controller 注册的相应方法进行处理。

（3）如果 ZKFailoverController 判断需要进行主备切换，会首先使用 ActiveStandby Elector 来进行自动的主备选举。

（4）ActiveStandbyElector 与 ZooKeeper 进行交互完成自动的主备选举。

（5）在主备选举完成后，ActiveStandbyElector 会回调 ZKFailoverController 的相应方法来通知当前的 NameNode 成为主 NameNode 或备 NameNode。

（6）ZKFailoverController 调用对应 NameNode 的 HAServiceProtocol RPC 接口的方法将 NameNode 转换为 Active 状态或 Standby 状态。

4. HDFS NameNode 高可用机制环境搭建

集群节点机器规划：6 台机器，每个节点进程分布如表 4-1 所示。

JournalNode 和 ZooKeeper 保持奇数个节点，常规不少于 3 个节点。

表4-1 集群HDFS节点规划表

	hadoop001	hadoop002	hadoop003	hadoop004	hadoop005	hadoop006
NameNode	是	是				
DataNode	是	是	是	是	是	是
JournalNode	是	是	是	是	是	
ZooKeeper	是	是	是	是	是	
DFSZKFailoverController	是	是				

安装步骤如下。

（1）ZooKeeper 安装

➢ 下载解压 ZooKeeper

下载地址：http://archive.cloudera.com/cdh5/cdh/5/

解压到指定目录：这里为 /home/hadoop/yarn/

➢ 修改配置文件

进入 ZooKeeper 中 conf 目录，复制 zoo_sample.cfg 并命名为 zoo.cfg，编辑 zoo.cfg。

分布式
协调服务
ZooKeeper

```
tickTime=2000
initLimit=10
syncLimit=5
dataDir=/home/hadoop/yarn/zookeeper-3.4.5-cdh5.5.0/zkdata
dataLogDir=/home/hadoop/yarn/zookeeper-3.4.5-cdh5.5.0/zkdatalog
clientPort=2181
server.1=hadoop001:2888:3888
server.2=hadoop002:2888:3888
server.3=hadoop003:2888:3888
server.4=hadoop004:2888:3888
server.5=hadoop005:2888:3888
```

在 ZooKeeper 的目录中，创建 zkdata 和 zkdatalog 两个文件夹。

进入 zkdata 文件夹，创建文件 myid，输入 1，1 是 zoo.cfg 文件中的 server.1 中的 1。当把所有文件都配置完毕，将 hadoop001 中的 yarn 目录复制到其他机器中时，需要修改每台机器中对应的 myid，如 hadoop002 中的 myid 写入 2，其余节点按照上面的配置依次输入相应的数字。

zkdatalog 文件夹是为指定 ZooKeeper 产生日志指定相应的路径。

（2）Hadoop 安装

➢ 下载解压 hadoop2.6.0-cdh5.7.0

下载地址：http://archive.cloudera.com/cdh5/cdh/5/

➢ 修改配置文件

这里要修改的配置文件一共包括 4 个，分别是 hadoop-env.sh、core-site.xml、hdfs-site.xml 和 slaves。修改文件的目录地址为 /home/hadoop/yarn/hadoop-2.6.0-cdh5.7.0/etc/hadoop/。

配置文件：hadoop-env.sh

```
// 添加 jdk 环境变量
export JAVA_HOME=/home/hadoop/app/jdk1.7.0_79
```

配置文件：core-site.xml

```
<configuration>
  <!-- 集群中命名服务列表，名称自定义 -->
  <property>
    <name>fs.defaultFS</name>
    <value>hdfs://cluster1</value>
  </property>

  <!--NameNode、DataNode、JournalNode 等存放数据的公共目录。用户也可以自己单独指定这 3 类节点的目录。这里的 yarn_data/tmp 目录与文件都是自己创建的 -->
  <property>
    <name>hadoop.tmp.dir</name>
    <value>/home/hadoop/yarn/yarn_data/tmp</value>
  </property>

  <!--ZooKeeper 集群的地址和端口。注意，数量一定是奇数，且不少于 3 个节点 -->
  <property>
    <name>ha.zookeeper.quorum</name>
<value>hadoop001:2181,hadoop002:2181,hadoop003:2181,hadoop004:2181,hadoop005:2181</value>
  </property>
</configuration>
```

配置文件：hdfs-site.xml

```
<configuration>
    <!-- 指定 DataNode 存储 block 的副本数量。 默认值是 3 个 -->
    <property>
        <name>dfs.replication</name>
        <value>3</value>
    </property>

    <!-- 给 hdfs 集群起名字， 这个名字必须和 core-site 中的一致，且下面也会用到该名字 -->
    <property>
        <name>dfs.nameservices</name>
        <value>cluster1</value>
    </property>

    <!-- 指定 NameService 是 cluster1 时有哪些 namenode， 这里的值也是逻辑名称， 名字随便起，
相互不重复即可 -->
    <property>
        <name>dfs.ha.namenodes.cluster1</name>
        <value>hadoop1,hadoop002</value>
    </property>

    <!-- 指定 RPC 地址 -->
    <property>
        <name>dfs.namenode.rpc-address.cluster1.hadoop1</name>
        <value>hadoop001:8020</value>
    </property>

    <property>
        <name>dfs.namenode.rpc-address.cluster1.hadoop2</name>
        <value>hadoop002:9000</value>
    </property>

    <!-- 指定 http 地址 -->
    <property>
        <name>dfs.namenode.http-address.cluster1.hadoop1</name>
        <value>hadoop001:50070</value>
    </property>

    <property>
        <name>dfs.namenode.http-address.cluster1.hadoop2</name>
        <value>hadoop002:50070</value>
    </property>

    <!-- 指定 cluster1 是否启动自动故障恢复，即当 NameNode 出故障时，是否自动切换到另一台
```

NameNode-->
```
    <property>
        <name>dfs.ha.automatic-failover.enabled.cluster1</name>
        <value>true</value>
    </property>
```

```
    <!-- 指定 cluster1 的两个 NameNode 共享 edits 文件目录时，使用的 JournalNode 集群信息 -->
    <property>
        <name>dfs.namenode.shared.edits.dir</name>
            <value>qjournal://hadoop001:8485;hadoop002:8485;hadoop003:8485;hadoop004:8485;hado
op005:8485/cluster1</value>
    </property>
```

```
    <!-- 指定 cluster1 出故障时，哪个实现类负责执行故障切换 -->
    <property>
        <name>dfs.client.failover.proxy.provider.cluster1</name>
        <value>org.apache.hadoop.hdfs.server.namenode.ha.ConfiguredFailoverProxyProvider</value>
    </property>
```

```
    <!-- 指定 JournalNode 集群在对 NameNode 的目录进行共享时，自己存储数据的磁盘路径。
tmp 路径是自己创建的，journal 是启动 journalnode 时自动生成的 -->
    <property>
        <name>dfs.journalnode.edits.dir</name>
        <value>/home/hadoop/yarn/yarn_data/tmp/journal</value>
    </property>
```

```
    <!-- 一旦需要 NameNode 切换，使用 ssh 方式进行操作 -->
    <property>
        <name>dfs.ha.fencing.methods</name>
        <value>sshfence</value>
    </property>
```

```
    <!-- 使用 ssh 进行故障切换，需要配置无密码登录，使用 ssh 通信时所用密钥存储的位置 -->
    <property>
        <name>dfs.ha.fencing.ssh.private-key-files</name>
        <value>/home/hadoop/.ssh/id_rsa</value>
    </property>
</configuration>
```

配置文件：slaves

添加指定哪台机器是 DataNode，这里指定 6 台机器。把集群所有机器都当作 DataNode。

```
hadoop001
hadoop002
```

hadoop003

hadoop004

hadoop005

hadoop006

➢ 复制到其他节点

将 hadoop 用户根目录下的 yarn 文件夹（即 /home/hadoop/yarn 目录）复制到其他节点上。然后登录到各个节点，进入 ZooKeeper 目录下的 zkdata 目录，修改 myid 文件，各个 myid 的内容为 zoo.cfg 文件中 server 对应的编号。

（3）集群启动

1）启动 ZooKeeper

在 hadoop001、hadoop002、hadoop003、hadoop004、hadoop005 上 zookeeper 目录下分别执行命令：

bin/zkServer.sh start

当所有机器执行上述命令完毕后，再在每台机器上执行"bin/zkServer.sh status"命令查看每台机器 ZooKeeper 的状态。正确的状态是只有一台机器是 leader，其余机器都显示 follower。每台机器都需要测试。

2）格式化 ZooKeeper 集群

格式化 ZooKeeper 集群，目的是在 ZooKeeper 集群上建立 HA 的相应节点。

在 hadoop001 上的 hadoop 目录执行：

bin/hdfs zkfc -formatZK

3）启动 JournalNode 集群

在 hadoop001、hadoop002、hadoop003、hadoop004、hadoop005 上分别执行命令：

sbin/hadoop-daemon.sh start journalnode

格式化集群的一个 NameNode：第一次启动时需要，以后不需要。

从 hadoop001 和 hadoop002 中任选一个即可，这里选择的是 hadoop001。

在 hadoop001 上的 /home/hadoop/yarn/hadoop-2.6.0-cdh5.7.0/ 目录下执行下面的命令：

bin/hdfs namenode -format

4）启动刚格式化的 namenode

在 hadoop001 上 /home/hadoop/yarn/hadoop-2.6.0-cdh5.7.0/ 目录下执行命令：

sbin/hadoop-daemon.sh start namenode

将刚格式化的 namenode 信息同步到备用 NameNode 上（第一次启动时需要，以后不需要）。在 hadoop002 机器上执行命令：

hdfs namenode -bootstrapStandby

在 hadoop002 机器上，启动 namenode。

```
sbin/hadoop-daemon.sh start namenode
```

5）启动所有的 datanode

DataNode 是在 slaves 文件中配置的。在 hadoop001 上执行：

```
sbin/hadoop-daemons.sh start datanode
```

6）启动 ZooKeeperFailoverCotroller

在 hadoop001、hadoop002 上分别执行命令：

```
sbin/hadoop-daemon.sh start zkfc
```

7）验证高可用机制的故障自动转移是否好用

打开 http://hadoop001:50070 和 http://hadoop002:50070 两个监控页面观察哪个节点对应 Active NameNode 和 Standby NameNode。假设此处 hadoop001 是 Active 的，我们通过 jps 命令获取该节点上 NameNode 节点的进程 id，然后执行命令 kill -9 pid 将该进程杀死。刷新两个 HDFS 节点的监控页面，可以看到原先的 hadoop002 节点的 Standby 变成 Active，并且 HDFS 还能进行读写操作。这说明，高可用机制故障自动转换是正常的，HDFS 是高可用的，而且切换过程对用户来说是不透明的。

4.2.2　HDFS NameNode Federation

1. Federation 产生背景

通过 HDFS 章节的学习，我们知道 Hadoop 集群的元数据信息是存放在 NameNode 的内存中的，当集群扩大到一定的规模以后，NameNode 内存中存放的元数据信息可能会非常大。由于 HDFS 的所有操作都会和 NameNode 进行交互，当集群很大时，NameNode 就会成为集群的瓶颈。在 Hadoop2.x 诞生之前，HDFS 中只能有一个名字空间，对于 HDFS 中的文件没有办法完成隔离。正因为如此，在 Hadoop2.x 中引入了 Federation 的机制，可以解决如下问题。

（1）HDFS 集群扩展性。多个 NameNode 分管一部分目录，使得一个集群可以扩展到更多节点，不再像 Hadoop 1.0 中由于内存的限制而制约文件存储数目。

（2）性能更高效。多个 NameNode 管理不同的数据，且同时对外提供服务，将为用户提供更高的读写吞吐率。

（3）良好的隔离性。用户可根据需要将不同业务数据交由不同 NameNode 管理，这样不同业务之间影响很小。

2. HDFS 数据管理架构

HDFS 的数据存储采取分层的结构，如图 4.7 所示。也就是说，所有关于存储数据的信息和管理是放在 NameNode，而真实的数据则是存储在各个 DataNode 下。这些隶属于同一个 NameNode 所管理的数据都在同一个

图 4.7　HDFS 数据管理架构

namespace 下，而一个 namespace 对应一个 Block Pool。Block Pool 是同一个 namespace 下的 block 的集合，当然这是最常见的单个 namespace 的情况，也就是一个 NameNode 管理集群中所有的元数据信息。如果遇到了前面提到的 NameNode 内存使用过高的问题，这时候该怎么办呢？元数据空间依然不断增大，只一味调高 NameNode 的 jvm 大小绝对不是一个长久的办法。这时候就诞生了 HDFS Federation 机制。

3．Federation 架构

针对 NameNode 内存过高问题，我们完全可以将大的文件目录转移到另外一个 NameNode 上来管理。更重要的一点在于，这些 NameNode 共享集群中所有的 DataNode，它们还是在同一个集群内的。HDFS Federation 架构如图 4.8 所示。

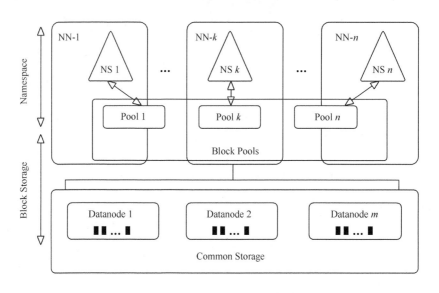

图 4.8　HDFS Federation 架构

HDFS Federation 是解决 NameNode 单点问题的水平横向扩展方案，可以得到多个独立的 NameNode 和名字空间，从而使得 HDFS 的命名服务能够水平扩张。

HDFS Federation 中的 NameNode 相互独立管理自己的名字空间。这时候在 DataNode 上就不仅仅存储一个 Block Pool 下的数据，而是多个 Block Pool 的数据。在 HDFS Federation 机制下，只有元数据的管理与存放被分隔开，而真实数据的存储还是共用的。

4.2.3　HDFS Snapshots

1．概述

HDFS 快照是文件系统在某一时刻的只读镜像，可以是一个完整的文件系统，也可以是某个目录的镜像。

2．快照常用场景

（1）防止用户的错误操作：管理员可以通过滚动的方式周期性地设置一个只读的

快照，这样在文件系统上就有若干份只读快照。如果用户意外地删除了一个文件，可以使用包含该文件的最新只读快照来进行恢复。

（2）备份：管理员可以根据需求来备份整个文件系统、一个目录或者单一文件。如设置一个只读快照，并使用这个快照作为整个全量备份的开始点。而增量备份可以通过比较两个快照的差异来产生。

（3）试验 / 测试：当一个用户想要在数据集上测试一个应用程序时，如果不做该数据集的全量备份，测试应用程序会覆盖 / 损坏原来的生产数据集，这是非常危险的。管理员可以为用户设置一个生产数据集的快照（Read write），以备用户测试使用。在快照上的任何改变都不会影响原有数据集。

（4）灾难恢复：只读快照可以被用于创建一个一致的时间点镜像，以便于拷贝到远程站点作灾备冗余。

3. 快照常用操作

（1）允许快照——确定目录是否可以进行快照。

通过下面的命令对某一个路径（根目录 /、某一目录或者文件）开启快照功能，那么该目录就成为一个 snapshottable 目录；一个 snapshottable 下存储的 snapshots 最多为 65535 个，保存在该目录的 .snapshot 下；但是 snapshottable 的数目并没有限制。

```
hdfs dfsadmin -allowSnapshot <path>
```

示例

```
hdfs dfsadmin -allowSnapshot /user/hadoop
Allowing snaphot on /user/hadoop succeeded
```

（2）创建快照——只有目录允许进行快照，才能在该目录下创建快照。

```
hdfs dfs -createSnapshot <path> [<snapshotName>]
```

创建快照时可以指定快照名称，也可以不指定，系统会自动生成快照名称。

示例

```
hdfs dfs -createSnapshot /user/hadoop s0
Created snapshot /user/hadoop/.snapshot/s0

hadoop fs -ls /user/hadoop
// 此时并不能列出 Hadoop 目录下的快照

hadoop fs -ls /user/hadoop/.snapshot
/user/hadoop/.snapshot/s0
```

该快照会被立即创建出来，但仅仅是在目录对应的 Inode 上加个快照的标签，因为此时快照目录里不包含任何实际数据。

不同的快照间采用硬链接的方式，因为引用相同的数据块，所以也不会涉及到数据块的拷贝操作；而对文件的删除和追加，快照中的块将会指向执行了修改的块，所以也不会对读写性能造成影响，但是会占用 NameNode 一定的额外内存来存放快照中被修改的文件和目录的元信息。

```
# 创建临时文件夹
hadoop fs -mkdir /user/hadoop/tmp

# 创建 f1、f2、f3 三个文件
hdfs dfs -touchz /user/hadoop/tmp/f{1,2,3}

# 新建快照 s1
hdfs dfs -createSnapshot /user/hadoop s1
Created snapshot /user/hadoop/.snapshot/s1

# 此时当前文件系统和 s1 中都包含 f1、f2、f3 三个文件
hdfs dfs -ls -R /user/hadoop
drwxr-xr-x   - hdfs supergroup          0 2017-02-05 10:45 /user/hadoop/tmp
-rw-r--r--   3 hdfs supergroup          0 2017-02-05 10:45 /user/hadoop/tmp/f1
-rw-r--r--   3 hdfs supergroup          0 2017-02-05 10:45 /user/hadoop/tmp/f2
-rw-r--r--   3 hdfs supergroup          0 2017-02-05 10:45 /user/hadoop/tmp/f3

# 删除 f3
hdfs dfs -rm /user/hadoop/tmp/f3
```

查看快照内容，可以发现当前文件系统已经没有 f3，而快照 s1 中还有 f3 文件存在。这样， 通过拷贝 s1 下的 f3 文件就可以进行恢复

```
hdfs dfs -ls -R /user/hadoop/.snapshot
drwxr-xr-x   - hdfs supergroup          0 2017-02-05 10:28 /user/hadoop/.snapshot/s0
drwxr-xr-x   - hdfs supergroup          0 2017-02-05 10:45 /user/hadoop/.snapshot/s0/tmp
drwxr-xr-x   - hdfs supergroup          0 2017-02-05 10:45 /user/hadoop/.snapshot/s1
drwxr-xr-x   - hdfs supergroup          0 2017-02-05 10:45 /user/hadoop/.snapshot/s1/tmp
-rw-r--r--   3 hdfs supergroup          0 2017-02-05 10:45 /user/hadoop/.snapshot/s1/tmp/f1
-rw-r--r--   3 hdfs supergroup          0 2017-02-05 10:45 /user/hadoop/.snapshot/s1/tmp/f2
-rw-r--r--   3 hdfs supergroup          0 2017-02-05 10:45 /user/hadoop/.snapshot/s1/tmp/f3

hdfs dfs -ls -R /user/hadoop/
drwxr-xr-x   - hdfs supergroup          0 2017-02-05 10:46 /user/hadoop/tmp
-rw-r--r--   3 hdfs supergroup          0 2017-02-05 10:45 /user/hadoop/tmp/f1
-rw-r--r--   3 hdfs supergroup          0 2017-02-05 10:45 /user/hadoop/tmp/f2
```

从快照中拷贝一个文件，将快照中的 f3 文件拷贝到 hdfs 中
```
hdfs dfs -cp -ptopax /user/hadoop/.snapshot/s1/tmp/f3 /user/hadoop/tmp/
```

从快照中拷贝回来后，在 HDFS 上又有 f3 文件了，可见能很好地起到数据恢复的作用

```
hdfs dfs -ls -R /user/hadoop/
drwxr-xr-x   - hadoop supergroup          0 2017-02-05 01:25 /user/hadoop/tmp
-rw-r--r--   1 hadoop supergroup          0 2017-02-05 01:23 /user/hadoop/tmp/f1
-rw-r--r--   1 hadoop supergroup          0 2017-02-05 01:23 /user/hadoop/tmp/f2
-rw-r--r--   1 hadoop supergroup          0 2017-02-05 01:23 /user/hadoop/tmp/f3
```

（3）重命名快照。

```
hdfs dfs -renameSnapshot <path><oldName><newName>
```

示例

```
# 将 s0 修改为 s_init
hdfs dfs -renameSnapshot /user/hadoop s0 s_init
```

```
hdfs dfs -ls /user/hadoop/.snapshot
Found 2 items
drwxr-xr-x   - hdfs supergroup    0 2017-02-05 10:45 /user/hadoop/.snapshot/s1
drwxr-xr-x   - hdfs supergroup    0 2017-02-05 10:28 /user/hadoop/.snapshot/s_init
Get Snapshottable Directory Listing
```

（4）获取快照表目录列表——通过 hdfs ls SnapshottableDir 来列出 Snapshottable 的目录。

示例

```
hdfs ls SnapshottableDir
drwxr-xr-x 0 hdfs supergroup 0 2017-02-05 10:45 2 65536 /user/hadoop
```

（5）获取快照差异报告——比较两个快照之间的差异。

```
hdfs snapshotDiff <path><fromSnapshot><toSnapshot>
```

示例

```
hdfs snapshotDiff /user/hadoop s_init s1
Difference between snapshot s_init and snapshot s1 under directory /user/hadoop:
M   ./tmp
+   ./tmp/f1
+   ./tmp/f2
+   ./tmp/f3
```

（6）删除快照。

```
hdfs dfs -deleteSnapshot <path><snapshotName>
```

示例

```
hdfs dfs -deleteSnapshot /user/hadoop s_init
```

（7）关闭快照。

hdfs dfsadmin -disallowSnapshot <path>

示例

hdfs dfsadmin -disallowSnapshot /user/hadoop

disallowSnapshot: The directory /user/hadoop has snapshot(s). Please redo the operation after removing all the snapshots.

通过 Snapshot 可以按照定时或固定时间间隔（例如每天）的方式创建文件快照，并删除过期的文件快照，减少业务误操作造成的数据损失；快照的操作远低于外部备份开销，可作为备份 HDFS 最常用的方式。

4.2.4　HDFS REST API

1．概述

提供 HDFS 的 HTTP REST API 支持。

2．配置

```
//hdfs-site.xml
<property>
    <name>dfs.webhdfs.enabled</name>
    <value>true</value>
</property>
```

3．测试

（1）HDFS 访问方式

```
hdfs://<HOST>:<RPC_PORT>/<PATH>
hadoop fs -ls hdfs://hadoop000:8020/user
```

（2）WebHDFS 访问方式

```
webhdfs://<HOST>:<HTTP_PORT>/<PATH>
hadoop fs -ls webhdfs://hadoop000:50070/user
```

（3）REST 访问方式

```
http://<HOST>:<HTTP_PORT>/webhdfs/v1/<PATH>?op=...
http://hadoop000:50070/webhdfs/v1/user?op=LISTSTATUS
```

4.2.5　DistCp 工具

1．概述

DistCp 是用于集群内部或者集群之间的一个拷贝工具，底层使用 MapReduce 作业完成，所以在使用之前要先启动 YARN。

2．DistCp 使用

（1）相同版本 Hadoop 集群中的相互拷贝

将 nn1 集群中的 bar 文件夹下的所有文件拷贝到 nn2 集群的 foo 目录下。

```
# 单输入源
hadoop distcp hdfs://nn1:8020/foo/bar hdfs://nn2:8020/bar/foo

# 多输入源
hadoop distcp hdfs://nn1:8020/foo/a hdfs://nn1:8020/foo/b hdfs://nn2:8020/bar/foo
```

（2）不同版本 Hadoop 集群之间进行拷贝

源端地址要使用 hftp 而不能使用 hdfs，而且要运行在目标集群的机器上，且端口号是 50070。

```
hadoop distcp -i hftp://sourceFS:50070/src hdfs://destFS:8020/dest
```

任务 3　了解 YARN 新特性

关键步骤如下。

➢ 掌握 ResourceManager 自动重启原理。

➢ 掌握 ResourceManager 高可用机制原理。

4.3.1　ResourceManager 自动重启

1. 概述

在 YARN 的架构中 ResourceManager 所处的地位是非常重要的。但是若 ResourceManager 发生单点故障，应该能尽快自动重启 ResourceManager 的功能，以减少生产集群上作业执行失败的可能性；ResourceManager 的重启过程用户是感知不到的。

按照 Hadoop 官方的说法，ResourceManager 重启可以划分成两个阶段来完成。

（1）ResourceManager 将应用程序的状态以及其他验证信息保存到一个可插拔的状态存储中；ResourceManager 重启时将从状态存储中重新加载这些信息，然后重新开始之前正在运行的应用程序，不需要用户重新提交应用程序。（Hadoop2.4.0 实现）

（2）重启时通过从 ResourceManager 读取容器的状态和从 ApplicationMaster 读取容器的请求，集中重构 ResourceManager 的运行状态。与第一阶段不同的是，在这个阶段中，之前正在运行的应用程序将不会在 ResourceManager 重启后被杀死，所以应用程序不会因为 ResourceManager 中断而丢失工作。（Hadoop2.6.0 实现）

2. 配置

```
//yarn-site.xml
# 启用 RM 重启的功能，默认是 false
<property>
    <name>yarn.resourcemanager.recovery.enabled</name>
    <value>true</value>
```

```
</property>

#用于状态存储的类，默认是基于 Hadoop 文件系统的实现 （FileSystemRMStateStore）
<property>
    <name>yarn.resourcemanager.store.class</name>
    <value>org.apache.hadoop.yarn.server.resourcemanager.recovery.ZKRMStateStore</value>
</property>

# 被 RM 用于状态存储的 ZK 服务器的主机:端口号，多个 ZK 之间使用逗号分隔
<property>
    <name>yarn.resourcemanager.zk-address</name>
    <value>hadoop000:2181,hadoop001:2181,hadoop002:2181</value>
</property>
```

4.3.2 ResourceManager 高可用机制

1．ResourceManager 高可用机制概述

ResourceManager 负责整个集群资源的管理以及应用的调度。在 Hadoop2.4 之前，ResourceManager 只要有单点故障在生产上就要谨慎使用，因为一旦出现故障，就会影响到整个集群的正常运行。

2．ResourceManager 高可用机制架构

在 Hadoop2.4 中添加了 Active/Standby ResourceManager 的方式来解决 Resource Manager 的单点故障问题，架构如图 4.9 所示。

图 4.9　ResourceManager 高可用机制架构图

3．ResourceManager 高可用机制切换

Active ResourceManager 会将状态信息写入到 ZooKeeper 集群中，如果 Active Resource-Manager 挂了，那么可以将 Standby ResourceManager 切换成 Active ResourceManager（切换方式有两种：手工和自动切换）。ResourceManager HA 是通过 Active/Standby 架构模式实现的，在任意时刻，只有一个 ResourceManager 是 Active 的，其余的一个或者多个 ResourceManager 则处于 Standby 状态，等待 Active ResourceManager 发生故障时切换用。

（1）手工切换

需要管理员通过命令行进行切换。

```
# 查看当前 RM 的状态
yarn rmadmin -getServiceState rm1

# 手工切换 RM
yarn rmadmin -transitionToStandby rm1
```

（2）自动切换

通过内嵌的基于 ZooKeeper 的 ActiveStandbyElector 来决定哪个 ResourceManager 处于 Active 状态。当 Active ResourceManager 出现故障时，其他的 ResourceManager 将会被自动选举并切换成 Active 状态。

集群节点规划：6 台机器。每个节点进程分布如表 4-2 所示。

表4-2　集群HDFS和YARN节点规划表

	hadoop001	hadoop002	hadoop003	hadoop004	hadoop005	hadoop006
NameNode	是	是				
DataNode	是	是	是	是	是	是
JournalNode	是	是	是	是	是	
ZooKeeper	是	是	是	是	是	
DFSZKFailover-Controller	是	是				
ResourceManager	是	是				
NodeManager	是	是	是	是	是	是

自动切换配置如下所示。

```
//yarn-site.xml
<!-- 开启 RM 高可用 -->
<property>
    <name>yarn.resourcemanager.ha.enabled</name>
    <value>true</value>
</property>

<!-- 指定 RM 的 cluster id -->
<property>
    <name>yarn.resourcemanager.cluster-id</name>
    <value>yarn-cluster</value>
</property>

<!-- 指定 RM 的名字 -->
<property>
```

```
        <name>yarn.resourcemanager.ha.rm-ids</name>
        <value>rm1,rm2</value>
    </property>

    <!-- 分别指定 RM 的地址 -->
    <property>
        <name>yarn.resourcemanager.hostname.rm1</name>
        <value>hadoop000</value>
    </property>

    <property>
        <name>yarn.resourcemanager.hostname.rm2</name>
        <value>hadoop001</value>
    </property>

    <property>
        <name>yarn.resourcemanager.webapp.address.rm1</name>
        <value>hadoop000:8088</value>
    </property>

    <property>
        <name>yarn.resourcemanager.webapp.address.rm2</name>
        <value> hadoop001:8088</value>
    </property>

    <!-- 指定 zk 集群地址 -->
    <property>
        <name>yarn.resourcemanager.zk-address</name>
            <value>hadoop001:2181,hadoop002:2181,hadoop003:2181,hadoop004:2181,hadoop005:2181</value>
    </property>

    <property>
        <name>yarn.nodemanager.aux-services</name>
        <value>mapreduce_shuffle</value>
    </property>

    //mapred-site.xml
    <!-- 指定 mr 框架为 yarn 方式 -->
    <property>
        <name>mapreduce.framework.name</name>
        <value>yarn</value>
    </property>
```

本章总结

本章学习了以下知识点。

➢ 了解 YARN 的产生背景和设计目标。

➢ 掌握 YARN 的工作原理及核心组件。

➢ 掌握 HDFS NameNode 高可用机制的实现原理及环境搭建。

➢ 了解 HDFS NameNode Federation 机制。

➢ 了解 HDFS 相关的新特性。

➢ 掌握 ResourceManager 高可用机制的实现原理及环境搭建。

➢ 了解 ResourceManager 自动重启的环境搭建。

本章练习

完成 HFDS NameNode 高可用机制以及 YARN ResourceManager 高可用机制环境的搭建。

随手笔记

第 5 章

Hadoop 分布式数据库

技能目标

❖ 了解 HBase 体系结构
❖ 理解 HBase 数据模型
❖ 掌握 HBase 的安装
❖ 熟练使用 HBase Shell 操作 HBase
❖ 熟练使用 HBase Java API
  操作 HBase

本章任务

学习本章，需要完成以下 3 个工作任务。记录学习过程中遇到的问题，通过自己的努力或访问 kgc.cn 解决。

任务 1：认识 HBase
了解 NoSQL 是什么以及 HBase 体系结构，理解 HBase 数据模型，掌握 HBase 的安装。

任务 2：HBase Shell 操作
掌握 HBase Shell 操作。

任务 3：HBase 编程
掌握 HBase 数据存储管理 API 的使用。

任务 1 认识 HBase

关键步骤如下。

➢ 了解什么是 NoSQL。

➢ 了解 HBase 体系架构中的重要组成部分。

➢ 理解 HBase 的数据模型。

➢ 掌握 HBase 的安装。

揭秘 HBase

5.1.1 HBase 简介

HBase 是一个基于 HDFS 的面向列的分布式数据库，源于 Google 的 BigTable 论文。前面章节提过，HDFS 基于流式数据访问，低时间延迟的数据访问并不适合在 HDFS 上运行。所以，如果需要实时地随机访问超大规模数据集，使用 HBase 是更好的选择。

HBase 是数据库，但并不是传统的如 Oracle、SQL Server、MySQL 等关系型数据库，这些数据库本身也不是为了可扩展的分布式处理而设计的。HBase 不支持关系型数据库的 SQL，并且不是以行存储的关系型结构存储数据，而是以键值对的方式按列存储，由此我们认为它是非关系型数据库（Not Only SQL，NoSQL）中的一个重要代表。NoSQL 的概念在 2009 年被提出，目前并没有明确的范围和定义，其主要特点是通常被用于大规模数据的存储、没有预定义的模式（如表结构）、表和表之间没有复杂的关系。总体上可将 NoSQL 数据库分为以下 4 类：

➢ 基于列存储的类型

➢ 基于文档存储的类型

➢ 基于键值对存储的类型

➢ 基于图形数据存储的类型

通常人们将 HBase 归为基于列存储的类型这一类。在 NoSQL 领域，HBase 本身不是最优秀的，但得益于与 Hadoop 的整合，给它带来了更广阔的发展空间。HBase 本质上只有插入操作，更新和删除都是使用插入方式完成的，这是由其底层 HDFS 的流式访问特性（一次写入、多次读取）决定的。所以在更新时总是插入一个带时间戳的新行，而删除时则插入一个带有删除标记的新行。每次的插入都有一个时间戳标记，每次都是一个新的版本，HBase 会保留一定数量的版本，这个值是可以设定的。如果在查询时提供时间戳则返回距离该时间最近的版本，否则返回离现在最近的版本。

5.1.2　HBase 体系结构

HBase 同样是采用 Master/Slaves 的主从服务器结构，它由一个 HMaster 服务器和多个 HRegionServer 服务器构成，而所有服务器都是通过 ZooKeeper 协调并处理各服务器运行期间可能遇到的错误。HMaster 负责管理所有的 HRegionServer，各 HRegionServer 负责存储许多 HRegion，每一个 HRegion 是对 HBase 逻辑表的分块。如图 5.1 所示给出了 HBase 集群中的所有成员。

图 5.1　HBase 体系结构

下面针对图 5.1 中的主要实体分别介绍。

1. HRegion

HBase 使用表（Table）存储数据集，表由行和列组成，这与关系型数据库类似。但是在 HBase 中，当表的大小超过设定值时，HBase 会自动将表划分为不同的区域（Region），每个区域称为一个 HRegion，它是 HBase 集群上分布式存储和负载均衡的最小单位，在这一点上，表和 HRegion 类似于 HDFS 中文件与文件块的概念。一个 HRegion 中保存一个表中一段连续的数据，通过表名和主键范围（开始主键~结束主键）来区分每一个 HRegion。最开始，一个表只有一个 HRegion，随着 HRegion 逐渐变大，直到超出设定的阈值大小，便会在某行的边界把表分成两个大小基本相同的 HRegion，称为 HRegion 分裂，如图 5.2 所示。

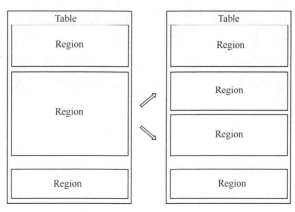

图 5.2　HRegion 分裂

每个 HRegion 由多个 HStore 组成，每个 HStore 对应表中一个列族（Column Family）的存储，列族在后面还会详细介绍。HStore 由两部分组成：MemStore 和 StoreFile，用户写入的数据首先放入 MemStore，当 MemStore 满了以后再刷入（flush）StoreFile。StoreFile 是 HBase 中的最小存储单元，底层最终由 HFile 实现，而 HFile 是键值对数据的存储格式，其实质是 HDFS 的二进制格式文件。

HBase 中不能直接更新和删除数据，所有的数据均通过追加的方式进行更新。当 StoreFile 的数量超过设定的阈值时将触发合并操作，将多个 StoreFile 合并为一个 StoreFile，此时即可进行数据的更新和删除。

2. HRegionServer

HRegionServer 负责响应用户 I/O 请求，向 HDFS 中读写数据，一台机器上只运行一个 HRegionServer。HRegionServer 包含两部分：HLog 部分和 HRegion 部分。

HLog 用于存储数据日志，实质是 HDFS 的 Sequence File。到达 HRegion 的写操作首先被追加到日志中，然后才被加入内存中的 MemStore。HLog 文件主要用于故障恢复。例如某台 HRegionServer 发生故障，那么它所维护的 HRegion 会被重新分配到新的机器上，新的 HRegionServer 在加载 HRegion 的时候可以通过 HLog 对数据进行恢复。

HRegion 由多个 HRegion 组成，每个 HRegion 对应表中的一个分块，并且每一个 HRegion 只会被一个 HRegionServer 管理。

3. HMaster

每台 HRegionServer 都会和 HMaster 服务器通信。HMaster 的主要任务就是告诉每个 HRegionServer 它要维护哪些 HRegion。

在 HBase 中可以启动多个 HMaster，通过 ZooKeeper 的 Master 选举机制来保证系统中总有一个 Master 在运行。HMaster 的具体包括以下功能。

➢ 管理用户对表的增、删、改、查操作。

➢ 管理 HRegionServer 的负载均衡，调整 HRegion 分布。

➢ 在 HRegion 分裂后，负责新 HRegion 的分配。

➢ 在 HRegionServer 停机后，负责失效 HRegionServer 上的 HRegion 迁移。

4. ZooKeeper

ZooKeeper 存储的是 HBase 中的 -ROOT- 表和 .META. 表的位置，这是 HBase 中两张特殊的表，称为根数据表（-ROOT-）和元数据表（.META.）。.META. 表记录普通用户表的 HRegion 标识符信息，每个 HRegion 的标识符为：表名＋开始主键＋唯一 ID。随着用户表的 HRegion 的分裂，.META. 表的信息也会增加，并且还可能会被分割为几个 HRegion，此时可以用一个 -ROOT- 表来保存 META 的 HRegion 信息，而 -ROOT- 表是不能被分割的，也就是 -ROOT- 表只有一个 HRegion。那么客户端（Client）在访问用户数据前需要先访问 ZooKeeper，然后访问 -ROOT- 表，接着访问 .META. 表，最后才能找到用户数据所在的位置进行访问，如图 5.3 所示。

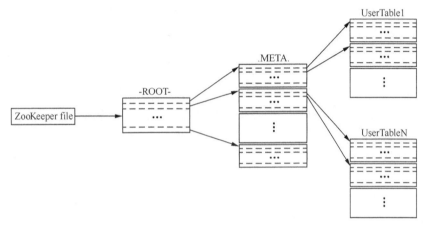

图 5.3　-ROOT- 表与 .META. 表

此外 ZooKeeper 还负责监控各个机器的状态，之前各机器需要在 ZooKeeper 中注册一个实例。当某台 HRegionServer 发生故障时，通知 HMaster 进行 HRegion 迁移；若 HMaster 发生故障，ZooKeeper 负责恢复 HMaster，并且保证同时有且只有一台 HMaster 运行。

5.1.3　HBase 数据模型

1. 数据模型

在 HBase 中，数据以表的方式存储。具体数据模型中涉及到的术语如下。

➤ 表（Table）：是一个稀疏表（不存储值为 NULL 的数据），表的索引是行关键字、列关键字和时间戳。

➤ 行关键字（Row Key）：行的主键，唯一标识一行数据，也称行键。表中的行根据行键进行字典排序，所有对表的访问都要通过表的行键。在创建表时，行键不用也不能预先定义，而对表数据进行操作时必须指定行键，行键在添加数据时首次被确定。

➤ 列族（Column Family）：行中的列被分为"列族"。同一个列族的所有成员具有相同的列族前缀。例如"course:math"和"course:art"都是列族"course"的成员。一个表的列族必须在创建表时预先定义，列族名称不能包含 ASCII 控制字符（ASCII 码在 0 ～ 31 间外加 127）和冒号（:）。

➢ 列关键字（Column Key）：也称列键。格式为："<family>:<qualifier>"，其中 family 是列族名，用于表示列族前缀；qualifier 是列族修饰符，表示列族中的一个成员，列族成员可以在随后使用时按需加入，也就是只要列族预先存在，我们随时可以把列族成员添加到列族中去。列族修饰符可以是任意字节。

➢ 存储单元格（Cell）：在 HBase 中，值是作为一个单元保存在系统中的，要定位一个单元，需要使用"行键 + 列键 + 时间戳"3 个要素。

➢ 时间戳（Timestamp）：插入单元格时的时间，默认作为单元格的版本号。

下面结合 HBase 的概念视图再来进一步认识这些术语。

2．概念视图

在关系型数据库中只能通过表的主键或唯一字段定位到某一条数据，例如使用典型的关系表的结构来描述学生成绩表 scores，如表 5-1 所示。其中主要字段依次为姓名（name）、年级（grade）、数学成绩（math）、艺术成绩（art），主键为 name。

表5-1　典型的关系表——学生成绩表scores

name	grade	math	art
json	2	57	87
tom	1	89	80

由于主键唯一标识了一行记录，所于我们很容易按姓名查询到某位同学的所有成绩。但是遇到下列问题该如何应对呢？

（1）如果新加一门课程，能够在不修改表结构的情况下去保存新的课程成绩吗？

（2）如果某同学数学参加了补考，那么两次的考试成绩都能够保存下来吗？

（3）如果某同学只参加了一门课程的考试而其他课程都没有成绩，我们是否可以只保存有成绩的课程来节省存储空间呢？

对于问题（1）和（2），在不修改表结构的情况下是不能实现的，即使通过修改表结构实现了，也不能保证后续的需求不会再发生变化。而在问题（3）中，按表结构的字段类型定义，一条记录的某个字段无论是否为 NULL 都会占用存储空间，那么我们将不能有选择地保存数据来节省存储空间。

很明显，上面的需求在实际运用中经常出现，而 HBase 可以完美地解决这些问题。我们可以将 scores 表转为在 HBase 中的概念视图，如表 5-2 所示。

表5-2　scores表在HBase中的概念视图

行键（name）	时间戳	列族（grade）		列族（course）	
		列关键字	值	列关键字	值（单元格）
jason	t6			course:math	57
	t5			course:art	87
	t4	grade:	2		

续表

行键（name）	时间戳	列族（grade）		列族（course）	
		列关键字	值	列关键字	值（单元格）
tom	t3			course:math	89
	t2			course:art	80
	t1	grade:	1		

表中的列包含了行键、时间戳和两个列族（grade、course），行包含了"jason"和"tom"两行数据。每次对表操作都必须指定行键和列键，每次操作增加一条数据，每一条数据对应一个时间戳，该时间戳自动生成，从上往下按倒序排列，不必由用户管理。每次只针对一个列键操作，例如在 t3 时刻，用户指定"tom"的"math"成绩为"89"。类似如下操作：先找到行键"tom"，然后指定列键进行赋值：course:math=89，其中"course:math"为列键，"course"为列族名，而"math"为列族修饰符，最后将"89"作为列键值赋给列键，t3 时刻的时间自动插入到时间戳列中。

又如在 t4 时刻，用户指定"jason"的"grade"为"2"。按照前面的分析应类似如下操作：先找到行键"jason"，然后指定列键并赋值：grade:=2。请注意这里没有给出列键的列族修饰符，即列族修饰符为空字符串。这是允许的，因为前面提过列族修饰符可以由任意字符组成。

现在基于 HBase 回答前面的 3 个问题。

（1）如果现在为学生 jason 新增英语成绩，那么指定行键"jason"，列键"cource:english"，以及列键值（英语成绩）即可。

（2）如果学生 jason 参加了数学补考，那么指定行键"jason"，列键"cource:math"，以及列键值（补考成绩）即可。

（3）前面提过 HBase 基于稀疏存储设计，在概念视图中发现存在很多空白项，这些空白项并不会被实际存储，总之，有数据就存储无数据则忽略，通过表的物理视图可以更好地体会这一点。

3．物理视图

概念视图有助于我们从逻辑上理解 HBase 的数据结构。但在实际存储时，概念视图是按照列族来存储的，一个新的列键可以随时加入到已存在的列族中，这也是为什么列族必须在创建表时预先定义。表 5-2 中的概念视图对应的物理视图如表 5-3 和表 5-4 所示。

表5-3　scores表在HBase中的物理视图（1）

行键（name）	时间戳	列族（grade）	
		列关键字	值
jason	t4	grade:	2
tom	t1	grade:	1

表5-4　scores表在HBase中的物理视图（2）

行键（name）	时间戳	列族 （course）	
		列关键字	值
jason	t6	course:math	57
	t5	course:art	87
tom	t3	course:math	89
	t2	course:art	80

HBase 就是这样一个基于列模式的映射数据库，它只能表示简单的键—值的映射关系。与关系型数据库相比，它具有如下特点。

➢ 数据类型：HBase 只有简单的字符串类型，它只保存字符串。而关系型数据库有着丰富的类型选择和存储方式。

➢ 数据操作：HBase 只有简单的插入、查询、删除、清空等操作，表和表之间是分离的，没有复杂的表和表之间的关系，所以不能也没有必要实现表和表之间的关联操作。而关系型数据库有多种连接操作。

➢ 存储模式：HBase 是基于列存储的，每个列族都由几个文件保存，不同列族的文件是分离的。而关系型数据库是基于表格结构和行模式存储的。

➢ 数据维护：HBase 的更新操作实际上是插入了新的数据，它的旧版本依然会保留，而关系型数据库是替换修改。

➢ 可伸缩性：HBase 这类分布式数据库就是为了这个目的而开发出来的，所以它能够轻松地增加或减少硬件数量，并且对错误的兼容性也比较高。而关系型数据库通常需要增加中间层才能实现类似的功能。

5.1.4　HBase 的安装

与 HDFS、MapReduce 不同，HBase 需要单独安装。首先下载压缩包，本节以 hbase-1.0.2 版本为例；然后将其解压到 NameNode 节点（node1）上。

tar xvf hbase-1.0.2-bin.tar.gz -C /home/hduser

图 5.4 列出了 HBase 的目录结构。

图 5.4　HBase 目录结构

下面是各目录的说明。

➢ bin：包含了所有可执行命令与脚本。

> ➢ conf：配置文件目录。

> ➢ hbase-webapps：存储 Web 应用的目录，这些应用主要用于查看 HBase 运行状态。默认访问地址 http://Master:16010，其中 Master 为 HBase Master 服务器地址。

> ➢ lib：jar 文件目录，包括第三方依赖与 Hadoop 相关 jar 文件。其中 Hadoop 相关 jar 文件版本最好能与实际运行的 Hadoop 版本一致，以保证稳定运行。

> ➢ logs：日志目录。

按照惯例，HBase 的 conf 目录下也提供了 hbase-site.xml 文件用于自定义配置，以覆盖默认配置文件 hbase-default.xml，其位于 lib/hbase-common-1.0.2.jar 中。按照 hbase-site.xml 不同的配置方式，使得 HBase 分别运行在单机模式、伪分布模式和完全分布模式下，其中运行分布式 HBase 需要以下条件。

> ➢ JDK 环境

> ➢ SSH 免密码登录

> ➢ Hadoop 环境

1. 单机模式

解压后即可在单机模式下运行。此模式下只需要在 hbase-site.xml 中指定 HBase 的文件存储目录即可，如下所示。

```
<configuration>
 <property>
     <name>hbase.rootdir</name>
     <value>file:///home/hduser/hbase</value>
 </property>
</configuration>
```

其中 hbase.rootdir 指定了 HBase 的数据存储目录，注意这里是 Linux 系统的文件目录，也可以替换为 HDFS。运行下面命令即可启动 HBase。

bin/start-hbase.sh

启动成功后显示如图 5.5 所示。可见在单机模式下的 HBase 仅运行 HMaster 进程。

```
[hduser@node1 hbase-1.0.2]$ ./bin/start-hbase.sh
starting master, logging to /home/hduser/hbase-1.0.2/bin/../logs/hbase-hduser-master-
node1.out
[hduser@node1 hbase-1.0.2]$ jps
23733 HMaster
23801 Jps
[hduser@node1 hbase-1.0.2]$
```

图 5.5　启动 HBase

启动后 HBase 自动创建 hbase.rootdir 目录，其中的文件数据如图 5.6 所示。

```
[hduser@node1 hbase-1.0.2]$ ls /home/hduser/hbase
data  hbase.id  hbase.version  oldWALs  WALs
[hduser@node1 hbase-1.0.2]$
```

图 5.6　HBase 数据存储目录

使用如下命令停止 HBase。

bin/stop-hbase.sh

停止 HBase 后显示如图 5.7 所示。

```
[hduser@node1 hbase-1.0.2]$ ./bin/stop-hbase.sh
stopping hbase.....................
[hduser@node1 hbase-1.0.2]$ jps
24308 Jps
[hduser@node1 hbase-1.0.2]$ █
```

图 5.7 停止 HBase

2. 伪分布模式

在伪分布模式下，HBase 只在单个节点上运行，和单机模式一样，但该节点中会运行 HMaster、HRegionServer 及 HQuorumPeer 共 3 个进程。

首先在 hbase-site.xml 中修改为如下配置。

```
<configuration>
  <property>
      <name>hbase.rootdir</name>
      <value>hdfs://node1:9000/hbase</value>
  </property>
  <property>
      <name>hbase.cluster.distributed</name>
      <value>true</value>
      <description> 配置 HBase 为分布式，默认值为 false</description>
  </property>
</configuration>
```

然后在 hbase-env.sh 中指定 JDK 路径：

export JAVA_HOME=/usr/java/jdk1.7.0_79

此时 HBase 使用的是 HDFS，所以必须先启动 HDFS，然后启动 HBase，而在停止时，需要先停止 HBase 再停止 HDFS。启动后的进程如图 5.8 所示。

```
21746 HMaster
20389 SecondaryNameNode
20237 DataNode
21872 HRegionServer
22033 Jps
20137 NameNode
21675 HQuorumPeer
```

图 5.8 HBase 伪分布模式下运行进程

相应地，HBase 数据存储目录位于 HDFS 中，如图 5.9 所示。

```
[hduser@node1 hbase-1.0.2]$ ~/hadoop/bin/hadoop fs -ls /hbase
Found 7 items
drwxr-xr-x   - hduser supergroup          0 2016-07-04 14:38 /hbase/.tmp
drwxr-xr-x   - hduser supergroup          0 2016-07-04 14:38 /hbase/WALs
drwxr-xr-x   - hduser supergroup          0 2016-07-04 13:02 /hbase/corrupt
drwxr-xr-x   - hduser supergroup          0 2016-07-04 11:05 /hbase/data
-rw-r--r--   2 hduser supergroup         42 2016-07-04 11:05 /hbase/hbase.id
-rw-r--r--   2 hduser supergroup          7 2016-07-04 11:05 /hbase/hbase.version
drwxr-xr-x   - hduser supergroup          0 2016-07-04 14:39 /hbase/oldWALs
[hduser@node1 hbase-1.0.2]$
```

图 5.9　HBase 数据存储目录

3. 完全分布模式

完全分布模式与伪分布模式的差别在于，完全分布模式的 HBase 会运行在多个节点上。通常是将 HBase 的 HMaster 运行在 HDFS 的 NameNode 上，而将 HRegionServer 运行在 HDFS 的 DataNode 上。继续前面的实验环境，各节点主机角色分配如表 5-5 所示。

表5-5　主机名与对应的IP地址、角色

主机名	IP地址	所分配的角色
node1	192.168.70.130	Master，NameNode，JobTracker，HMaster
node2	192.168.70.131	Slave，DataNode，TaskTracker，HRegionServer
node3	192.168.70.132	Slave，DataNode，TaskTracker，HRegionServer

在后续的实验中 HBase 均采用完全分布模式运行，此模式需要在 conf 目录下配置 3 个文件：hbase-site.xml、hbase-env.sh 和 regionservers。我们先在 node1 上进行配置，然后将整个 HBase 安装目录复制到其他节点上。

在配置前先做一些必要的清理工作。

➢ 将 HDFS 中已经存在的 "hdfs://node1:9000/hbase" 目录删除（按前面配置示例，配置伪分布模式运行时已使用过该目录），如果没有请跳过。

➢ 检查并同步所有节点机（node1、node2、node3）的时钟，使各节点与 HBase 的 HMaster 节点（node1）的时钟误差不大于 30 秒。

下面针对 3 个配置文件分别说明。

（1）hbase-site.xml 文件

```
<configuration>
<property>
    <name>hbase.rootdir</name>
    <value>hdfs://node1:9000/hbase</value>
    <description> 配置 HRegionServer 的数据库存储目录 </description>
</property>
<property>
    <name>hbase.cluster.distributed</name>
    <value>true</value>
    <description> 配置 HBase 为完全分布式 </description>
```

```
    </property>
    <property>
        <name>hbase.master</name>
        <value>node1:60000</value>
        <description> 配置 HMaster 的地址 </description>
    </property>
    <property>
        <name>hbase.zookeeper.quorum</name>
        <value>node1,node2,node3</value>
        <description> 配置 ZooKeeper 集群中所有服务器的位置 </description>
    </property>
</configuration>
```

其中主要参数说明如下。

➢ hbase.cluster.distributed：默认为 false，即单机运行。如果设置为 true，表示在分布模式运行。

➢ hbase.master：指定 HBase 的 HMaster 服务器地址、端口。

➢ hbase.zookeeper.quorum：指出了 ZooKeeper 集群中各服务器位置。也就是将哪些节点加入到 ZooKeeper 进行协调管理，推荐为奇数个服务器。

（2）hbase-env.sh 文件

此文件用来配置全局 HBase 集群系统的特性，每一台机器都可以通过该文件来了解全局 HBase 的某些特性。在文件末尾需要增加以下环境变量。

```
export JAVA_HOME=/usr/java/jdk1.7.0_67
export HADOOP_HOME=/home/hduser/hadoop
export HBASE_HOME=/home/hduser/hbase-1.0.2
export HBASE_MANAGES_ZK=true
```

前 3 个环境变量分别代表 Java、Hadoop、HBase 的安装目录。分布式的 HBase 集群需要 ZooKeeper 实例的运行，最后一个环境变量 HBASE_MANAGES_ZK 表示 HBase 是否使用内置的 ZooKeeper 实例，默认为 true。当在 hbase-site.xml 文件中配置了 hbase.zookeeper.quorum 属性后，系统会使用该属性指定的 ZooKeeper 集群服务器列表。在启动 HBase 时，HBase 将把 ZooKeeper 作为自身的一部分运行，其对应进程为 "HQuorumPeer"，关闭 HBase 时其内置 ZooKeeper 实例也一起关闭。如果 HBASE_MANAGES_ZK 为 false，表示不会使用内置 ZooKeeper 实例，也就是内置 ZooKeeper 不会随 HBase 启动，而需要用户在指定机器上独立安装配置 ZooKeeper 实例，同样使用 hbase.zookeeper.quorum 属性指定这些机器，并且在启动 HBase 之前必须手动启动这些机器的 ZooKeeper。

 说明

为了方便讲解，我们使用 HBase 内置 ZooKeeper 实例，关于 ZooKeeper 的单独安装与配置不在此处详述。

（3）regionservers 文件

该文件列出了所有 HRegionServer 节点，配置方式与 Hadoop 的 slaves 文件类似，每一行指定一台机器。当 HBase 启动、关闭时会把此文件中列出的所有机器同时启动、关闭。按表 5-5 中的各机器角色分配，我们将 node2、node3 作为 HRegionServer。故 regionservers 文件中内容如下。

node2
node3

　　　regionservers 文件不包含 node1，因为 node1 已在 hbase-site.xml 中被指定为 HMaster 服务器，通常不会将 HMaster 和 HRegionServer 服务器运行在一个节点上。

在机器 node1 上配置完成上面 3 个文件后，HBase 基本的完全分布模式配置便已完成。同 Hadoop 分布式安装类似，还需要将 HBase 所在目录如 "/home/hduser/hbase-1.0.2" 分别复制到 node2、node3，使得各个节点上都能运行 HBase 来构建 HBase 集群。

在 node1 上运行下面的命令。

scp -r /home/hduser/hbase-1.0.2 hduser@node2:/home/hduser/

scp -r /home/hduser/hbase-1.0.2 hduser@node3:/home/hduser/

启动 HBase，如图 5.10 所示。HBase 首先启动 ZooKeeper，再启动所有 HMaster 和 HRegionServer，启动成功后注意 node1 上增加了两个 java 进程——"HQuorumPeer" 和 "HMaster"，分别为 ZooKeeper 进程和 HBase 进程。

```
[hduser@node1 hbase-1.0.2]$ bin/start-hbase.sh
node2: starting zookeeper, logging to /home/hduser/hbase-1.0.2/logs/hbase-hduser-zook
eeper-node2.out
node1: starting zookeeper, logging to /home/hduser/hbase-1.0.2/logs/hbase-hduser-zook
eeper-node1.out
node3: starting zookeeper, logging to /home/hduser/hbase-1.0.2/logs/hbase-hduser-zook
eeper-node3.out
starting master, logging to /home/hduser/hbase-1.0.2/logs/hbase-hduser-master-node1.o
ut
node3: starting regionserver, logging to /home/hduser/hbase-1.0.2/logs/hbase-hduser-r
egionserver-node3.out
node2: starting regionserver, logging to /home/hduser/hbase-1.0.2/logs/hbase-hduser-r
egionserver-node2.out
[hduser@node1 hbase-1.0.2]$ jps
27055 HQuorumPeer
27273 Jps
25402 SecondaryNameNode
27150 HMaster
25220 NameNode
[hduser@node1 hbase-1.0.2]$
```

图 5.10　完全分布模式 HBase 的启动

再看 node2 的 java 进程，这里多了两个进程 "HQuorumPeer" 和 "HRegionServer"，

同样分别为 ZooKeeper 进程和 HBase 进程，如图 5.11 所示。另外 node3 中的 java 进程应该和 node2 中一样。

```
[hduser@node2 ~]$ jps
69751 HQuorumPeer
69403 DataNode
70002 Jps
69815 HRegionServer
[hduser@node2 ~]$
```

图 5.11　node2 的进程

在启动 HBase 后，通过命令"hbase shell"进入 HBase Shell，然后使用 HBase Shell 命令"status"可在 HBase Shell 中查看 HBase 的运行状态，如图 5.12 所示，表示当前共有两个 HRegionServer 正在正常运行。

```
[hduser@node1 hbase-1.0.2]$ ./bin/hbase shell
SLF4J: Class path contains multiple SLF4J bindings.
SLF4J: Found binding in [jar:file:/home/hduser/hbase-1.0.2/lib/slf4j-log4j12-1.7.7.ja
r!/org/slf4j/impl/StaticLoggerBinder.class]
SLF4J: Found binding in [jar:file:/home/hduser/hadoop/share/hadoop/common/lib/slf4j-l
og4j12-1.7.5.jar!/org/slf4j/impl/StaticLoggerBinder.class]
SLF4J: See http://www.slf4j.org/codes.html#multiple_bindings for an explanation.
SLF4J: Actual binding is of type [org.slf4j.impl.Log4jLoggerFactory]
HBase Shell; enter 'help<RETURN>' for list of supported commands.
Type "exit<RETURN>" to leave the HBase Shell
Version 1.0.2, r76745a2cbffe08b812be16e0e19e637a23a923c5, Tue Aug 25 15:59:49 PDT 201
5

hbase(main):001:0> status
2 servers, 0 dead, 1.0000 average load

hbase(main):002:0>
```

图 5.12　查看 HBase 的所有 HRegionServer 状态

提示

如果输入命令"hbase shell"时提示"bash: hbase: command not found"，需要将 HBase 的 bin 目录加入到系统环境变量 PATH 中。

① 打开文件：sudo gedit /etc/profile。

② 在打开文件中增加一行："export PATH=/home/hduser/hbase-1.0.2/bin:$PATH"，随后保存退出。

③ 使配置生效：source /etc/profile。

还可以通过 HMaster 节点的 16010 端口查看 HBase 运行状态，如 http://node1:16010，页面输出如图 5.13 所示。

图 5.13　使用 Web 方式查看 HBase 运行状态

最后使用命令"exit"退出 HBase Shell。

任务 2　HBase Shell 操作

关键步骤如下。
- ➢ 创建表。
- ➢ 修改表的列族。
- ➢ 向表中添加列键值对。
- ➢ 查询指定行键、列键对应的单元值。
- ➢ 删除指定行键的列键值对。

5.2.1　HBase Shell 简介

前面我们已经用到了两个 HBase Shell 命令：status 和 exit。HBase shell 命令又分为几个组，输入：help "cmd"，可查看所有分组及其包含的命令，如果需要了解具体命令的用法，将参数"cmd"换成具体命令即可，如：help"status"。对于基本的使用，掌握表 5-6 所示的常用命令即可。

表5-6　HBase Shell 常用命令

HBase Shell命令	说明
alter	修改表的列族
count	统计表中行的数量，一个行键为一行
create	创建表
describe	显示表的详细信息
delete	删除指定对象的值
deleteall	删除指定行的所有元素值

续表

HBase Shell命令	说明
disable	使表无效
drop	删除表
enable	使表有效
exists	测试表是否存在
exit	退出 HBase Shell
get	获取行或单元的值
incr	增加指定表、行或列的值
list	列出 HBase 中存在的所有表
put	向指定的表单元添加值
tools	列出 HBase 所支持的工具
scan	通过对表的扫描来获取对应的值
status	返回 HBase 集群的状态信息
shutdown	关闭 HBase 集群（关闭后必须重新启动 HBase）
truncate	重新创建指定表
version	返回 HBase 版本信息

5.2.2　HBase Shell 的使用

现在使用命令将表 5-2 所示的 scores 表保存到 HBase 中。

1.　创建表：create

由于将 scores 表的"name"作为行键，所以在创建表时不用预先指定行键这一列；并且"时间戳"列也由 HBase 自动生成，所以只需指定"grade"和"course"两个列族。

create 命令的语法格式。

create ' 表名称 ', ' 列名称 1', ' 列名称 2', …, ' 列名称 N'

其中表名、列名必须用单引号括起来并以逗号分隔。具体操作如下。

hbase(main):001:0> create 'scores', 'grade', 'course'
0 row(s) in 0.5940 seconds

=> Hbase::Table - scores

2.　查看所有表：list

使用 list 命令可以查看当前 HBase 数据库中所有表，具体操作如下。

hbase(main):001:0> list
TABLE
scores
1 row(s) in 0.3580 seconds

可以看到当前数据库中已经存在"scores"表。如果要查看该表所有列族的详细描述信息可使用 describe 命令。

语法

describe ' 表名 '

hbase(main):002:0> describe 'scores'
Table scores is ENABLED
scores
COLUMN FAMILIES DESCRIPTION
{NAME => 'course', DATA_BLOCK_ENCODING => 'NONE', BLOOMFILTER => 'ROW', REPLICAT
ION_SCOPE => '0', VERSIONS => '1', COMPRESSION => 'NONE', MIN_VERSIONS => '0', T
TL => 'FOREVER', KEEP_DELETED_CELLS => 'FALSE', BLOCKSIZE => '65536', IN_MEMORY
=> 'false', BLOCKCACHE => 'true'}
{NAME => 'grade', DATA_BLOCK_ENCODING => 'NONE', BLOOMFILTER => 'ROW', REPLICATI
ON_SCOPE => '0', VERSIONS => '1', COMPRESSION => 'NONE', MIN_VERSIONS => '0', TT
L => 'FOREVER', KEEP_DELETED_CELLS => 'FALSE', BLOCKSIZE => '65536', IN_MEMORY =
> 'false', BLOCKCACHE => 'true'}
2 row(s) in 0.1120 seconds

其中关于列族描述信息的具体含义如表 5-7 所示。

表5-7　列族描述信息

列族参数	取值	说明
NAME	可打印的字符串	列族名称，参考 ASCII 码表中可打印字符
DATA_BLOCK_ENCODING	NONE（默认）	数据块编码
BLOOMFILTER	NONE（默认）|ROWCOL|ROW	提高随机读的性能
REPLICATION_SCOPE	默认 0	开启复制功能
VERSIONS	数字	列族中单元时间版本最大数量
COMPRESSION	NONE（默认）|LZO|SNAPPY| GZIP	压缩编码
MIN_VERSIONS	数字	列族中单元时间版本最小数量
TTL	默认 FOREVER	单元时间版本超时时间，可为其指定多长时间（秒）后失效
KEEP_DELETED_CELLS	TRUE|FALSE（默认）	启用后避免被标记为删除的单元从 HBase 中移除
BLOCKSIZE	默认 65536 字节	数据块大小。数据块越小，索引越大
IN_MEMORY	true|false，默认 false	使得列族在缓存中拥有更高优先级
BLOCKCACHE	true|false，默认 true	是否将数据放入读缓存

在创建表时，除了列族名称，列族其余的参数均为可选项，上面创建"scores"表

的语句为简化的方式，完整的写法如下。

```
create 'scores',{NAME=>'grade',VERSIONS=>5},{NAME=>'course',VERSIONS=5}
```

对比前面的方式，此命令指定了列族名称及可保存的单元时间版本最大数量。可以看出，指定列族参数的格式为：参数名 => 参数值，注意赋值符号为"=>"且参数名必须大写。如果指定了多个参数，应以逗号分开，最后所有参数以"{}"括起来表示一个列族。

3. 添加数据：put

向 scores 中增加一些数据，使用 put 命令可向表中插入数据，语法格式如下。

put ' 表名称 ',' 行键 ',' 列键 ',' 值 '

具体操作如下。

```
hbase(main):003:0> put 'scores', 'tom','grade:','1'
0 row(s) in 0.4090 seconds

hbase(main):004:0> put 'scores','tom','course:art','80'
0 row(s) in 0.0330 seconds

hbase(main):005:0> put 'scores','tom','course:math','89'
0 row(s) in 0.0130 seconds

hbase(main):006:0> put 'scores','jason','grade:','2'
0 row(s) in 0.0220 seconds

hbase(main):007:0> put 'scores','jason','course:art','87'
0 row(s) in 0.0110 seconds

hbase(main):008:0> put 'scores','jason','course:math','57'
0 row(s) in 0.0090 seconds
```

4. 扫描表：scan

scan 用于进行全表单元扫描。语法如下：

scan ' 表名称 ',{COLUMNS=>[' 列族名 1',' 列族名 2'…], 参数名 => 参数值…}

大括号内的内容为扫描条件，如不指定则查询所有数据。

```
hbase(main):009:0> scan 'scores'
ROW                  COLUMN+CELL
jason                column=course:art, timestamp=1468390806387, value=87
jason                column=course:math, timestamp=1468390815858, value=57
jason                column=grade:, timestamp=1468390792369, value=2
tom                  column=course:art, timestamp=1468390759906, value=80
tom                  column=course:math, timestamp=1468390774316, value=89
```

```
tom                        column=grade:, timestamp=1468390747193, value=1
2 row(s) in 0.1140 seconds
```

　　输出结果显示共 2 行数据，因为在 scan 的结果中，将相同行键的所有单元视为一行。如果对有些列族不关心，便可指定只查询某个列族。

```
hbase(main):010:0> scan 'scores',{COLUMNS=>'course'}
ROW                     COLUMN+CELL
 jason                  column=course:art, timestamp=1468390806387, value=87
 jason                  column=course:math, timestamp=1468390815858, value=57
 tom                    column=course:art, timestamp=1468390759906, value=80
 tom                    column=course:math, timestamp=1468390774316, value=89
2 row(s) in 0.0260 seconds
```

　　能不能指定列键来扫描呢？肯定是可以的，语法如下。

```
scan ' 表名称 ',{COLUMN=>[' 列键 1',' 列键 2'…], 参数名 => 参数值…}
```

　　将 COLUMNS 替换成 COLUMN，表示当前扫描的目标是列键，注意区分大小写。如下代码扫描所有行的列键为 "course:math" 的单元，并使用 LIMIT 参数限制只输出一个单元。

```
hbase(main):037:0> scan 'scores',{COLUMN=>'course:math',LIMIT=>1}
ROW                       COLUMN+CELL
 jason                    column=course:math, timestamp=1468392365947, value=57
1 row(s) in 0.0130 seconds
```

5．获取数据：get

　　get 用于获取行的所有单元或者某个指定的单元。语法如下。

```
get ' 表名称 ',' 行键 ',{COLUMNS=>[' 列族名 1',' 列族名 2'…], 参数名 => 参数值…}
get ' 表名称 ',' 行键 ',{COLUMN=>[' 列键 1',' 列键 2'…], 参数名 => 参数值…}
```

　　与 scan 相比多一个行键参数。scan 查找的目标是全表的某个列族、列键，而 get 查找的目标是某行的某个列族、列键。

　　（1）查找行键为 "jason" 的所有单元。

```
hbase(main):011:0> get 'scores', 'jason'
COLUMN                    CELL
 course:art               timestamp=1468390806387, value=87
 course:math              timestamp=1468390815858, value=57
 grade:                   timestamp=1468390792369, value=2
3 row(s) in 0.0620 seconds
```

　　从输出结果可见，不指定列族或列键，会输出对应行键的所有列键单元。

　　（2）精确查找行键为 "jason"，列键为 "course:math" 的单元。

```
hbase(main):012:0> get 'scores','jason',{COLUMN=>'course:math'}
COLUMN                    CELL
```

```
course:math                          timestamp=1468390815858, value=57
1 row(s) in 0.0140 seconds
```

提示

➤ get 'scores','jason',{COLUMNS=>'course'} 等价于 get 'scores','jason','course'

➤ get 'scores','jason',{COLUMN=>'course:math'} 等价于 get 'scores', 'jason', 'course: math'

➤ get 'scores','jason',{COLUMNS=>['course', 'grade']} 等价于 get 'scores','jason','course', 'grade'

➤ get 'scores','jason',{COLUMN=>['course:math', 'grade:']} 等价于 get 'scores', 'jason', 'course: math', 'grade:'

6. 删除数据：delete

语法如下。

delete ' 表名称 ',' 行键 ',' 列键 '
deleteall ' 表名称 ',' 行键 '

delete 只能删除一个单元，而 deleteall 能删除一行。下面的示例表示删除 scores 表中行键为 "jason"，列键为 "course:art" 的单元。

```
hbase(main):013:0> delete 'scores','jason','course:art'
0 row(s) in 0.1050 seconds
hbase(main):014:0> get 'scores','jason'
COLUMN                        CELL
 course:math                   timestamp=1468390815858, value=57
 grade:                        timestamp=1468390792369, value=2
2 row(s) in 0.0450 seconds
```

7. 修改表：alter

使用 alter 可为表增加或修改列族。语法如下。

alter ' 表名称 ', 参数名 => 参数值 ,…

其中列族名参数 NAME 必须提供，如果已存在则修改，否则会增加一个列族。下面的示例将 scores 表的列族 "course" 的 "VERSIONS" 参数修改为 "5"。

```
hbase(main):020:0> alter 'scores',NAME=>'course',VERSIONS=>'5'
Updating all regions with the new schema…
0/1 regions updated.
1/1 regions updated.
Done.
0 row(s) in 3.6470 seconds
```

同时修改或增加多个列族时应以逗号分开，并且每个列族用"{}"括起来。语法如下。

alter ' 表名称 ',{ 参数名 => 参数值 ,…}, { 参数名 => 参数值 ,…}…

下面的示例将同时修改 scores 表的两个列族。

hbase(main):021:0> alter 'scores',{NAME=>'grade',VERSIONS=>'5'},{NAME=>'course',
VERSIONS=>'5'}
Updating all regions with the new schema…
0/1 regions updated.
1/1 regions updated.
Done.
Updating all regions with the new schema…
0/1 regions updated.
1/1 regions updated.
Done.
0 row(s) in 4.4030 seconds

8.　删除表：drop

在前面 describe 命令的操作过程中可以发现，HBase 表分为两种状态：ENABLED 和 DISABLED，分别表示是否可用。

使用 disable 将表置为不可用状态。

hbase(main):022:0> disable 'scores'
0 row(s) in 1.4680 seconds

使用 enable 将表置为可用状态。

hbase(main):023:0> enable 'scores'
0 row(s) in 0.5770 seconds

当表为 ENABLED 状态时，会被禁止删除。所以必须先将表置为 DISABLED 状态 才可被删除。操作如下。

hbase(main):024:0> disable 'scores'
0 row(s) in 1.2650 seconds

hbase(main):025:0> drop 'scores'
0 row(s) in 0.5030 seconds

hbase(main):026:0> list
TABLE
0 row(s) in 0.0200 seconds

掌握以上 8 个命令，我们就可以对 HBase 数据库表进行基本的管理，对表数据进 行增加、删除和查询操作。而对于表单元的修改实质上是增加操作，HBase 保留了单元 的多个版本，默认查询最新版本。

任务 3 HBase 编程

关键步骤如下。

➤ 了解 HBase 应用开发依赖的 jar 文件。

➤ 使用 HBase 数据存储管理 API 对 HBase 表和表数据进行维护管理。

5.3.1 开发 HBase 应用程序

HBase 的 Java API 可以让我们在 IDE 环境下对 HBase 进行编程，目前 Java API 很多，本节将会介绍 HBase 数据存储管理的 MapReduce 部分，其中 HBase 与 MapReduce 的结合使用会在后续章节讲解。接下来我们首先介绍如何配置 Eclipse 下的 HBase 编程环境，然后结合 HBase 相关 Java API 开发 HBase 客户端应用程序。

HBase 编程环境依赖 HBase、Hadoop、ZooKeeper 及其他第三方相关 jar 文件，在 $HBASE_HOME/lib 下都可以找到它们。需要说明的是，目前安装的 HBase 1.0.2 版本，该目录下的 Hadoop jar 文件版本为 2.5.1，与实际运行的 Hadoop 版本不一样，但不会影响接下来的实验。

> **提示**
>
> $HBASE_HOME 为 HBase 安装目录。

1. 创建普通 Java 工程

在 node1 上打开 Eclipse，新建 Java 工程。

2. 添加 jar 文件到工程构建路径

在工程根目录下创建 lib 文件夹，将相关 jar 文件添加进来，并分别加入到工程构建路径中。jar 文件列表如图 5.14 所示。

3. 添加 hbase-site.xml

将 $HBASE_HOME/conf 下的 hbase-site.xml 复制到工程源文件目录"src"中。客户端会读取该配置文件，但只需用到"hbase.zookeeper.quorum"属性，也就是由客户端通过该属性直接连接 ZooKeeper 集群，然后由 ZooKeeper 来协调各节点的访问。

4. 编写测试代码

示例 1

package cn.hbase;

```
commons-cli-1.2.jar
commons-codec-1.9.jar
commons-collections-3.2.1.jar
commons-configuration-1.6.jar
commons-lang-2.6.jar
commons-logging-1.2.jar
guava-12.0.1.jar
hadoop-auth-2.5.1.jar
hadoop-common-2.5.1.jar
hadoop-hdfs-2.5.1.jar
hbase-client-1.0.2.jar
hbase-common-1.0.2.jar
hbase-protocol-1.0.2.jar
htrace-core-3.1.0-incubating.jar
log4j-1.2.17.jar
netty-all-4.0.23.Final.jar
protobuf-java-2.5.0.jar
slf4j-api-1.7.7.jar
slf4j-log4j12-1.7.7.jar
zookeeper-3.4.6.jar
```

图 5.14 HBase 编程所依赖的 jar 文件

5 Chapter

```
import java.io.IOException;
import org.apache.hadoop.conf.Configuration;
import org.apache.hadoop.hbase.HBaseConfiguration;
import org.apache.hadoop.hbase.TableName;
import org.apache.hadoop.hbase.client.Connection;
import org.apache.hadoop.hbase.client.ConnectionFactory;
import org.apache.hadoop.hbase.client.Admin;


public class HBaseTest {
// 读取配置文件
  static Configuration cfg=HBaseConfiguration.create();
// 列出数据库中所有表
public static void list() throws IOException{
        // 创建数据库连接
        Connection conn=ConnectionFactory.createConnection(cfg);
        // Admin 用于管理 HBase 数据库的表信息
        Admin admin=conn.getAdmin();
        System.out.println("list table:");
        for(TableName name : admin.listTableNames())
            System.out.println(name);
            conn.close();// 关闭连接
        }
        public static void main(String[] args) throws IOException{
            list();
        }
}
```

　　最后确定 HBase 已正常运行，上述代码的输出结果如图 5.15 所示。该结果表示 HBase 编程环境已经搭建完成，图中部分日志信息需要设置 log4j 的日志级别为"info"。

图 5.15　HBase 编程环境输出结果

5.3.2　HBase 数据存储管理 API

　　HBase 数据库存储管理提供的类主要有：

- HBaseConfiguration
- Connection
- Admin
- HTableDescriptor、TableName、Table
- HColumnDescriptor
- Put
- Get
- Result
- ResultScanner、Scan

其中，在示例 1 中已经使用过 HBaseConfiguration、Connection、Admin 和 TableName。实际上所有这些类和 HBase 的数据模型是一一对应的，对应关系如表 5-8 所示。

表5-8　HBase Java API 与HBase数据模型的对应关系

Java 类	HBase 数据模型
HBaseConfiguration	
Connection	数据库（HBase 数据库）
Admin	
HTableDescriptor	
TableName	表（Table）
Table	
HColumnDescriptor	列族（Column Family）
Put	添加数据（put 命令）
Get	获取数据（get 命令）
Result	存储 Get 或 Scan 操作后获取的单行表值
ResultScanner、Scan	扫描表（scan 命令）

说明

这里介绍 HBase1.0 版本后的新 API，此前版本的旧 API 在 HBase 2.x 中已被删除。

下面学习如何使用这些类对 HBase 数据库进行存储管理。

1．HBaseConfiguration

通过 org.apache.hadoop.hbase.HBaseConfiguration 类可以对 HBase 进行配置，对 HBase 的任何操作都需要首先创建 HBaseConfiguration 类的实例。HBaseConfiguration 类继承于 org.apache.hadoop.conf.Configuration，意味着对 HBase 的配置参数的管理类似于 HDFS 和 MapReduce。使用静态方法 create() 返回的是一个能够访问 HBase 配置信息

的 Configuration 实例。

用法示例：

Configuration cfg=HBaseConfiguration.create();

该语句会从 classpath 中查找 hbase-site.xml 文件，如果不存在则使用默认配置文件 hbase-default.xml。

2. Connection

org.apache.hadoop.hbase.client.Connection 接口表示到 HBase 的连接，该接口可以让 HBase 客户端连接到 ZooKeeper 和个别的 HRegionServer。通过实例化 ConnectionFactory，其生命周期由用户管理，操作完成后应使用 close() 关闭连接以释放资源。

Connection 类的实例能够查找到 HMaster、定位 HRegion 在集群中的位置并缓存，当它们的位置发生变化后要重新进行校准，另外 Table 和 Admin 实例也需要从该连接实例中获取数据。

用法示例：

Connection conn=ConnectionFactory.createConnection(cfg);// 创建连接
Admin admin=conn.getAdmin();// 获取管理 HBase 集群的管理实例
Table table=conn.getTable(TableName.valueOf("scores"));
// 获取 scores 表的实例，TableName 是对表名的封装
conn.close();// 关闭连接

3. Admin

org.apache.hadoop.hbase.client.Admin 是为管理 HBase 而提供的接口，在 Connection 实例调用 getAdmin() 和 close() 方法期间有效。使用 Admin 接口可以实现的主要 HBase Shell 命令包括 create、list、drop、enable、disable、alter，相应方法如表 5-9 所示。

表5-9　Admin接口的主要方法

返回值	方法	描述
void	createTable(HTableDescriptor desc)	创建一个新表
HTableDescriptor[]	listTables()	列出所有表
void	deleteTable(TableName tableName)	删除一个已存在的表
void	enableTable(TableName tableName)	使表有效
void	disableTable(TableName tableName)	使表无效
void	modifyTable(TableName tableName,HTableDescriptor htd)	修改一个已存在的表
boolean	tableExists(TableName tableName)	检查表是否存在，存在则返回 true

下面通过 Admin 接口来重新创建 scores 表，代码如示例 2 所示。

示例 2

```java
package cn.hbase;

import java.io.IOException;
import org.apache.hadoop.conf.Configuration;
import org.apache.hadoop.hbase.HBaseConfiguration;
import org.apache.hadoop.hbase.HColumnDescriptor;
import org.apache.hadoop.hbase.HTableDescriptor;
import org.apache.hadoop.hbase.TableName;
import org.apache.hadoop.hbase.client.Admin;
import org.apache.hadoop.hbase.client.Connection;
import org.apache.hadoop.hbase.client.ConnectionFactory;
import org.apache.hadoop.hbase.util.Bytes;

public class HBaseTest {

    static Configuration cfg = HBaseConfiguration.create();

    // 列出数据库中所有表
    public static void list() throws IOException {
        // 创建数据库连接
        Connection conn = ConnectionFactory.createConnection(cfg);
        // Admin 用于管理 HBase 数据库的表信息
        Admin admin = conn.getAdmin();
        System.out.println("===list tables:===");
        for (TableName tn : admin.listTableNames())
            System.out.println(tn);
        conn.close();// 关闭连接
    }

    // 创建表
    public static void create(String tableName, String…familyNames)
            throws IOException {
        Connection conn = ConnectionFactory.createConnection(cfg);
        Admin admin = conn.getAdmin();
        TableName tn = TableName.valueOf(tableName);
        if (admin.tableExists(tn)) { // 如果存在先删除
            admin.disableTable(tn);// 先使表无效
            admin.deleteTable(tn);
        }
        // HTableDescriptor 包含了表的名字及其对应的列族
        HTableDescriptor htd = new HTableDescriptor(tn);
        for (String family : familyNames)
```

```
            htd.addFamily(new HColumnDescriptor(family));
        admin.createTable(htd);
        conn.close();
        System.out.println("create success!");
}


// 修改表——增加列族
public static void addColumnFamily(String tableName, String… familyNames)
        throws IOException {
        Connection conn = ConnectionFactory.createConnection(cfg);
        Admin admin = conn.getAdmin();
        TableName tn = TableName.valueOf(tableName);
        HTableDescriptor htd = admin.getTableDescriptor(tn);
        for (String family : familyNames)
            htd.addFamily(new HColumnDescriptor(family));
        admin.modifyTable(tn, htd);
        conn.close();
        System.out.println("modify success!");
}


// 修改表——删减列族
public static void removeColumnFamily(String tableName, String… familyNames)
        throws IOException {
        Connection conn = ConnectionFactory.createConnection(cfg);
        Admin admin = conn.getAdmin();
        TableName tn = TableName.valueOf(tableName);
        HTableDescriptor htd = admin.getTableDescriptor(tn);
        for (String family : familyNames)
            htd.removeFamily(Bytes.toBytes(family));// 删减指定列族
        admin.modifyTable(tn, htd);
        conn.close();
        System.out.println("remove success!");
}

// 查看表结构
public static void describe(String tableName) throws IOException {
        Connection conn = ConnectionFactory.createConnection(cfg);
        Admin admin = conn.getAdmin();
        TableName tn = TableName.valueOf(tableName);
        HTableDescriptor htd = admin.getTableDescriptor(tn);
        System.out.println("===decribe " + tableName + ":===");
        for (HColumnDescriptor hcd : htd.getColumnFamilies()) {
            System.out.println(hcd.getNameAsString());
```

```
        }
        System.out.println("===============");
        conn.close();
    }

    public static void main(String[] args) throws IOException {
        create("scores", "grade", "course");// 创建表并指定 2 个列族
        describe("scores");
        addColumnFamily("scores", "f1", "f2");// 新增 2 个列族
        describe("scores");
        removeColumnFamily("scores", "f1");// 删除 1 个列族
        describe("scores");
        list();
    }
}
```

运行结果如图 5.16 所示。

4. HTableDescriptor、TableName、Table

在示例 2 中已经用到了 HTableDescriptor 和 TableName。
org.apache.hadoop.hbase. HTableDescriptor 类包含了表的名字及
其对应的列族。org.apache.hadoop.hbase.TableName 类是对表名
进行封装的 POJO（Plain Ordinary Java Object）对象，表名完
整形式为 <table namespace>:<table qualifier>，如果没有指定表
名字空间（table namespace），会使用 HBase 默认表名字空间
default，比如示例 2 中创建表 scores 的语句等价于：

```
create("default:scores", "grade", "course");
```

这就意味着每个 TableName 类的实例均可以获得表名字
空间和表名。

```
create success!
===decribe scores:===
course
grade
===============
modify success!
===decribe scores:===
course
f1
f2
grade
===============
remove success!
===decribe scores:===
course
f2
grade
===============
===list tables:===
music
scores
```

图 5.16　创建 scores 表

> **提示**
>
> 从 HBase 0.98 版本后开始支持表名字空间，表示对表的逻辑分组。HBase 默
> 认定义两个 namespace：hbase（系统内建表名字空间）和 default（用户未指定表名
> 字空间时划分到此）。
>
> 关于 namespace 的管理可查阅 HBase Shell "namespace" 组中的命令。
>
> 关于 namespace 的授权可查阅 HBase Shell "security" 组中的权限管理命令：
> grant、revoke、user_permission。

到目前为止，我们还不能使用 HBase API 对表进行数据存储操作，这就需要使

用 Table 接口。Table 接口用于和 IIBase 中的表进行通信，代表了该表的实例，使用 Connection 的 getTable(TableName tableName) 方法可以获取该接口的实例，用于获取、添加、删除、扫描 HBase 表中的数据。Table 接口包含的主要方法如表 5-10 所示。

表5-10　Table接口的主要方法

返回值	方法	描述
void	put(Put put)	向表添加值，put 表示添加操作
Result	get(Get get)	获取单元值，get 表示获取操作
void	delete(Delete delete)	删除指定的单元 / 行，delete 表示删除操作
ResultScanner	getScanner(Scan)	获取当前表的给定列族的 scanner 实例，ResultScanner 代表结果列表
	getScanner(byte[] family,byte[] qualifier)	
	getScanner(byte[] family)	
boolean	exists(Get get)	测试 Get 实例所指定的值是否存在 Table 中
HTableDescriptor	getTableDescriptor()	获取表的 HTableDescriptor 实例
TableName	getName()	获取表名

5．HColumnDescriptor

如果说 HTableDescriptor 是对表结构的描述，那么 org.apache.hadoop.hbase.HColumn Descriptor 便是对列族的描述，包含列族名称、版本号、压缩设置等信息。仅在创建表或为表添加、删除列族时使用。列族被创建后不能直接修改，只能通过删除后再重新添加的方式来修改。特别需要注意的是，一旦列族被删除，对应列族中所保存的数据也将被同时删除。

用法示例：

```
HTableDescriptor htd = admin.getTableDescriptor(tn);// 省略 admin、 tn 的定义
HColumnDescriptor columFamily=new HColumnDescriptor("course");
columFamily.setValue(HConstants.VERSIONS,"5");//HConstants 提供了大量常量
htd.addFamily(columnFamily);
```

6．Put

org.apache.hadoop.hbase.client.Put 类表示为指定行键添加列键和值的操作。HBase Shell put 命令的 4 个参数分别为：表名、行键、列键和值，其中表名由 Table 实例传递，剩下 3 个参数需要在 Put 类中获取，其中行键由构造方法指定，列键和值由具体方法指定。Put 类主要构造方法如下。

➢ Put(byte[] row)：对指定行创建一个 Put 实例，row 为行键的字节码，通常使用 org.apache.hadoop.hbase.util.Bytes 类的 toBytes(String rowKey) 方法获取。

➢ Put(byte[] row,long ts)：创建 Put 实例并手动指定时间戳。

Put 类的主要方法如表 5-11 所示。

表5-11　Put类的主要方法

返回值	方法	描述
Put	addColumn(byte[] family,byte[] qualifier,byte[] value)	添加列键 <family:qulifier> 和值，其中列键分解为两个参数
Put	addColumn (byte[] family,byte[] qualifier,long ts,byte[] value)	添加列键和值并指定时间戳
List<Cell>	get(byte[] family,byte[] qualifier)	返回 Put 实例中与指定的列键 <family:qulifier> 匹配的项，Cell 表示单元格的实例
boolean	has(byte[] family,byte[] qualifier)	检查 Put 实例是否包含指定的列键 <family:qulifier>

下面通过 Table 接口和 Put 类向 scores 表插入一些数据，代码如示例 3 所示。

示例 3

```
// 省略类定义及 main 方法
static void put() throws IOException{
    Connection conn = ConnectionFactory.createConnection(cfg);
    Table tb=conn.getTable(TableName.valueOf("scores"));
    Put p=new Put(Bytes.toBytes("jason"));
    p.addColumn(Bytes.toBytes("grade"), Bytes.toBytes(""), Bytes.toBytes("2"));
    p.addColumn(Bytes.toBytes("course"), Bytes.toBytes("math"),
                                            Bytes.toBytes("57"));
    p.addColumn(Bytes.toBytes("course"), Bytes.toBytes("art"),
                                            Bytes.toBytes("87"));
    tb.put(p);
    p=new Put(Bytes.toBytes("tom"));
    p.addColumn(Bytes.toBytes("grade"), Bytes.toBytes(""), Bytes.toBytes("1"));
    p.addColumn(Bytes.toBytes("course"), Bytes.toBytes("math"),
                                            Bytes.toBytes("89"));
    p.addColumn(Bytes.toBytes("course"), Bytes.toBytes("art"),
                                            Bytes.toBytes("80"));
    tb.put(p);
    conn.close();
}
```

7. Get

org.apache.hadoop.hbase.client.Get 类对应 HBase Shell 的 get 命令，用来获取单个行的相关信息。同样行键由构造方法指定。

```
Get(byte[] row)
```

Get 类的主要方法如表 5-12 所示。

表5-12　Get类的主要方法

返回值	方法	描述
Get	addColumn(byte[] family,byte[] qualifier)	指定列族和列修饰符对应的列
Get	addFamily (byte[] family)	指定列族
Get	setTimeRange(long minStamp,long maxStamp)	指定列的版本号区间

与 Put 类的使用类似，将一个 Get 类的实例作为 Table 接口的 get() 方法的参数，随后由 get() 方法返回结果对象 Result。使用 Get 类进行查询时，必须指定行键，而列族、列键可选。也就是说表 5-13 中 Get 类的方法都是可选设置，意味着如果不指定列族或列键，等价于命令"get ' 表名 ',' 行键 '"，否则等价于命令"get ' 表名 ',' 行键 ',[' 列族 ',…]"或"get ' 表名 ',' 行键 ',[' 列键 ',…]"。示例 4 演示了使用 Get 类完成多种不同情况下的查询。

示例 4

```
package cn.hbase;

import java.io.IOException;
import org.apache.hadoop.conf.Configuration;
import org.apache.hadoop.hbase.HBaseConfiguration;
import org.apache.hadoop.hbase.TableName;
import org.apache.hadoop.hbase.client.Connection;
import org.apache.hadoop.hbase.client.ConnectionFactory;
import org.apache.hadoop.hbase.client.Get;
import org.apache.hadoop.hbase.client.Result;
import org.apache.hadoop.hbase.client.ResultScanner;
import org.apache.hadoop.hbase.client.Scan;
import org.apache.hadoop.hbase.client.Table;
import org.apache.hadoop.hbase.util.Bytes;

public class HBaseGet {
  static Configuration cfg = HBaseConfiguration.create();
  // 按行键获取
  static void get(String tableName, String rowKey) throws IOException {
      Connection conn = ConnectionFactory.createConnection(cfg);
      Table tb = conn.getTable(TableName.valueOf(tableName));
      Get g = new Get(Bytes.toBytes(rowKey));
      Result result = tb.get(g);
      System.out.println(String.format(
              "result.value=%s,result.toString():%s",
              Bytes.toString(result.value()), result));
      conn.close();
  }
  // 按行键、列族获取
```

```
static void get(String tableName, String rowKey, String family)
        throws IOException {
    Connection conn = ConnectionFactory.createConnection(cfg);
    Table tb = conn.getTable(TableName.valueOf(tableName));
    Get g = new Get(Bytes.toBytes(rowKey));
    g.addFamily(Bytes.toBytes(family));
    Result result = tb.get(g);
    System.out.println(String.format(
            "result.value=%s,result.toString():%s",
            Bytes.toString(result.value()), result));
    conn.close();
}
// 按行键、列族、列修饰符获取
static void get(String tableName, String rowKey, String family,
        String qualifier) throws IOException {
    Connection conn = ConnectionFactory.createConnection(cfg);
    Table tb = conn.getTable(TableName.valueOf(tableName));
    Get g = new Get(Bytes.toBytes(rowKey));
    g.addColumn(Bytes.toBytes(family), Bytes.toBytes(qualifier));
    Result result = tb.get(g);
    System.out.println(String.format(
            "result.value=%s,result.toString():%s",
            Bytes.toString(result.value()), result));
    conn.close();
}

public static void main(String[] args) throws IOException {
    get("scores", "jason");
    get("scores", "jason", "course");
    get("scores", "jason", "course", "math");
}
}
```

输出结果：

```
result.value=87,result.toString():keyvalues={
jason/course:art/1468809895873/Put/vlen=2/seqid=0,
jason/course:math/1468809895873/Put/vlen=2/seqid=0,
jason/grade:/1468809895873/Put/vlen=1/seqid=0}

result.value=87,result.toString():keyvalues={
jason/course:art/1468809895873/Put/vlen=2/seqid=0,
jason/course:math/1468809895873/Put/vlen=2/seqid=0}

result.value=57,result.toString():keyvalues={
jason/course:math/1468809895873/Put/vlen=2/seqid=0}
```

注意观察前两个输出 result.value=87，因为并没有指定查询哪个列键的值，而我们知道一行数据通常会有多个列键值对，那么在调用 "result.value()" 后会返回第一个列键的值。关于 Result 类的更多方法请参考表 5-14。

8. Result

Result 表示一行数据（一个行键代表一行数据），毫无疑问每个 Result 中都可以获得行键，另外 Result 将一行数据封装成一个 NavigableMap（JDK 提供的接口，继承于 Map<k,v>）对象，其数据结构如下：

NavigableMap <byte[],NavigableMap<byte[],NavigableMap <Long,byte[]>>>

为了方便描述，按从外往内的顺序，将 3 个 NavigableMap 分别编号为 M1、M2、M3。它们的 key 表示的含义分别如下。

➢ M1.key：列族

➢ M2.key：列修饰符

➢ M3.key：版本号，M3 的 value 存储单元格的值

由此从 Result 对象中可以获得确定单元格的 3 个要素：行键、列键（列族：列修饰符）、版本号。在此基础上 Result 提供如表 5-13 所示方法方便我们操作。

表5-13　Result类的主要方法

返回值	方法	描述
NavigableMap<byte[],byte[]>	getFamilyMap (byte[] family)	返回值格式为 Map<qulifier,value>，获取列族下的所有列修饰符与值的键值对
byte[]	value()	返回第一个列键的值
byte[]	getValue(byte[] family,byte[] qualifier)	获取指定列键的值
boolean	contains(byte[] family,byte[] qualifier)	检查列键是否存在
byte[]	getRow()	返回行键
List<Cell>	listCells()	获取该行的所有单元格 Cell

9. Scan、ResultScanner

在 HBase Shell 中 scan 命令既可按表扫描，也可按列族、列键扫描。对应的 API 为 org.apache.hadoop.hbase.client.Scan 类，默认是全表扫描，通过使用 Scan 类提供的方法可以进行按列族、列键扫描。具体方法如表 5-14 所示。

表5-14　Scan类的主要方法

返回值	方法	描述
Scan	addColumn(byte[] family,byte[] qualifier)	获取指定列族和列修饰符对应的列
Scan	addFamily (byte[] family)	获取指定列族下的所有列

Scan 操作的扫描结果以 ResultScanner 接收，可以看成是多个 Result 的集合，意味

着 ResultScanner 存放了多行数据。示例 5 演示了结合使用 Scan、ResultScanner 完成全表扫描。

示例 5

```
// 省略 main 方法
static void scan(String tableName) throws IOException{
    Connection conn = ConnectionFactory.createConnection(cfg);
    Table tb = conn.getTable(TableName.valueOf(tableName));
    ResultScanner scanner=tb.getScanner(new Scan());// 全表扫描
    for(Result row : scanner){
        System.out.println(row);
        for (Cell cell : row.listCells()) {
            System.out.println("Rowkey:" + Bytes.toString(row.getRow())
                            + " Familiy:"
                            + Bytes.toString(CellUtil.cloneFamily(cell))
                            + " Quilifier:"
                            + Bytes.toString(CellUtil.cloneQualifier(cell))
                            + " Value:"
                            + Bytes.toString(CellUtil.cloneValue(cell)));
        }
    }
    conn.close();
}
```

其中，用到了 HBase 自带的 CellUtil 辅助类来获取 Cell 对象中的属性，包括列族、列修饰符和列值等。运行该示例的输出结果如图 5.17 所示。

```
keyvalues={jason/course:art/1468809895873/Put/vlen=2/seqid=0, jason/co
Rowkey:jason    Familiy:course  Quilifier:art   Value:87
Rowkey:jason    Familiy:course  Quilifier:math  Value:63
Rowkey:jason    Familiy:grade   Quilifier:      Value:2
keyvalues={tom/course:art/1468809895889/Put/vlen=2/seqid=0, tom/course
Rowkey:tom      Familiy:course  Quilifier:art   Value:80
Rowkey:tom      Familiy:course  Quilifier:math  Value:89
Rowkey:tom      Familiy:grade   Quilifier:      Value:1
```

图 5.17　scores 全表扫描结果

在 HBase Java API 中有多种方式可以获得 ResultScanner 对象，上面使用了按 Scan 对象方式获取，还可以按如下方式获取，分别表示按列族、列键扫描。

➢ ResultScanner scanner=tb.getScanner(Bytes.toBytes(family));

➢ ResultScanner scanner=tb.getScanner(Bytes.toBytes(family), Bytes.toBytes(qualifier));

综上所述，针对数据的存储管理，HBase Java API 与 HBase Shell 命令是一一对应的。一方面我们应该从 Shell 命令格式去理解 Java API 的含义，另一方面可以从数据库的管理、表的管理、表数据的管理这 3 个范围去理解、记忆和练习。当然所有这些都是建立在基本的数据模型之上的，所以归根结底还是要理解透彻 HBase 的数据模型。

➔ 本章总结

➤ HBase 能够实时地随机访问超大规模数据集，是对 HDFS 的有力补充。

➤ HBase 体系结构中的主体包括：HRegion、HRegionServer、HMaster、ZooKeeper。

➤ HBase 数据模型包括：表、行（行键）、列族、列（列键）、单元格、时间戳。

➤ HBase 概念视图：每个表由很多行组成，但在实际存储时，则是按照列族来存储的。

➤ HBase 可以在单机模式、伪分布模式和完全分布模式 3 种模式下运行。

➤ HBase Shell 常用命令有 alter、count、create、describe、delete、deleteall、disable、drop、enable、exists、exit、get、incr、list。

➤ HBase 编程环境依赖 HBase、Hadoop、ZooKeeper 的 jar 文件。

➤ HBase 数据管理 API 主要包括 HBaseConfiguration、Connection、Admin、HTableDescriptor、TableName、Table、HColumnDescriptor、Put、Get、Result、ResultScanner、Scan。

➔ 本章练习

1. 上网查阅相关资料，写出常见的 NoSQL 数据库有哪些，各有什么特点？

2. 如何将本地文件系统作为 HBase 的存储系统，写出有哪些缺点？

3. 写出关系型数据库与 HBase 数据库有哪些区别？

4. 简述 HBase 的概念视图。

5. 在 HBase 的 scores 表中，此前 jason 的 course:math 成绩为 57 分，现知补考成绩为 63 分，请使用 put 命令增加补考成绩，然后使用 scan 命令显示 jason 的 course:math 成绩的所有版本。

提示：

➤ alter 'scores', NAME=>'course', VERSIONS=>5 可修改最大版本数量。

➤ scan ' 表名 ',{COLUMN=>' 列键 ', VERSIONS=>5} 最多可显示最近的 5 个版本。

➤ scan 的参数 STARTROW 和 ENDROW 可以查询行的范围。

6. 观察作业 5 的输出结果，使用 get 命令获取 jason 的 math 课程第一次考试成绩。

提示：通过 TIMESTAMP 可获取指定版本的数据。

get ' 表名 ',' 行键 ', {COLUMN=>' 列键 ',TIMESTAMP=> 时间戳 }

7. 使用 HBase Java API 删除 scores 表中 jason 的 math 课程成绩。

提示：删除数据的步骤如下。

（1）创建并实例化 Configuration。

（2）创建并实例化 HTable。

（3）创建并实例化 Delete。代码如下所示：

```
Delete delete=new Delete(Bytes.toBytes("jason"));
delete.deleteColumn(Bytes.toBytes("course"),Bytes.toBytes("math"));
```

（4）调用 HTable 的 delete(Delete del) 方法执行删除操作。

（5）关闭 HTable。

第 6 章

Hadoop 综合实战——音乐排行榜

技能目标

❖ 理解 HDFS、HBase 和 MapReduce 的集成使用
❖ 掌握快速导入数据到 HBase 的方法
❖ 掌握利用 MapReduce 接收 HBase
  数据输入
❖ 掌握利用 MapReduce
  输出到 HBase

本章任务

学习本章，需要完成以下 3 个工作任务。记录学习过程中遇到的问题，通过自己的努力或访问 kgc.cn 解决。

任务 1：MapReduce 与 HBase 的集成

了解 MapReduce 与 HBase 集成原理与环境要求，掌握 HBase 内置批量导入工具的用法。

任务 2：HBase MapReduce API

掌握 TableMapper、TableReducer、TableInputFormat、Table-OutputFormat 及 TableMapReduceUtil 的使用，掌握第三方 jar 依赖的处理方法。

任务 3：实现音乐排行榜

掌握音乐排行榜实现原理和设计思路，了解 HBase 设计优化思路与 MapReduce 作业共享数据的方法。

任务 1　MapReduce 与 HBase 的集成

关键步骤如下。

➢ 掌握 HBase MapReduce API 与 MapReduce API 的对应关系。

➢ 调整 Hadoop 环境配置，使得 Hadoop 集群能够识别 HBase 环境。

6.1.1　MapReduce 与 HBase 的集成环境

通过前面对 HDFS、MapReduce 和 HBase 的学习，我们已经掌握了进行大数据应用开发的基本工具，它们分别提供了基于分布式的大数据存储、分析以及随机、实时读写访问的解决方案。本章我们将通过实现音乐排行榜的完整案例来学习如何将三者集成起来使用。重点和难点在于 MapReduce 和 HBase 的集成使用。前面提过 HBase 提供很多 API，其中就包括了 MapReduce 部分，当需要在项目中使用 MapReduce 来读写 HBase 时，使用 HBase 的 MapReduce API 便可以充分发挥 MapReduce 的并行计算和 HBase 的分布式随机实时读写的强大优势。

HBase 与
MapReduce
集成环境

1. **为什么要集成** MapReduce 和 HBase ？

我们知道，HBase 可以使用本地文件系统和 HDFS 作为数据存储介质，当在伪分布模式和完全分布模式下运行时，使用的是 HDFS。我们不用关心 HBase 中的表是如何在 HDFS 上存储的，数据最终会被写入某些文件中，并且可以通过 HBase 再将数据从这些文件中读取出来。

一个 MapReduce 应用要被定义为一个作业才能在 MapReduce 框架中运行，这些定义包括两个基本要素：MapReduce 的输入和输出，包括数据输入 / 输出的文件和处理这些文件所采用的输入 / 输出格式。

综上两点，可以在 MapReduce 作业需要输入数据时从 HBase 中读取，而在输出数据时，又可以输出到 HBase 完成存储，达到 HBase 与 MapReduce 协同工作，为 MapReduce 提供数据输入和输出的目的。这样带来的好处是，我们既利用了 MapReduce 的分布式计算的优势，也利用了 HDFS 海量存储的特点，特别是利用了 HBase 对海量数据实时访问的特点。通过 MapReduce 和 HBase 的集成，理解 MapReduce、HBase、

HDFS 之间的关系，如图 6.1 所示。

图 6.1　MapReduce 与 HBase 集成图

除了将 HBase 作为 MapReduce 作业的输入和输出，集成 MapReduce 与 HBase 还可以做什么呢？

（1）对 HBase 中的数据进行非实时性的统计分析。HBase 适合做 Key-Value 查询，默认不带聚合函数（sum、avg 等），对于这种需求非常适合集成 MapReduce 来完成，但我们也应该注意到 MapReduce 的局限性，MapReduce 本身的高延迟使得它不能满足实时交互式的计算。

（2）对 HBase 的表数据进行分布式计算。HBase 的目标是在海量数据中快速定位所需的数据并访问它，可以发现 HBase 只能按照行键查询而不支持其他条件查询，所以我们只是依靠 HBase 来解决存储的扩展，而不是业务逻辑，那么此时将业务逻辑放到 MapReduce 计算框架中是合适的。

（3）在多个 MapReduce 间使用 HBase 作为中间存储介质。HBase 在多个 MapReduce 作业中既是数据来源，又作为数据流向目的地。

2. 具体怎么进行集成呢？

HBase Java API 对 MapReduce API 进行了扩展，这里将其称为 HBase MapReduce API。显然这是由 HBase 提供的，主要是为了方便 MapReduce 应用对 HTable 的操作。

前面提过，MapReduce 的输入 / 输出包括数据输入 / 输出的文件和处理这些文件所采用的输入 / 输出格式。与 HBase 集成后，"输入 / 输出的文件"变为"表（HTable）"，那么针对表的输入 / 输出格式也要提供相应实现，分别是 TableInputFormat 和 TableOutputFormat，其所在 jar 文件为"hbase-server-1.0.2.jar"。同时，HBase 还提供了 TableMapper 和 TableReducer 类使得编写 MapReduce 程序更加方便。

表 6-1 是 HBase MapReduce API 主要类与 Hadoop MapReduce API 的对应关系。

表6-1　HBase MapReduce API与Hadoop MapReduce API对应关系

HBase MapReduce API	Hadoop MapReduce API
org.apache.hadoop.hbase.mapreduce.TableMapper	org.apache.hadoop.mapreduce.Mapper
org.apache.hadoop.hbase.mapreduce.TableReducer	org.apache.hadoop.mapreduce.Reducer
org.apache.hadoop.hbase.mapreduce.TableInputFormat	org.apache.hadoop.mapreduce.InputFormat
org.apache.hadoop.hbase.mapreduce.TableOutputFormat	org.apache.hadoop.mapreduce.OutputFormat

表 6-1 中左侧的类均继承于右侧的类，关于 HBase MapReduce API 的具体使用在后面再详细讲解。默认情况下，MapReduce 作业发布到集群中后，不能访问 HBase 的配置文件和相关类，所以首先需要对集群中的各节点的 Hadoop 环境做如下调整。

（1）将 hbase-site.xml 复制到 $HADOOP_HOME/etc/hadoop 下。

（2）编辑 $HADOOP_HOME/etc/hadoop/hadoop-env.sh，增加一行：

```
export HADOOP_CLASSPATH=$HADOOP_CLASSPATH:~/hbase-1.0.2/lib/*
```

其中，HBase 的路径视其安装目录而不同。第一步使 MapReduce 作业在运行时可以连接到 ZooKeeper 集群；第二步将 HBase 安装目录 lib 下的所有 jar 文件添加到环境变量 $HADOOP_CLASSPATH 中，使得 MapReduce 作业可以访问所依赖的 HBase 相关类，从而不用每次将 HBase 相关类打包到 MapReduce 应用的 jar 文件中。最后注意要将上述操作的两个文件复制到 Hadoop 集群中其他节点上。使用如下命令可测试环境是否已正确配置。

```
hadoop jar ~/hbase-1.0.2/lib/hbase-server-1.0.2.jar rowcounter music
```

该命令将运行"hbase-server-1.0.2.jar"中的 MapReduce 应用"rowcounter"，参数为表名"music"。其功能是使用 MapReduce 框架统计 HBase 数据库表 music 中的行数。运行结束后输出如图 6.2 所示，表示环境已正确配置。

```
org.apache.hadoop.hbase.mapreduce.RowCounter$RowCounterMapper$Counters
        ROWS=2
File Input Format Counters
        Bytes Read=0
File Output Format Counters
        Bytes Written=0
```

图 6.2　测试 MapReduce 和 HBase 集成环境

本章要完整地实现音乐排行榜。需要做到：

➢ 能够使用 HDFS 来保存音乐播放记录文件。

➢ 能够使用 MapReduce 来统计单曲播放次数并按降序排序输出。

➢ 能够使用 HBase 数据库来存储音乐播放记录。

有了 MapReduce 和 HBase 的集成环境后，我们便可以使用 MapReduce 接收来自 HBase 的数据，并将计算结果输出到 HBase。基于此环境的音乐排行榜实现流程如下。

（1）将 music1.txt、music2.txt、music3.txt 三个文件的内容存入 HBase，并以"music"作为表名，其中行键用于区分不同时刻存入数据库的内容，列族"info"用于存储歌曲信息。

（2）编写 map 任务读取 music 表中的所有行的歌曲名称。

（3）对歌名进行 reduce 处理，统计每首歌出现次数，将结果输出到表"namelist"的列"details:rank"。表"namelist"的行键为歌曲名称，列族为"details"。

（4）查询"namelist"获得所有歌曲的 <name,rank> 键 / 值对，然后对其进行二次排序并将最终结果输出到指定文件中。

首先准备数据，然后使用 HBase MapReduce API 进行分析处理，最后输出。

6.1.2　批量数据导入（Bulk Loading）

我们可以使用 HBase 客户端 API 将数据写入到 music 表中，但这种手动方式效率过于低下，有没有更好的方法能将现有数据批量导入到 HBase 中呢？

来看一个稍微复杂点的 HBase MapReduce 应用——Bulk Loading 工具 importtsv 和 completebulkload。和前面的 rowcounter 类似，importtsv 和 completebulkload 同样是由 HBase 提供的工具，实质都是一个 MapReduce 作业。importtsv 能够按 HBase 内部数据格式输出表数据，completebulkload 直接加载生成的 HFile 到 HDFS 中，这比单纯使用 HBase 客户端 API 逐条写入数据库要节省 CPU 和网络资源。

现有音乐播放记录如表 6-2 所示。

表6-2　音乐播放记录

记录标识	歌名	歌手	性别	节奏	客户端
1_song1_2016-1-11	song1	singer1	man	slow	pc
2_song2_2016-1-11	song2	singer2	woman	quick	android
3_song3_2016-1-11	song3	singer3	man	quick	ios
4_song4_2016-1-11	song4	singer4	man	slow	pc
5_song5_2016-1-11	song5	singer5	woman	quick	android
6_song6_2016-1-11	song6	singer6	man	quick	ios
7_song7_2016-1-11	song7	singer7	man	slow	android
8_song8_2016-1-11	song8	singer8	woman	quick	android
9_song9_2016-1-11	song9	singer9	man	quick	ios
10_song1_2016-1-11	song1	singer1	man	slow	pc

按上述结构准备 music1.txt、music2.txt、music3.txt 三个文件，内容如下：

```
1_song1_2016-1-11    song1    singer1    man      slow    pc
2_song2_2016-1-11    song2    singer2    woman    quick   android
......
```

其中，各列之间使用制表符分隔。将文件上传到 HDFS 目录：/input2/music2，然后使用批量加载工具导入 HBase 数据库。

使用批量加载工具包含两个步骤。

（1）通过 importtsv 准备数据，运行以下命令从 MapReduce 作业生成 HBase 数据文件 HFile 到指定目录 tmp。

```
hadoop jar ~/hbase-1.0.2/lib/hbase-server-1.0.2.jar importtsv
–D importtsv.bulk.output=tmp
–D importtsv.columns=HBASE_ROW_KEY,info:name,info:singer,info:gender,info:ryghme,
```

info:terminal music /input2/music2

其中 importtsv 使用 "-D" 设置了两个选项：

➢ –D importtsv.bulk.output=tmp 指定生成的 HFile 目录，位于 HDFS 用户根目录 "/user/hduser/tmp"。

➢ –D importtsv.columns=HBASE_ROW_KEY, info:name, info:singer, info:gender, info:ryghme, info:terminal 对应输入文件中的行记录（读入的行默认以 Tab 键分隔）和表 music 的列格式，HBASE_ROW_KEY 表示行键，后续参数分别表示列族 info 下的所有列键。"music" 参数表示操作对应的表，最后一个参数 "/input2/music2" 表示输入文件目录（HDFS），命令运行成功后可在 "/user/hduser/tmp" 目录下找到生成的 HFile 文件。

（2）使用 completebulkload 将 tmp 目录移动到 HRegion 中完成数据加载。

hadoop jar ~/hbase-1.0.2/lib/hbase-server-1.0.2.jar completebulkload tmp music

其中参数 "tmp" 为上一步的输出路径，"music" 为上一步操作的 HBase 表。运行结束后查看 music 表验证批量导入是否成功，可能出现的错误包括（但不限于）以下几种。

➢ ClassNotFound：检查 MapReduce 和 HBase 集成环境是否正确配置。

➢ music 表不存在：先创建 music 表或者对 importtsv 使用 "-Dcreate.table=yes" 选项。

➢ tmp 目录已存在：在 HDFS 上删除 "/user/hduser/tmp" 目录。

➢ ZooKeeper session 超时或过期：尝试重新启动 HBase。

任务 2　HBase MapReduce API

关键步骤如下。

➢ 必须指定 TableMapper 的输入键 / 值对的数据类型、输出键 / 值对的数据类型。

➢ 必须指定 TableReducer 的输入键 / 值对的数据类型、输出键 / 值对的数据类型。

➢ 使用 TableMapReduceUtil 简化编码操作。

6.2.1　HBase MapReduce API 简介

在表 6-1 中列出了 HBase MapReduce API 主要的类：TableMapper、TableReducer、TableInputFormat 和 TableOutputFormat，均位于 hbase-server-1.0.2.jar 中。除此之外，集成 MapReduce 和 HBase 还需要两个 jar 文件，新增下面三个 jar 文件，与之前 HBase 所需的 jar 文件一起添加到 MapReduce 工程的构建路径中。

hbase-server-1.0.2.jar
hbase-hadoop-compat-1.0.2.jar
metrics-core-2.2.0.jar

最后文件目录结构如图 6.3 所示。

图 6.3　HBase MapReduce API 所需 jar 文件

与之前继承 Mapper 和 Reducer 相比，使用继承 TableMapper 和 TableReducer 的方式编写 MapReduce 作业来读写 HBase 数据库会更方便。首先请注意新旧 MapReduce API 有区别，在此我们一律使用 org.apache.hadoop.hbase.mapreduce 包下的相关类。下面分别从 map 和 reduce 两个方面来讲解 HBase MapReduce API。

6.2.2　TableMapper 的使用

TableMapper 继承于 Mapper 类，其类定义如下。

```
public abstract class TableMapper<KEYOUT,VALUEOUT> extends
        Mapper<ImmutableBytesWritable,Result,KEYOUT,VALUEOUT>{
}
```

TableMapper

可以看出 TableMapper 没有实现任何功能，是一个不用提供 KEYIN 和 VALUEIN 参数的 Mapper。也就意味着，TableMapper 限制了每一行输入数据的键 / 值类型，分别为 ImmutableBytesWritable 和 Result，而输出的键 / 值类型可由提供的 KEYOUT、VALUEOUT 两个参数来指定。

为什么要限制输入键 / 值类型？HBase 为 MapReduce 提供了专用输入格式 TableInputFormat，而 TableInputFormat 实 现 了 InputFormat<ImmutableBytesWritable,

Result> 接口，能够读取 HBase 行数据并封装为 <ImmutableBytesWritable,Result> 格式的键 / 值对，然后将其传递给 TableMapper，显然 TableMapper 获得的行数据总是该格式，也就不用再指定输入键 / 值类型了。

Result 类型表示 HBase 中一行数据，而 ImmutableBytesWritable 表示行键。ImmutableBytesWritable 是不可变的字节数组类型，本质上与前面介绍的 BytesWritable 类似，是对"byte[]"的封装，不同之处在于在 ImmutableBytesWritable 中读写时其参数限制为"final"。

示例 1 是使用 TableMapper 和 TableInputFormat 来完成对 HBase 表的读取操作。

示例 1

```java
package cn.music;

import java.io.IOException;
import java.util.ArrayList;
import java.util.List;
import org.apache.commons.lang.StringUtils;
import org.apache.hadoop.conf.Configuration;
import org.apache.hadoop.fs.FileSystem;
import org.apache.hadoop.fs.Path;
import org.apache.hadoop.hbase.Cell;
import org.apache.hadoop.hbase.CellUtil;
import org.apache.hadoop.hbase.HBaseConfiguration;
import org.apache.hadoop.hbase.client.Result;
import org.apache.hadoop.hbase.io.ImmutableBytesWritable;
import org.apache.hadoop.hbase.mapreduce.TableInputFormat;
import org.apache.hadoop.hbase.mapreduce.TableMapper;
import org.apache.hadoop.hbase.util.Bytes;
import org.apache.hadoop.io.Text;
import org.apache.hadoop.mapreduce.Job;
import org.apache.hadoop.mapreduce.lib.output.FileOutputFormat;

// 客户端，用于驱动作业
public class TableMapperDemo {
    //Mapper 任务，扫描 music 表中的数据，并输出到文件
    static class MyMapper extends TableMapper<Text, Text> {

        @Override
        protected void map(ImmutableBytesWritable key, Result value,
                Context context) throws IOException, InterruptedException {

            List<Cell> cells=value.listCells();
            for(Cell cell:cells){
```

```java
        String outValue=String.format(
                "RowKey:%s Family:%s Qualifier:%s cellValue:%s ",
            Bytes.toString(key.get()),// 行键
            Bytes.toString(CellUtil.cloneFamily(cell)),// 列族
            Bytes.toString(CellUtil.cloneQualifier(cell)),// 列修饰符
            Bytes.toString(CellUtil.cloneValue(cell))// 单元格值
        );
          context.write(
                // 获取单元格的 key。注意不是行键，也不是列键
                new Text(CellUtil.getCellKeyAsString(cell)),
                new Text(outValue));
        }
    }
}


// 作业驱动程序
public static void main(String[] args) throws IOException,
                ClassNotFoundException, InterruptedException {
    Configuration conf = HBaseConfiguration.create();
    // 设置被读取的表
    conf.set(TableInputFormat.INPUT_TABLE, «music»);
    // 设置被扫描的列，多个列以空格分隔。列格式为 family:qualifier
    conf.set(TableInputFormat.SCAN_COLUMNS, «info:name info:gender»);
    Job job = Job.getInstance(conf, «hbase-mapreduce-api»);
    //MapReduce 程序作业基本配置
    job.setJarByClass(TableMapperDemo.class);// 通过驱动类的 jar 文件查找
    job.setInputFormatClass(TableInputFormat.class);// 输入格式
    job.setMapperClass(MyMapper.class);
    job.setMapOutputKeyClass(Text.class);//Mapper 输出键类型
    job.setMapOutputValueClass(Text.class); //Mapper 输出值类型

    List<String> libjars=new ArrayList<String>();
    // 添加依赖文件（执行 "hadoop jar" 命令所在节点的本地文件）
    libjars.add("file:/home/hduser/hadoop/share/hadoop/common/lib
/zookeeper-3.4.6.jar");
    libjars.add("file:/home/hduser/hadoop/share/hadoop/common
/hadoop-common-2.6.0.jar");
    libjars.add("file:/home/hduser/hadoop/share/hadoop/common/lib
/guava-11.0.2.jar");
    libjars.add("file:/home/hduser/hadoop/share/hadoop/common/lib
/protobuf-java-2.5.0.jar");
    libjars.add("file:/home/hduser/hadoop/share/hadoop/mapreduce
/hadoop-mapreduce-client-core-2.6.0.jar");
```

```
        libjars.add("file:/home/hduser/hbase-1.0.2/lib
/hbase-server-1.0.2.jar");
        libjars.add("file:/home/hduser/hbase-1.0.2/lib
/hbase-hadoop-compat-1.0.2.jar");
        libjars.add("file:/home/hduser/hbase-1.0.2/lib
/hbase-client-1.0.2.jar");
        libjars.add("file:/home/hduser/hbase-1.0.2/lib
/metrics-core-2.2.0.jar");
        libjars.add("file:/home/hduser/hbase-1.0.2/lib
/netty-all-4.0.23.Final.jar");
        libjars.add("file:/home/hduser/hbase-1.0.2/lib
/htrace-core-3.1.0-incubating.jar");
        libjars.add("file:/home/hduser/hbase-1.0.2/lib
/hbase-common-1.0.2.jar");
        libjars.add("file:/home/hduser/hbase-1.0.2/lib
/hbase-protocol-1.0.2.jar");
        // 为作业指定依赖文件，使用"job"的配置属性"tmpjars"，以逗号分隔
        job.getConfiguration().set("tmpjars",StringUtils.join(libjars, ','));

        // 作业输出路径（默认由 fs.defaultFS 指定具体文件系统），输出格式： 默认
        Path output=new Path("/output2/music3");
        if(FileSystem.get(conf).exists(output))
                FileSystem.get(conf).delete(output,true);
        FileOutputFormat.setOutputPath(job, output);
        job.waitForCompletion(true);
    }
}
```

在以上代码中，仅定义了一个 TableMapper 来读取 HBase 表数据，运行结果以
<Text,Text> 键 / 值对格式保存到文件中。如图 6.4 所示，每一行输出第一列为键，后面
均为值，并且输出的 HBase 行数据只有列"info:gender"和"info:name"对应值。

```
RowKey:1_song1_2016-1-11      Family:info    Qualifier:gender    cellValue:man
RowKey:1_song1_2016-1-11      Family:info    Qualifier:name      cellValue:song1
RowKey:20_song4_2016-1-12     Family:info    Qualifier:gender    cellValue:woman
RowKey:20_song4_2016-1-12     Family:info    Qualifier:name      cellValue:song4
RowKey:21_song6_2016-1-12     Family:info    Qualifier:gender    cellValue:woman
RowKey:21_song6_2016-1-12     Family:info    Qualifier:name      cellValue:song6
RowKey:22_song6_2016-1-12     Family:info    Qualifier:gender    cellValue:woman
RowKey:22_song6_2016-1-12     Family:info    Qualifier:name      cellValue:song6
RowKey:23_song3_2016-1-12     Family:info    Qualifier:gender    cellValue:man
RowKey:23_song3_2016-1-12     Family:info    Qualifier:name      cellValue:song3
RowKey:24_song2_2016-1-12     Family:info    Qualifier:gender    cellValue:woman
RowKey:24_song2_2016-1-12     Family:info    Qualifier:name      cellValue:song2
RowKey:25_song1_2016-1-13     Family:info    Qualifier:gender    cellValue:man
RowKey:25_song1_2016-1-13     Family:info    Qualifier:name      cellValue:song1
```

图 6.4　示例 1 运行结果

TableMapperDemo.Map 类的 map() 方法与此前的 Mapper 程序相比并没有什么特别之处。首先是需要理解每一行传入参数 key 和 value 的含义，然后再对其进行其他处理。但是在示例 1 中对于 TableInputFormat 的使用方式和任务访问运行时依赖库的问题是此前所未遇到的，下面一一分析。

1. TableInputFormat 相关属性配置

示例中并没有对 TableInputFormat 进行实例化，一般在驱动类中也没有必要，只有当 MapTask 真正执行时才会实例化。提供给驱动类进行控制的方式便是在 Configuration 中配置 TableInputFormat 相关属性，它们都属于 TableInputFormat 的静态常量。常用的属性如表 6-3 所示。

表6-3　TableInputFormat常用属性

常量	说明
INPUT_TABLE	指定表名
SCAN_COLUMN_FAMILY	指定列族
SCAN_COLUMNS	指定列，如："info:name info:gender"
SCAN_ROW_START	指定扫描行键范围的起始行
SCAN_ROW_STOP	指定扫描行键范围的结束行
SCAN_TIMERANGE_START	指定时间范围的起始时间
SCAN_TIMERANGE_END	指定时间范围的结束时间

2. 运行任务时对第三方 jar 文件的依赖

在本章开始前就已经配置过 HBase 与 MapReduce 的集成运行环境，为什么在这里还需要添加相关 jar 文件呢？从示例 1 中可以看出，这些文件都可以在集群中任何一个节点的 $HADOOP_CLASSPATH 环境变量中找到，再添加是否重复操作了呢？

要回答这个问题，需要对相关类路径进行完整的分析。

可以将一个 MapReduce 作业的运行过程分为两个阶段：客户端执行阶段和任务执行阶段。客户端需要被打包成 jar 文件并复制到集群上（如 node1），以 "hadoop jar <打包 jar 文件><客户端驱动类><参数>" 命令方式执行。由 main() 方法驱动作业运行，最后通过 job.waitForCompletion(true) 向 ResourceManager（YARN）提交作业，直到提交完成前，都统一归为 "客户端执行阶段"，而从作业提交后开始初始化、执行任务直到终止，归为 "任务执行阶段"。

（1）客户端执行阶段的类路径

在客户端执行阶段，执行的是 TableMapperDemo 的 main() 方法。由 "hadoop jar <jar>" 设置客户端的类路径，包括以下几个组成部分。

➢ 作业的 jar 文件
➢ 作业 jar 文件中的 lib 目录下所有 jar 文件及类目录
➢ $HADOOP_CLASSPATH 定义的类路径

如果存在第三方依赖 jar 文件，要么放到项目 lib 目录下随客户端一起打包，要么将其添加到 $HADOOP_CLASSPATH 中。

（2）任务执行阶段的类路径

在任务执行阶段，执行的是 Mapper、Reducer 的 map()、reduce() 方法。在集群上，任务在各自的 JVM 上运行，它们的类路径不受 $HADOOP_CLASSPATH 控制，也就是说 $HADOOP_CLASSPATH 只对客户端有效，这也就回答了前面的问题，对于客户端和任务执行阶段的依赖库要分别处理。那么此时类路径由以下几个部分组成。

➢ Hadoop 执行基本 MapReduce 程序的基础类库路径

➢ 作业的 jar 文件

➢ 作业 jar 文件中的 lib 目录下所有 jar 文件及类目录

➢ 由 -libjars 选项指定的 jar 文件

➢ 添加到分布式缓存（DistributedCache）中的所有文件

具体来说任务的类路径包括：

$HADOOP_HOME/etc/hadoop
$HADOOP_HOME/share/hadoop/common/*
$HADOOP_HOME/share/hadoop/common/lib/*
$HADOOP_HOME/share/hadoop/hdfs/*
$HADOOP_HOME/share/hadoop/hdfs/lib/*
$HADOOP_HOME/share/hadoop/yarn/*
$HADOOP_HOME/share/hadoop/yarn/lib/*
$HADOOP_HOME/share/hadoop/mapreduce/*
$HADOOP_HOME/share/hadoop/mapreduce/lib/*
job.jar/job.jar
job.jar/classes/
job.jar/lib/*
[libjars 作业临时目录]

上述类路径中的 Hadoop 基础类库路径并不是由 $HADOOP_CLASSPATH 控制。可以看出，对于在作业 jar 文件中定义的类、lib 目录中的 jar 和类定义，不管在客户端还是任务的执行过程中，总是可以被找到，尤其是放在 lib 目录下，看起来非常方便。但是这样并不利于依赖库和作业的 jar 的分离，所以为了满足这一点并且兼顾客户端与任务的类路径，可使用以下策略。

将依赖库添加到 $HADOOP_CLASSPATH 中，并通过 -libjars 选项将它们添加到任务的类路径中。

分布式缓存在后面讨论，这里采用 -libjars 选项指定。为作业中的任务指定依赖库后，提交作业，在 HDFS 中作业的临时工作目录如图 6.5 所示。默认位于 ${yarn.app.mapreduce.am.staging-dir.dir}/${user}/.staging/${JobId} 下， 如 /tmp/hadoop-yarn/staging/hduser/.staging/job_1469263592829_0023，作业一旦执行完成，该临时工作目录就被删除，所以只能在作业运行期间查看。在客户端运行期间，向集群提交 job.jar、job.split、job.

splitmetainfo、job.xml 四个文件和第三方依赖库 libjars 目录。其中：

> job.jar：包含 Mapper 和 Reducer 类定义的 jar 文件，由客户端通过 setJar() 或 setJarByClass() 在客户端类路径查找出来并上传至此。

> job.split、job.splitmetainfo：输入分片信息。

> job.xml：作业运行时所需的配置。

> libjars：第三方依赖库，由任务类路径可知，HBase 的库对于 Hadoop 任务来说属于第三方库。在示例 1 中客户端通过 Job 的配置项"tmpjars"来指定。

图 6.5　MapReduce 作业被提交到集群

使用 -libjars 选项需要借助 Hadoop 的辅助类 org.apache.hadoop.util.GenericOptions Parser。该类会读取相关命令行参数，其中将"-libjars"选项值赋给 Configuration 的"tmpjars"属性。修改示例 1 的 main()，使得客户端可以接收"-libjars"选项。具体代码如下。

```
public static void main(String[] args) throws IOException,
            ClassNotFoundException, InterruptedException {
    Configuration conf = HBaseConfiguration.create();
    // 可获取 -libjar 选项值，并赋值给 conf 中的 tmpjars 属性
    GenericOptionsParse parse=new GenericOptionsParser(conf,args);
    // 获得除 GenericOptionsParser 选项外其他参数
    String[] otherArgs=parse.getRemainingArgs();
    conf.set(TableInputFormat.INPUT_TABLE, "music");
    conf.set(TableInputFormat.SCAN_COLUMNS, «info:name info:gender»);
    Job job = Job.getInstance(conf, "hbase-mapreduce-api");
    job.setJarByClass(TableMapperDemo.class);// 通过驱动类的 jar 文件查找
    job.setInputFormatClass(TableInputFormat.class);// 输入格式
```

```
job.setMapperClass(MyMapper.class);
job.setMapOutputKeyClass(Text.class);//Mapper 输出键类型
job.setMapOutputValueClass(Text.class); //Mapper 输出值类型
Path output=new Path("/output2/music3");
if(FileSystem.get(conf).exists(output))
    FileSystem.get(conf).delete(output,true);
FileOutputFormat.setOutputPath(job, output);
job.waitForCompletion(true);
}
```

执行命令应使用如下格式。

```
hadoop jar demo.jar cn.music.TableMapperDemo -libjars
file:/home/hduser/hbase-1.0.2/lib/htrace-core-3.1.0-incubating.jar,
file:/home/hduser/hbase-1.0.2/lib/hbase-common-1.0.2.jar,
file:/home/hduser/hbase-1.0.2/lib/hbase-protocol-1.0.2.jar,...
```

执行过程和结果与示例 1 相同。更多 GenericOptionsParser 选项的使用如表 6-4 所示。

表6-4　GenericOptionsParser的选项

选项	说明
-Dproperty=value	将指定值赋给某个 Hadoop 配置属性，如前面使用过的 "–Dimporttsv.bulk. output=tmp"。覆盖配置文件里的默认属性或站点属性，或通过 -conf 选项设置的任何属性
-conf filename ...	将指定文件添加到配置的资源列表中，等价于 conf.addResouce(filename)
-fs uri	用指定的 URI 设置默认文件系统
-libjars jar1,jar2,...	从本地文件系统（或任务指定的文件系统）中复制指定的 jar 文件到 HDFS，并将它们添加到 MapReduce 任务的类路径中
-files file1,file2,...	从本地文件系统（或任务指定的文件系统）中复制指定的文件到 HDFS（分布式缓存机制），确保 MapReduce 可以访问这些文件
-archives archive1,archive2,...	从本地文件系统（或任务指定的文件系统）中复制指定的存档到 HDFS，确保 MapReduce 程序可以访问这些存档

前面花了较大篇幅来讨论运行任务时第三方 jar 文件的依赖问题。目前无论怎样调整，都需要自己手动逐个指定 HBase 的库文件，所以 HBase 提供了 TableMapReduceUtil 类来简化操作。继续对上面的 main() 方法进行修改。

```
public static void main(String[] args) throws IOException,
        ClassNotFoundException, InterruptedException {
    Configuration conf = HBaseConfiguration.create();
    GenericOptionsParse parse=new GenericOptionsParser(conf,args);
    String[] otherArgs=parse.getRemainingArgs();
    conf.set(TableInputFormat.INPUT_TABLE, "music");
```

```
conf.set(TableInputFormat.SCAN_COLUMNS, «info:name info:gender");
Job job = Job.getInstance(conf, "hbase-mapreduce-api");
job.setJarByClass(TableMapperDemo.class);// 通过驱动类的 jar 文件查找
job.setInputFormatClass(TableInputFormat.class);// 输入格式
job.setMapperClass(MyMapper.class);
job.setMapOutputKeyClass(Text.class);//Mapper 输出键类型
job.setMapOutputValueClass(Text.class); //Mapper 输出值类型
Path output=new Path("/output2/music3");
if(FileSystem.get(conf).exists(output))
    FileSystem.get(conf).delete(output,true);
FileOutputFormat.setOutputPath(job, output);

TableMapReduceUtil.addDependencyJars(job);// 自动添加依赖库

job.waitForCompletion(true);
}
```

使用 TableMapReduceUtil.addDependencyJars(job) 语句后，不用在命令行输入 -libjars 选项即可解决 HBase 依赖库的问题，同时上面的代码还可以接收其他的第三方依赖库。

顾名思义 TableMapReduceUtil 是对 HBase 中的表进行 MapReduce 编程的工具类，用于配置 TableMapper 和 TableReducer。其方法均为静态方法，如表 6-5 所示。

表6-5　TableMapReduceUtil的主要方法

返回值	方法名	说明
void	initTableMapperJob(String,Scan,Class<? extends TableMapper>,Class<?>,Class<?>,Job)	配置作业的 map 任务，参数分别表示待扫描的表名、列族、列、TableMapper 及其输出键 / 值类型和 Job 对象
void	initTableReducerJob(String,Class<? extends TableReducer>,Job)	配置作业的 reduce 任务，参数分别表示输出的表名、TableReducer 和 Job 对象
void	addDependencyJars(Configuration,Class<?>...)	为作业添加包含指定类的 jar 文件，保存至集群分布式缓存
void	addDependencyJars(Job)	为作业添加 HBase 依赖库，保存至集群分布式缓存

注意在表 6-5 中：

➢　使用 initTableMapperJob() 方法后，作业的输入格式类型固定为 TableInputFormat。

➢　使用 initTableReducerJob() 方法后，作业的输出格式类型固定为 TableOutputFormat。

同样是针对示例 1 的 main() 方法实现的功能，使用 TableMapReduceUtil 来实现作业驱动将更为简便。

```
public static void main(String[] args) throws IOException,
        ClassNotFoundException, InterruptedException {
```

```
        Configuration conf = HBaseConfiguration.create();
        GenericOptionsParse parse=new GenericOptionsParser(conf,args);
        String[] otherArgs=parse.getRemainingArgs();
        Path output=new Path("/output2/music3");
        if(FileSystem.get(conf).exists(output))
            FileSystem.get(conf).delete(output,true);
        FileOutputFormat.setOutputPath(job, output);
        Scan scan=new Scan();
        scan.addColumn(Bytes.toBytes("info"), Bytes.toBytes("name"));
        scan.addColumn(Bytes.toBytes("info"), Bytes.toBytes("gender"));
        TableMapReduceUtil.initTableMapperJob(«music»,scan,
                            MyMapper.class,Text.class,Text.class,job);
        // 没有 reduce 处理，  直接输出到 HDFS 文件中
        job.waitForCompletion(true);
    }
```

应该注意到 addDependencyJars() 方法并没有手动调用，但运行结果是正确的。因为 initTableMapperJob() 有许多重载，其中之一便提供了判断是否加载 HBase 依赖库的布尔型参数，来决定是否在其内部执行 addDependencyJars() 方法。表 6-5 中给出的方法实际上是调用该重载，并且参数值为"true"。

另外，一个 MapReduce 作业可以没有 Reducer 处理，此时 map 任务的输出将作为整个作业的输出，但无论怎样作业都必须提供输出目的地。可以看到示例 1 将作业结果输出到 HDFS 文件中，输出格式为默认的 TextOutputFormat，提供输出的键 / 值类型均为 Text。通常会使用 org.apache.hadoop.hbase.mapreduce.TableOutputFormat 类将作业结果输出到 HBase 数据库中。

TableOutputFormat 负责将数据输出到 HBase 中，其类定义如下。

```
public class TableOutputFormat<KEY> extends OutputFormat<KEY,Mutation>
        implements Configurable{
    // 省略类的实现
}
```

其中 OutputFormat 的原型为 OutputFormat<KEY,VALUE>，两个泛型形参分别表示输出键 / 值类型。TableOutputFormat 与 TableInputFormat 不同，使用 TableInputFormat 得到的输入键 / 值类型必须是 < ImmutableBytesWritable,Result >，而使用 TableOutputFormat 输出时，键类型为泛型，用于指定行键，只有值类型必须为 org.apache.hadoop.hbase. client.Mutation 类型。Mutation 是 HBase 中 Put、Get、Delete 等类的父类，也就是说，使用 TableOutputFormat 作为作业的输出格式，作业的输出键类型可为任意类型，而输出值类型只能是 Mutation。总体来看 TableOutputFormat 实质上是封装在表的行键上的一次具体操作。

下面从"music"表中扫描所有行中列键为"info:name"的单元值，然后将结果输出到歌曲清单表"namelist"（包含一个列族"details"）中。此时要求得到所有歌曲的

名称，且不能有重复，将"music"表中的"info:name"的单元值作为"namelist"表中的行键是合适的，因为表会自动消除重复并使其有序。

首先创建表"namelist"。

```
create 'namelist','details'
```

然后实现 MapReduce 程序，如示例 2 所示。

示例 2

```
package cn.music;

import java.io.IOException;
import java.util.List;
import org.apache.hadoop.conf.Configuration;
import org.apache.hadoop.hbase.Cell;
import org.apache.hadoop.hbase.CellUtil;
import org.apache.hadoop.hbase.HBaseConfiguration;
import org.apache.hadoop.hbase.client.Put;
import org.apache.hadoop.hbase.client.Result;
import org.apache.hadoop.hbase.client.Scan;
import org.apache.hadoop.hbase.io.ImmutableBytesWritable;
import org.apache.hadoop.hbase.mapreduce.TableOutputFormat;
import org.apache.hadoop.hbase.mapreduce.TableMapReduceUtil;
import org.apache.hadoop.hbase.mapreduce.TableMapper;
import org.apache.hadoop.hbase.util.Bytes;
import org.apache.hadoop.io.Text;
import org.apache.hadoop.mapreduce.Job;
import org.apache.hadoop.util.GenericOptionsParser;

public class TableMapperDemo2 {

    static class MyMapper extends TableMapper<Text, Put> {

        @Override
        protected void map(ImmutableBytesWritable key, Result value,
                Context context) throws IOException, InterruptedException {

            List<Cell> cells = value.listCells();
            for (Cell cell : cells) {
                Put put = new Put(CellUtil.cloneValue(cell));
                //details :rank=0,  在行键中插入该列键 / 值
                put.addColumn(Bytes.toBytes("rank"), Bytes.toBytes(""),
                        Bytes.toBytes(0));// 初始值 0
                // 此处与 MyMapper、 作业的输出键 / 值类型对应
```

```
                        context.write(new Text(Bytes.toString(CellUtil.cloneValue(cell))),
                            put);
                    }
                }
            }
    public static void main(String[] args) throws IOException,
            ClassNotFoundException, InterruptedException {
        Configuration conf = HBaseConfiguration.create();
        GenericOptionsParser gop = new GenericOptionsParser(conf, args);
        Job job = Job.getInstance(conf, "hbase-mapreduce-api");
        // MapReduce 程序作业基本配置
        job.setJarByClass(TableMapperDemo2.class);

        // 指定输出格式
        job.setOutputFormatClass(TableOutputFormat.class);

        // 指定输出目的表名
        job.getConfiguration().set(TableOutputFormat.OUTPUT_TABLE,
                            "namelist") ;

        // 使用 HBase 提供的工具类来设置 job
        Scan scan = new Scan();
        scan.addColumn(Bytes.toBytes("info"), Bytes.toBytes("name"));

            // 作业的输出键 / 值类型应和 MyMapper 中的输出键 / 值类型对应
            TableMapReduceUtil.initTableMapperJob("music", scan, MyMapper.class,
                Text.class, Put.class, job);

            job.waitForCompletion(true);
        }
    }
```

打包执行完成后查看"namelist",结果如图 6.6 所示。

```
hbase(main):052:0> scan 'namelist'
ROW                     COLUMN+CELL
 song1                  column=details:rank, timestamp=1469592496267, value=\x00\x00\x00\x00
 song2                  column=details:rank, timestamp=1469592496267, value=\x00\x00\x00\x00
 song3                  column=details:rank, timestamp=1469592496267, value=\x00\x00\x00\x00
 song4                  column=details:rank, timestamp=1469592496267, value=\x00\x00\x00\x00
 song5                  column=details:rank, timestamp=1469592496267, value=\x00\x00\x00\x00
 song6                  column=details:rank, timestamp=1469592496267, value=\x00\x00\x00\x00
 song7                  column=details:rank, timestamp=1469592496267, value=\x00\x00\x00\x00
 song8                  column=details:rank, timestamp=1469592496267, value=\x00\x00\x00\x00
 song9                  column=details:rank, timestamp=1469592496267, value=\x00\x00\x00\x00
9 row(s) in 0.1930 seconds
```

图 6.6　示例 2 运行结果

示例 1 和示例 2 均没有指定 reduce 处理,仅仅是将输入的每行数据逐行输出,下面结合 reduce 任务来对输入的每行数据进行统计分析。

6.2.3　TableReducer 的使用

org.apache.hadoop.hbase.mapreduce.TableReducer 继承自 Reducer 类，是由 HBase 提供的专用于输出到 HBase 数据库表的 Reducer 类型。其类定义如下。

```
public abstract class TableReducer<KEYIN,VALUEIN,KEYOUT>
                 extends Reducer< KEYIN,VALUEIN,KEYOUT ,Mutation>    {
}
```

同 TableMapper 类似，也仅仅对所需输入与输出的键 / 值类型形参做了相应定义。在使用 TableReducer 时需要指定 3 个参数。

➢ KEYIN：输入键类型，对应之前 map 任务的输出键类型。

➢ VALUEIN：输入值类型，对应之前 map 任务的输出值类型。

➢ KEYOUT：输出键类型，reduce 任务（自身）的输出键类型。

TableReducer 默认的输出值类型为 Mutation，与 TableOutputFormat 类的输出值类型保持一致，基本上这两个类也总是结合在一起使用，那么就必须确保两者的输出键 / 值类型相同。

在音乐排行榜中，reduce 任务和单词统计程序类似，map 任务的输出结果经过 shuffle 处理后作为 reduce 阶段的输入，此时 reduce 每行输入格式应为 <key,values[]>。在此基础上对每个键 / 值对进行分析归纳，最后生成新的键 / 值对再输出。下面在示例 2 的基础上加入 TableReducer 处理，具体代码如示例 3 所示。

示例 3

```
package cn.music;

import java.io.IOException;
import java.util.List;
import org.apache.hadoop.conf.Configuration;
import org.apache.hadoop.hbase.Cell;
import org.apache.hadoop.hbase.CellUtil;
import org.apache.hadoop.hbase.HBaseConfiguration;
import org.apache.hadoop.hbase.client.Put;
import org.apache.hadoop.hbase.client.Result;
import org.apache.hadoop.hbase.client.Scan;
import org.apache.hadoop.hbase.io.ImmutableBytesWritable;
import org.apache.hadoop.hbase.mapreduce.TableMapReduceUtil;
import org.apache.hadoop.hbase.mapreduce.TableMapper;
import org.apache.hadoop.hbase.mapreduce.TableReducer;
import org.apache.hadoop.hbase.util.Bytes;
import org.apache.hadoop.io.IntWritable;
import org.apache.hadoop.io.Text;
```

```java
import org.apache.hadoop.mapreduce.Job;
import org.apache.hadoop.util.GenericOptionsParser;

public class TableReducerDemo {

    static class MyMapper extends TableMapper<Text, IntWritable> {

        @Override
        protected void map(ImmutableBytesWritable key, Result value,
                Context context) throws IOException, InterruptedException {
            // 取出每行中的所有单元，实际上只扫描了一列（info:name）
            List<Cell> cells = value.listCells();
            for (Cell cell : cells) {
                context.write(
                        new Text(Bytes.toString(CellUtil.cloneValue(cell))),
                        new IntWritable(1));
            }
        }
    }

    static class MyReducer extends TableReducer<Text, IntWritable, Text> {

        @Override
        protected void reduce(Text key, Iterable<IntWritable> values,
                Context context) throws IOException, InterruptedException {
            int playCount = 0;
            for (IntWritable num : values) {
                playCount += num.get();
            }
            // 为 Put 操作指定行键
            Put put = new Put(Bytes.toBytes(key.toString()));
            // 为 Put 操作指定列和值
            put.addColumn(Bytes.toBytes("details"), Bytes.toBytes("rank"),
                    Bytes.toBytes(playCount));
            context.write(key, put);
        }

    }

    public static void main(String[] args) throws IOException,
                ClassNotFoundException, InterruptedException {

        Configuration conf = HBaseConfiguration.create();
```

```
GenericOptionsParser gop = new GenericOptionsParser(conf, args);
Job job = Job.getInstance(conf, "top-music");

// MapReduce 程序作业基本配置
job.setJarByClass(TableReducerDemo.class);
job.setNumReduceTasks(2);
Scan scan = new Scan();
scan.addColumn(Bytes.toBytes("info"), Bytes.toBytes("name"));
// 使用 HBase 提供的工具类来设置 job
TableMapReduceUtil.initTableMapperJob("music", scan, MyMapper.class,
        Text.class, IntWritable.class, job);
TableMapReduceUtil.initTableReducerJob("namelist", MyReducer.class, job);
job.waitForCompletion(true);
    }
}
```

对比示例 2，示例 3 中的 **MyMapper** 的输出值类型由 **Put** 换成了 **IntWritable**，因为后续输出交由 **MyReducer** 来完成。**MyMapper** 只需将每首歌曲计数 1 次并输出给 **Reducer** 即可，由 **MyReducer** 循环统计每首歌曲的播放次数，最后以 **Put** 类型输出。

TableMapReduceUtil 也提供了初始化 **TableReducer** 任务的方法，该方法最少需要 3 个参数：输出表名、**Reducer** 的类型及 **Job** 对象。将示例 3 打包运行后，扫描 "namelist" 的结果如图 6.7 所示。

```
hbase(main):001:0> scan 'namelist'
ROW                    COLUMN+CELL
 song1                 column=details:rank, timestamp=1469603506157, value=\x00\x00\x00\x03
 song2                 column=details:rank, timestamp=1469603506157, value=\x00\x00\x00\x05
 song3                 column=details:rank, timestamp=1469603506157, value=\x00\x00\x00\x05
 song4                 column=details:rank, timestamp=1469603506157, value=\x00\x00\x00\x05
 song5                 column=details:rank, timestamp=1469603506157, value=\x00\x00\x00\x02
 song6                 column=details:rank, timestamp=1469603506157, value=\x00\x00\x00\x08
 song7                 column=details:rank, timestamp=1469603506157, value=\x00\x00\x00\x01
 song8                 column=details:rank, timestamp=1469603506157, value=\x00\x00\x00\x01
 song9                 column=details:rank, timestamp=1469603506157, value=\x00\x00\x00\x02
9 row(s) in 0.4650 seconds
```

图 6.7　示例 3 运行结果

任务 3　实现音乐排行榜

关键步骤如下。

➢ 了解音乐排行榜的需求与设计。

➢ 掌握音乐排行榜的实现思路。

➢ 了解 HBase 数据库优化设计策略。

➢ 掌握在 MapReduce 作业中全局共享数据的方法。

6.3.1 程序的结构与实现

音乐排行榜的原型来自 Last.fm 的 Hadoop 解决方案，它是一个提供网络电台和网络音乐服务的社区网站，向用户提供免费在线音乐和音乐下载等服务。用户会上传他们正在收听的音乐信息，Last.fm 处理并且存储这些数据，并利用这些数据来推断用户的音乐品味、喜好和喜爱的艺术家，然后为其推荐相似的音乐。

我们对音乐排行榜进行了简化处理，省略了对用户收听、播放记录数据搜集和音乐推送的相关处理，仅对播放记录数据进行存储与分析，最后得出所有歌曲被播放的次数，由此反映出某些歌曲的受欢迎程度。

设计的运行环境是在 Hadoop 集群之中，采用 HBase 数据库存储音乐播放记录，以及使用 MapReduce 进行计算，最终输出文件可被外部的 Web 应用获得并展示这些数据，其中包括：播放总次数和歌曲名称。程序运行流程如图 6.8 所示。

图 6.8　音乐排行榜运行流程

结合图 6.7 和前面提过的音乐排行榜实现流程，以及目前已经完成的功能来看：数据导入、播放统计作业均已完成。实际上我们已经可以查询每首歌曲被播放的次数，剩下的工作仅仅是按"namelist"表中的列"details:rank"倒序排列，即可得到所有歌曲的排行，然后将结果输出。为简便起见，这里不给出每首歌曲的排名。

1. 排序作业

关于排序请先回顾此前 WordCount 中的示例，这里要善于利用 MapReduce 在处理键 / 值对数据时默认按键排序的特点。观察 namelist 表中的数据，如表 6-6 所示。

表6-6　namelist表的物理视图

行键（name）	列族 （details）	
	列	值
song1	details:rank	3
song2	details:rank	5
song3	details:rank	5
song4	details:rank	5
song5	details:rank	2
song6	details:rank	8
song7	details:rank	1
song8	details:rank	1
song9	details:rank	2

只要能够将列 details:rank 的单元值变为键即可按键排序。我们知道，在 TableMapper 中得到的是使用 TableInputFormat 进行表扫描后所有行的 <RowKey,Result> 键 / 值对，前提是在扫描时必须让 Result 中包含列 details:rank 的单元值。在 map() 方法中使用行键和 Result 的指定单元值形成格式为 <Cell.value,RowKey> 的新键 / 值对，这样在 Mapper 进行输出后默认就会有序。其 Mapper 实现代码如下。

```
/**
 * 扫描全部歌曲名称并获得每首歌曲被播放次数，反转输入的键和值
 * 输出键 / 值：播放次数 / 歌名，输出目的地：HDSF 文件
 */
static class ScanMusicNameMapper extends TableMapper<IntWritable, Text> {

    @Override
    protected void map(ImmutableBytesWritable key, Result value,
            Context context) throws IOException, InterruptedException {
        List<Cell> cells = value.listCells();
        for (Cell cell : cells) {
            context.write(
                    new IntWritable(Bytes.toInt(CellUtil.cloneValue(cell))),
                    new Text(Bytes.toString(key.get())));
```

```
            }
        }
    }
```

默认排序是按升序排列，所以还需解决降序排列的问题。这里键为 IntWritable，默认排序的规则通过 IntWritable.Comparator 类实现。在排序过程中进行两两比较时会去调用此类的 compare() 方法，返回值 -1、0、1 分别表示小于、等于、大于。所以一般只需要重写其 compare() 方法，并将返回值取反就可实现倒序比较器。实现代码如下。

```java
/**
 * 实现降序， 重写两个 compare() 方法
 */
private static class IntWritableDecreaseingComparator extends
        IntWritable.Comparator {
    @Override
    public int compare(WritableComparable a, WritableComparable b) {
        return -super.compare(a, b);// 比较结果取负数即可降序排列
    }

    @Override
    public int compare(byte[] b1, int s1, int l1, byte[] b2, int s2, int l2) {
        return -super.compare(b1, s1, l1, b2, s2, l2);
    }
}
```

最后使用如下代码，将新的倒序比较器设置为作业的默认排序比较器。

```java
job.setSortComparatorClass(IntWritableDecreaseingComparator.class);
```

2. 输出结果

当排序作业完成后即得到最终结果，不再需要其他处理即可输出。输出的目的地可以有多种，此处采用 HDFS 文件保存。采用默认输出格式，指定输出目录路径即可。

最后通过 HDFS FileSystem Java API 显示输出文件中的内容，至此整个程序完成。完整的音乐排行榜的实现代码如示例 4 所示。

示例 4

```java
package cn.music;

import java.io.IOException;
import java.io.InputStream;
import java.util.List;
import org.apache.hadoop.conf.Configuration;
import org.apache.hadoop.fs.FileSystem;
import org.apache.hadoop.fs.Path;
import org.apache.hadoop.hbase.Cell;
```

```java
import org.apache.hadoop.hbase.CellUtil;
import org.apache.hadoop.hbase.HBaseConfiguration;
import org.apache.hadoop.hbase.client.Put;
import org.apache.hadoop.hbase.client.Result;
import org.apache.hadoop.hbase.client.Scan;
import org.apache.hadoop.hbase.io.ImmutableBytesWritable;
import org.apache.hadoop.hbase.mapreduce.TableMapReduceUtil;
import org.apache.hadoop.hbase.mapreduce.TableMapper;
import org.apache.hadoop.hbase.mapreduce.TableReducer;
import org.apache.hadoop.hbase.util.Bytes;
import org.apache.hadoop.io.IOUtils;
import org.apache.hadoop.io.IntWritable;
import org.apache.hadoop.io.Text;
import org.apache.hadoop.io.WritableComparable;
import org.apache.hadoop.mapreduce.Job;
import org.apache.hadoop.mapreduce.lib.output.FileOutputFormat;
import org.apache.hadoop.util.GenericOptionsParser;

public class TopMusic {

    static final String TABLE_MUSIC = "music";
    static final String TABLE_NAMELIST = "namelist";
    static final String OUTPUT_PATH = "topmusic";

    /**
     * 扫描每一行数据中的列 info:name
     */
    static class ScanMusicMapper extends TableMapper<Text, IntWritable> {

        @Override
        protected void map(ImmutableBytesWritable key, Result value,
                Context context) throws IOException, InterruptedException {
            List<Cell> cells = value.listCells();
            for (Cell cell : cells) {
                if (Bytes.toString(CellUtil.cloneFamily(cell)).equals("info")&&
                Bytes.toString(CellUtil.cloneQualifier(cell)).equals("name")) {
                    context.write(
                            new Text(Bytes.toString(CellUtil.cloneValue(cell))),
                            new IntWritable(1));
                }
            }
        }
    }
}
```

```java
/**
 * 汇总每首歌曲播放总次数
 */
static class IntNumReducer extends TableReducer<Text, IntWritable, Text> {

    @Override
    protected void reduce(Text key, Iterable<IntWritable> values,
            Context context) throws IOException, InterruptedException {
        int playCount = 0;
        for (IntWritable num : values) {
            playCount += num.get();
        }
        // 为 Put 操作指定行键
        Put put = new Put(Bytes.toBytes(key.toString()));
        // 为 Put 操作指定列和值
        put.addColumn(Bytes.toBytes("details"), Bytes.toBytes("rank"),
                Bytes.toBytes(playCount));
        context.write(key, put);
    }

}


/**
 * 扫描全部歌曲名称并获得每首歌曲被播放次数
 * 输出键 / 值：播放次数 / 歌名，输出目的地：HDFS 文件
 */
static class ScanMusicNameMapper extends TableMapper<IntWritable, Text> {

    @Override
    protected void map(ImmutableBytesWritable key, Result value,
            Context context) throws IOException, InterruptedException {
        List<Cell> cells = value.listCells();
        for (Cell cell : cells) {
            context.write(
                    new IntWritable(Bytes.toInt(CellUtil.cloneValue(cell))),
                    new Text(Bytes.toString(key.get())));
        }
    }
}


/**
 * 实现降序排列
 */
private static class IntWritableDecreaseingComparator extends
```

```
            IntWritable.Comparator {
    @Override
    public int compare(WritableComparable a, WritableComparable b) {
            return -super.compare(a, b);// 比较结果取负数即可降序排列
    }

    @Override
    public int compare(byte[] b1, int s1, int l1, byte[] b2, int s2, int l2) {
            return -super.compare(b1, s1, l1, b2, s2, l2);
    }
}
/**
 * 配置作业：播放统计
 */
static boolean musicCount(String[] args)
            throws IOException, ClassNotFoundException, InterruptedException {

    Job job = Job.getInstance(conf, «music-count»);
    // MapReduce 程序作业基本配置
    job.setJarByClass(TopMusic.class);
    job.setNumReduceTasks(2);
    Scan scan = new Scan();
    scan.addColumn(Bytes.toBytes("info"), Bytes.toBytes("name"));
    // 使用 HBase 提供的工具类来设置 job
    TableMapReduceUtil.initTableMapperJob(TABLE_MUSIC, scan,
            ScanMusicMapper.class, Text.class, IntWritable.class, job);
    TableMapReduceUtil.initTableReducerJob(TABLE_NAMELIST,
            IntNumReducer.class, job);
    return job.waitForCompletion(true);
}
/////////////////////////////////////////////////////////////////////////////////////////////////////
/**
 * 配置作业：排序
 */
static boolean sortMusic(String[] args)
            throws IOException, ClassNotFoundException, InterruptedException {
    Job job = Job.getInstance(conf, «sort-music»);
    job.setJarByClass(TopMusic.class);
    job.setNumReduceTasks(1);
    job.setSortComparatorClass(IntWritableDecreaseingComparator.class);
    TableMapReduceUtil.initTableMapperJob(TABLE_NAMELIST, new Scan(),
            ScanMusicNameMapper.class, IntWritable.class, Text.class, job);
    Path output = new Path(OUTPUT_PATH);
    if (FileSystem.get(conf).exists(output))
```

```
                FileSystem.get(conf).delete(output, true);
        FileOutputFormat.setOutputPath(job, output);
        return job.waitForCompletion(true);
    }

    /**
     * 查看输出文件
     */
    static void showResult() throws IllegalArgumentException, IOException{
        FileSystem fs = FileSystem.get(conf);
        InputStream in = null;
        try {
                in = fs.open(new Path(OUTPUT_PATH+"/part-r-00000"));
                IOUtils.copyBytes(in, System.out, 4096, false);
        } finally {
                IOUtils.closeStream(in);
        }
    }
    static Configuration conf = HBaseConfiguration.create();

    public static void main(String[] args) throws IOException,
                ClassNotFoundException, InterruptedException {
        GenericOptionsParser gop = new GenericOptionsParser(conf, args);
        String[] otherArgs = gop.getRemainingArgs();

        if (musicCount(otherArgs)) {
                if (sortMusic(otherArgs)) {
                        showResult();
                }
        }
    }
}
```

程序运行结果如图 6.9 所示。

```
8       song6
5       song4
5       song3
5       song2
3       song1
2       song9
2       song5
1       song8
1       song7
[hduser@node1 hadoop]$ 
```

图 6.9　音乐排行榜运行结果

6.3.2　HBase 数据库设计优化

通过音乐排行榜的实现可以发现，在 HBase 和关系型数据库的操作使用上存在很大的差别。比如 HBase 中没有 Join 的概念，但可以通过特定的行关键字将需要 Join 的数据合并在一起；又如以歌曲名或 ID 为前缀、以播放日期为后缀作为行键，使得同一 ID 的歌曲聚集存放的同时在同一聚簇内又按时间排序。所以，适当的 HBase 的模式设计可以使其具有 HBase 本身不具备的功能，并且使其执行效率得到成倍提高。

1．列族的设计

建议将 HBase 列族的数量设置得越少越好。对于两个或两个以上的列族，HBase 并不能处理得很好。当一个列族所存储的数据达到某个阈值时，该表中的所有列族同时将内存中的数据写入磁盘，这会带来不必要的 I/O 开销。

2．行键的设计

应避免使用时序或单调递增（递减）的行键。因为当数据到来的时候，HBase 首先需要根据记录的行键来确定存储的位置，而连续到来的数据将会被分配到同一个 Region 中，其他 Region 却处于空闲状态，这不利于负载均衡。解决的办法就是为行键添加合适的前缀。

3．尽量最小化行键和列族的大小

在 HBase 中，一个具体的单元值由存储该值的行键、对应的列以及该值的时间戳定位。HBase 中的索引是为了加快随机访问的速度，该索引的创建是基于"行键 + 列族；列 + 时间戳 + 值"，如果行键和列族过大，甚至超过值本身的大小，那么将增加索引的大小。

4．版本的数量

HBase 在进行数据存储的时候，新的数据并不会直接覆盖旧的数据，而是进行追加操作，不同的数据通过时间戳进行区分。默认每行数据存储 3 个版本，建议不要设置得过大。

6.3.3　MapReduce 全局共享数据

在编写 MapReduce 代码的时候，经常会遇到这样的困扰：全局变量应该如何保存？如何让每个任务处理都能获取保存的这些全局变量？在编程过程中全局变量的使用是不可避免的，但是在 MapReduce 中直接使用代码级别的全局变量是不现实的，因为具体的 Mapper 类和 Reducer 类在运行时都是独立的，并不会像代码那样看起来会共享同一个 JVM 的资源。下面介绍几种在 MapReduce 编程中相对有效的设置全局共享数据的方法。

1．读写 HDFS 文件

在 MapReduce 框架中，MapTask 和 ReduceTask 都运行在 Hadoop 集群的节点上，所以无论是 MapTask 和 ReduceTask；还是不同的 Job 都可以通过读写 HDFS 中的同一个文件实现全局共享数据。需要注意的是，针对多个 Mapper 或 Reducer 的写操作会产生冲突。

这种方法的优点是能够实现读写，也比较直观；缺点是共享一些很小的全局数据也需要使用 I/O，会占用系统资源，增加作业完成的资源消耗。

2. 配置 Job 属性

在 MapReduce 执行过程中，Task 可以读取 Job 的属性。所以，在任务启动前利用 Configuration 类中的 set(String name,String value) 方法将一些简单的全局数据封装到作业的配置属性中，然后在 Task 中再利用 Configuration 类中的 get(String name) 方法获取配置到属性中的全局数据。

这种方法的优点是简单，资源消耗小；缺点是对量比较大的共享数据会显得比较无力。

3. 使用分布式缓存

DistributedCache 是 MapReduce 为应用提供缓存文件的只读工具，它可以缓存文本文件、压缩文件和 jar 文件等。在使用时，用户可以在作业配置时使用本地或 HDFS 文件的 URI 来将其设置成共享缓存文件。在 Job 启动之后和 Task 启动之前，MapReduce 框架会将可能需要的缓存文件复制到本地执行任务的节点。

这种方法的优点是每个 Job 共享文件只会在启动之后复制一次，并且适用于大量的共享数据；而缺点是它是只读的。具体使用方法如下。

（1）将要缓存的本地文件复制到 HDFS 上。

```
hadoop fs –put /home/hduser/file/file1.txt /input2/file
```

（2）启用作业的属性配置，并设置待缓存文件。

```
Configuration conf=new Configuration();
Job job=Job.getInstance(conf,"job1");
job.addCacheFile(new URI("/input2/file/file1.txt#myfile"));
// 添加 jar 文件到任务类路径中
job.addFileToClassPath(new Path("/input2/file/a.jar"));
// 等价于 -libjars 选项，该语句是前面提过的处理任务依赖库的另一种方式
```

在新版本中，分布式缓存 API 被移动到 Job 下，而旧版本是在 DistributedCache 中。上述代码中 URI 以"#myfile"结尾，称为符号化连接的名称，表示所对应的文件是在任务工作目录的"myfile"文件中。

（3）在 map() 或 reduce() 方法中使用缓存文件。

```
public static class MyMapper extends Mapper<Object,Text,Text,IntWritable>{
    public void map(Object key,Text value,Context context)  {
        // 直接使用符号化连接的名称，注意获得的是本地文件而非 HDFS 文件
        FileReader reader=new FileReader("myfile");
        // 省略其他代码
    }
}
```

➡ 本章总结

- ➤ 音乐排行榜是 HDFS、MapReduce 及 HBase 三种技术的综合实践，尤其是通过 MapReduce 和 HBase 的集成使用，可以将三者之间的优势充分发挥出来。
- ➤ Bulk Loading 工具为 HBase 提供了一种从其他环境中快速获取数据文件的解决方案。其通过两步完成。
  - ◆ 首先直接使用 importtsv 生成 HBase 的内部数据格式 Hfile。
  - ◆ 然后使用 completebulkload 直接加载生成的 HFile 到 HDFS 中。
- ➤ MapReduce 本身支持多种输入/输出格式，基于此 HBase 为 MapReduce 提供单独的 TableInputFormat 和 TableOutputFormat 类，来完成针对 HBase 数据库表的输入/输出。在 MapReduce 中与 map 和 reduce 对应的处理分别是 TableMapper 及 TableReducer，其中分别对类的部分形参做了限制。
- ➤ 为了简化开发，HBase 还提供了 TableMapReduceUtil 工具类，可以很方便地创建一个 HBase map 任务或 reduce 任务。
- ➤ 客户端和任务在运行时对第三方依赖库要分别处理。推荐的做法是在 $HADOOP_CLASSPATH 中加入客户端的依赖库，而使用 -libjars 选项来解决任务的依赖库，但必须使用 GenericOptionsParser 才能开启对 -libjars 的支持。
- ➤ HBase 数据库设计的优化方法。
  - ◆ 列族越少越好。
  - ◆ 避免使用单调递增（减）的行键。
  - ◆ 行键和列族的大小尽量减小。
  - ◆ 版本的数量不要过多。
- ➤ MapReduce 作业的全局共享数据的解决办法。
  - ◆ 使用 HDFS 文件作为中介。
  - ◆ 少量的数据使用作业的配置属性。
  - ◆ 使用分布式缓存。

➡ 本章练习

1. 写出 MapReduce 和 HBase 各自的局限性。
2. 根据音乐排行榜的实现，总结 MapReduce 程序开发的步骤。
3. 改造音乐排行榜，要求能够在统计结果中查看每首歌曲的详细信息。

提示：

例如，在结果文件中输出以下内容。

8	song6	singer6	woman	quick	ios
5	song4	singer4	woman	slow	ios

...

4. 对作业 3 的输出结果再次统计，要求按歌手性别分别统计播放次数占比。输出结果如下：

```
man          49%
woman        51%
```

提示：在 map 处理阶段，对于每一条输入，可知单曲歌手性别及播放次数。输出键 / 值对：<gender,n>，其中，gender 取值为 "man" 或 "woman"，n 取值为单曲的播放次数。

在 reduce 处理阶段，按性别汇总所有单曲播放次数即可。

5. 改造示例 1，要求使用分布式缓存技术处理任务对第三方依赖库的依赖。

提示：使用 Job 对象的 addFileToClassPath(Path path) 方法可将第三方 jar 文件加入到任务类路径中，注意 jar 文件存储的位置。

数据仓库 Hive

技能目标

❖ 了解 Hive 的产生背景及环境部署

❖ 掌握 Hive 中 DDL 和 DML 的使用

❖ 掌握 Hive 中函数（内置函数 +UDF 函数）
  的使用

❖ 认知 Hive 中常见的优化策略

本章任务

学习本章，需要完成以下 3 个工作任务。记录学习过程中遇到的问题，通过自己的努力或访问 kgc.cn 解决。

任务 1：Hive 基础

了解 Hive 的产生背景，Hive 架构，Hive 与 Hadoop 以及传统关系型数据库的对比，掌握 Hive 的环境部署。

任务 2：掌握 Hive 操作

掌握 Hive 的 DDL、DML 操作。

任务 3：Hive 高级应用

掌握 Hive 中内置函数的使用以及开发 Hive 自定义函数，了解 Hive 的常用优化策略。

任务 1 Hive 基础

关键步骤如下。

➢ MapReduce 编程的不便及 Hive 的产生背景。

➢ Hive 的系统架构。

➢ Hive 环境搭建。

7.1.1 认识 Hive

1. Hive 产生背景

Hadoop 生态圈就是为了处理大数据而产生的解决方案。Hadoop 中的 MapReduce 计算模型能将计算作业任务切分成多个小单元，然后分布到各个节点上去执行，从而降低计算成本并提供高扩展性。但是使用 MapReduce 进行数据处理分析的门槛是比较高的，要先学会 Java 面向 MapReduce API 进行编程，这对于 DBA 或者运维人员来说门槛高、不易学。那么能否让用户从一个现有的数据基础架构转移到 Hadoop 上来呢，比如说这个数据架构就是基于传统关系型数据库和 SQL 查询的。对于大量的 SQL 用户来说，这个问题将如何解决？基于这个挑战，在 Facebook 诞生了 Hive。

2. 什么是 Hive

Hive 是基于 Hadoop 的一个数据仓库工具，可以将结构化的数据文件映射为一张数据库表，并提供 SQL 查询功能，可以将 SQL 语句转换为 MapReduce 任务运行。Hive 提供了一系列的工具，可以用来进行数据提取转化加载（ETL），是一种可以存储、查询和分析存储在 Hadoop 中的大规模数据的机制。

3. 为什么要使用 Hive

我们使用 Hadoop 的 MapReduce 进行数据处理时面临着人员学习成本太高、项目周期要求太短、MapReduce 实现复杂逻辑开发难度太大等问题。这就是我们使用 Hive 的原因所在了。

当我们使用 Hive 时，操作接口采用类 SQL 语法，提供了快速开发的能力，避免了写 MapReduce，减少了开发人员的学习成本，而且扩展功能很方便。

4．Hive 特点

可扩展：Hive 可以自由扩展集群的规模，一般情况下不需要重启服务。

延展性：Hive 支持用户自定义函数，用户可以根据自己的需求来实现自定义的函数。

容错性：良好的容错性，即使节点出现问题 SQL 仍可完成执行。

7.1.2　Hive 架构设计

1．架构图

Hive 是一个几乎所有 Hadoop 机器都安装的实用工具。Hive 环境很容易建立，不需要太多基础设施。鉴于它的使用成本很低，我们几乎没有理由将其拒之门外。但需要注意的是，Hive 的查询性能通常很低，这是因为它会把 SQL 转换为运行较慢的 MapReduce 任务。Hive 架构如图 7.1 所示。

图 7.1　Hive 架构图

2．基本构成

Hive 的体系结构分为以下几部分。

（1）用户接口主要有 3 个：CLI、Client 和 HWI（Hive Web Interface）。其中最常用的是 CLI，CLI 启动时会同时启动一个 Hive 副本。Client 是 Hive 的客户端，用户通过其连接至 Hive Server。在启动 Client 模式的时候，需要指出 Hive Server 所在节点，并且在该节点启动 Hive Server。HWI 通过浏览器访问 Hive。

（2）Hive 将元数据存储在数据库中，如 MySQL、Derby。Hive 中的元数据包括表的名字、表的列和分区及其属性、表的属性（是否为外部表等）、表的数据所在目录等。

（3）解释器、编译器、优化器完成 HQL 查询语句从词法分析、语法分析、编译、优化到查询计划的生成。生成的查询计划存储在 HDFS 中，随后由 MapReduce 调用执行。

（4）Hive 的数据存储在 HDFS 中，大部分的查询、计算由 MapReduce 完成（但

是包含 * 的查询，比如 select * from tbl 不会生成 MapRedcue 任务）。

7.1.3 Hive 与 Hadoop

Hive 是建立在 Hadoop 之上的一个工具，如图 7.2 所示。Hive 能够帮助用户屏蔽掉复杂的 MapReduce 逻辑，而只需用户使用简单的 SQL 语句即可完成一定的查询功能。Hive 利用 HDFS 存储数据，利用 MapReduce 查询数据。

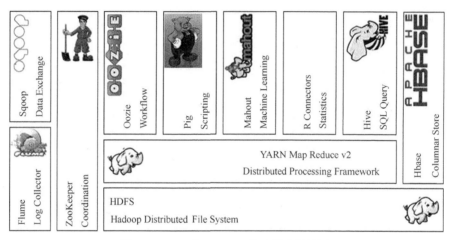

图 7.2　Hive 在 Hadoop 生态圈中的位置

7.1.4 Hive 与传统关系型数据库

Hive 与传统关系型数据库的对比如表 7-1 所示。

表7-1　Hive与传统关系型数据库对比

	Hive	RDMS
查询语言	HQL	SQL
数据存储	HDFS	Raw Device or Local FS
执行	MapReduce	Executor
执行延迟	高	低
处理数据规模	大	小
索引	0.8 版本后加入	有复杂的索引

总结

Hive 具有 SQL 数据库的很多类似功能，但应用场景完全不同，Hive 只适合做批量数据统计分析。

7.1.5　Hive 数据存储模型

Hive 中所有的数据都存储在 HDFS 中，没有专门的数据存储格式（可支持 Text、SequenceFile、Parquet、RCFile、ORC 等存储格式）；只需要在创建表的时候告诉 Hive 数据中的列分隔符和行分隔符，Hive 就可以解析数据。

Hive 部署架构

Hive 中包含以下数据模型：db、table、external table、partition、bucket。

（1）db：在 HDFS 中表现为 ${hive.metastore.warehouse.dir} 目录下的一个文件夹。

（2）table：在 HDFS 中表现为所属 db 目录下的一个文件夹。

（3）external table：与 table 类似，不过其数据存放位置可以在任意指定路径。

（4）partition：在 HDFS 中表现为 table 目录下的子目录。

（5）bucket：在 HDFS 中表现为同一个表目录下根据 hash 散列之后的多个文件。

Hive 数据存储模型如图 7.3 所示。

图 7.3　Hive 数据存储模型

7.1.6　Hive 部署

（1）下载地址：http://archive.cloudera.com/cdh5/cdh/5/

（2）下载版本：hive-1.1.0-cdh5.7.0.tar.gz

（3）安装路径：/home/hadoop/app/hive-1.1.0-cdh5.7.0

（4）配置环境变量：~/.bash_profile

```
export HIVE_HOME=/home/hadoop/app/hive-1.1.0-cdh5.7.0
export PATH=$HIVE_HOME/bin:$PATH
```

（5）Hive 配置文件：$HIVE_HOME/conf/hive-site.xml

```
<?xml version="1.0"?>
<?xml-stylesheet type="text/xsl" href="configuration.xsl"?>

<configuration>
    <!-- 指定 Hive 元数据存储的 MySQL 地址 -->
    <property>
```

```
<name>javax.jdo.option.ConnectionURL</name>
<value>jdbc:mysql://localhost:3306/hive?createDatabaseIfNotExist=true</value>
</property>

<!-- 元数据存储数据库的驱动 -->
<property>
  <name>javax.jdo.option.ConnectionDriverName</name>
  <value>com.mysql.jdbc.Driver</value>
</property>

<!-- 元数据存储数据库的用户名 -->
<property>
  <name>javax.jdo.option.ConnectionUserName</name>
  <value>root</value>
</property>

<!-- 元数据存储数据库的密码 -->
<property>
  <name>javax.jdo.option.ConnectionPassword</name>
  <value>root</value>
  </property>
</configuration>
```

（6）启动 Hive

```
hive
```

任务 2　掌握 Hive 操作

关键步骤如下。

➢ Hive 表的 DDL 操作。

➢ Hive 表的 DML 操作。

➢ Hive 的 shell 操作。

7.2.1　Hive DDL

1. 创建表

Hive 创建表的语法如下。

```
CREATE [TEMPORARY] [EXTERNAL] TABLE [IF NOT EXISTS] [db_name.]table_name    -- (Note:
TEMPORARY available in Hive 0.14.0 and later)
  [(col_name data_type [COMMENT col_comment], ...)]
```

```
[COMMENT table_comment]
[PARTITIONED BY (col_name data_type [COMMENT col_comment], ...)]
 [CLUSTERED BY (col_name, col_name, ...) [SORTED BY (col_name [ASC|DESC], ...)] INTO num_buckets BUCKETS]
[SKEWED BY (col_name, col_name, ...) ]
  ON ((col_value, col_value, ...), (col_value, col_value, ...), ...)
  [STORED AS DIRECTORIES]
[
 [ROW FORMAT row_format]
 [STORED AS file_format]
  | STORED BY 'storage.handler.class.name' [WITH SERDEPROPERTIES (...)] ]
[LOCATION hdfs_path]
[TBLPROPERTIES (property_name=property_value, ...)]
[AS select_statement];
```

创建表语句说明：

（1）CREATE TABLE 创建一个指定名字的表。如果相同名字的表已经存在，则抛出异常，用户可以用 IF NOT EXISTS 选项来忽略这个异常。

（2）EXTERNAL 关键字可以让用户创建一个外部表，在创建表的同时指定一个指向实际数据的路径（LOCATION）。Hive 创建内部表时，会将数据移动到数据仓库指向的路径；若创建外部表，仅记录数据所在的路径，不对数据的位置做任何改变。在删除表的时候，内部表的元数据和数据会被一起删除，而外部表只删除元数据，不删除数据。

（3）LIKE 允许用户复制现有的表结构，但是不复制数据。

（4）用户在建表的时候可以自定义 SerDe（Serialize/Deserialize）或者使用自带的 SerDe。如果没有指定 ROW FORMAT 或者 ROW FORMAT DELIMITED，将会使用自带的 SerDe。在建表的时候，用户还需要为表指定列，在指定列的同时也会指定自定义的 SerDe，Hive 通过 SerDe 确定表的具体列的数据。

（5）存储格式指定：STORED AS SEQUENCEFILE|TEXTFILE|RCFILE。

如果文件数据是纯文本，可以使用 STORED AS TEXTFILE，也可以采用更高级的存储方式，比如 ORC、Parquet 等。

（6）对于每一个表（table）或者分区，Hive 可以进一步组织成桶（Bucket），也就是说桶是更细粒度的数据范围划分。Hive 针对某一列进行桶的组织，先对列值哈希，然后除以桶的个数求余决定该条记录存放在哪个桶当中。

把表（或者分区）组织成桶有两个理由：第一是获得更高的查询处理效率。桶为表加上了额外的结构，Hive 在处理某些查询时能利用这个结构。具体而言，连接两个在相同列（包含连接列的）上划分了桶的表，可以使用 Map 端连接（Map-side join）高效地实现。比如 JOIN 操作。两个表有一个相同的列，如果对这两个表都进行了桶操作，那么只保存相同列值的桶进行 JOIN 操作就可以，将大大减少 JOIN 的数据量。第二是使取样（sampling）更高效。在处理大规模数据集的开发和修改查询阶段，如果能在数据集的一小部分数据上试运行查询，将带来很多便利。

创建内部表示例。

```
create table emp(
empno int,ename string,job string,mgr int,hiredate string,sal double,comm double,deptno int
)row format delimited fields terminated by '\t';
```

创建外部表示例。

```
create external table emp_external(
empno int,ename string,job string,mgr int,hiredate string,sal double,comm double,deptno int
)row format delimited fields terminated by '\t'
location '/hive_external/emp/';
```

创建分区表。

```
CREATE TABLE order_partition (
orderNumber STRING
, event_time  STRING
)
PARTITIONED BY (event_month string)
ROW FORMAT DELIMITED FIELDS TERMINATED BY '\t';
```

2. 修改表

修改表包括重命名表、添加列、更新列等操作。

重命名表语法。

```
ALTER TABLE table_name RENAME TO new_table_name
```

重命名表示例。

```
// 将 emp 表改名为 emp_new
ALTER TABLE emp RENAME TO emp_new;

// 将 emp_new 表重新改名为 emp
ALTER TABLE emp_new RENAME TO emp;
```

添加 / 更新列语法。

```
ALTER TABLE table_name ADD|REPLACE COLUMNS (col_name data_type [COMMENT col_comment], ...)
```

 注意

> ADD 代表新增一个字段，字段位置在所有列后面（partition 列前面），REPLACE 则表示替换表中所有字段。

添加列示例。

// 创建测试表
```
create table student(id int, age int, name string) row format delimited fields terminated by '\t';
```

// 查看表结构
```
desc student;
```

// 添加一列 address
```
alter table student add columns (address string);
```

// 查看表结构， 可以看到已经添加了 address 这一列
```
desc student;
```

// 更新所有的列
```
alter table student replace columns (id int, name string);
```

// 查看表结构， 现在 student 表中只有 id 和 name 两列
```
desc student;
```

3. 显示命令
显示命令可以查询或者查看 Hive 数据库和表的信息。

// 查看所有数据库
```
show databases
```

// 查看某个数据库中的所有表
```
show tables
```

// 查看某个表的所有分区信息
```
show partitions
```

// 查看 Hive 支持的所有函数
```
show functions
```

// 查看表的信息
```
desc extended t_name;
```

// 查看更加详细的表信息
```
desc formatted table_name;
```

7.2.2 Hive DML

1. load
使用 load 可以将文本文件的数据加载到 Hive 表中。语法结构如下。

```
LOAD DATA [LOCAL] INPATH 'filepath' [OVERWRITE] INTO
TABLE tablename [PARTITION (partcol1=val1, partcol2=val2 ...)]
```

load 操作只是单纯的复制 / 移动操作，将数据文件移动到 Hive 表对应的位置。

说明：

（1）filepath

相对路径，例如：project/data1

绝对路径，例如：/user/hive/project/data1

（2）LOCAL 关键字

如果指定了 LOCAL 关键字，load 命令会去查找本地文件系统中的 filepath。

如果没有指定 LOCAL 关键字，则根据 inpath 中的 uri 查找文件，包含模式的完整 URI，例如：

```
hdfs://namenode:8020/user/hive/data1
```

（3）OVERWRITE 关键字

如果使用了 OVERWRITE 关键字，则目标表（或者分区）中的内容会被删除，然后再将 filepath 指向的文件 / 目录中的内容添加到表 / 分区中。

如果目标表（分区）已经有一个文件，并且文件名和 filepath 中的文件名冲突，那么现有的文件会被新文件所替代。

示例 加载本地文件到Hive表

```
load data local inpath '/home/hadoop/data/emp.txt' into table emp;
```

示例 加载HDFS文件到Hive表

```
// 上传本地文件到 HDFS
cd /home/hadoop/data
hadoop fs -mkdir -p /data/hive
hadoop fs -put emp.txt /data/hive/

// 加载 HDFS 文件到 Hive 表
load data inpath '/data/hive/emp.txt' into table emp;
```

示例 overwrite的使用，会覆盖表中已有的数据

```
load data local inpath '/home/hadoop/data/emp.txt' overwrite into table emp;
```

示例 加载数据到Hive分区表

```
load data local inpath '/home/hadoop/data/order.txt' overwrite into table order_partition PARTITION (event_month='2014-05');
```

2. insert

insert 将查询结果插入到 Hive 表，语法结构如下。

```
INSERT OVERWRITE TABLE tablename1 [PARTITION (partcol1=val1, partcol2=val2 ...)] select_
```

statement1 FROM from_statement

// 多 insert 插入
FROM from_statement
INSERT OVERWRITE TABLE tablename1 [PARTITION (partcol1=val1, partcol2=val2 ...)] select_
statement1
[INSERT OVERWRITE TABLE tablename2 [PARTITION ...] select_statement2] ...

// 动态分区插入
INSERT OVERWRITE TABLE tablename PARTITION (partcol1[=val1], partcol2[=val2] ...) select_
statement FROM from_statement

示例　使用insert将查询结果写入到Hive表中

// 拷贝原表的指定字段
CREATE TABLE emp2 as select empno, ename, job, deptno from emp;

示例　使用insert将结果写入到Hive分区表

// 为测试分区表准备的原始数据表
DROP TABLE order_4_partition;
CREATE TABLE order_4_partition (
  orderNumber STRING
, event_time STRING
)
ROW FORMAT DELIMITED FIELDS TERMINATED BY '\t';

load data local inpath '/home/hadoop/data/order.txt' overwrite into table order_4_partition;
insert overwrite table order_partition partition(event_month='2014-07') select * from order_4_partition;

// 将结果写入到 Hive 指定的分区表中
insert into table order_partition partition(event_month='2014-07') select * from order_4_partition;

3. 导出表数据

将 Hive 表中的数据导出到文件系统（本地 /HDFS），语法格式如下。

INSERT OVERWRITE [LOCAL] DIRECTORY directory1 SELECT ... FROM ...

示例　导出数据到本地

INSERT OVERWRITE LOCAL directory '/home/hadoop/hivetmp'
ROW FORMAT DELIMITED FIELDS TERMINATED BY '\t' LINES TERMINATED BY '\n'
select * from emp;

示例　导出数据到HDFS

INSERT OVERWRITE directory '/hivetmp/' select * from emp;

4. select

基本的 select 查询语法如下。

```
SELECT [ALL | DISTINCT] select_expr, select_expr, ...
FROM table_reference
[WHERE where_condition]
[GROUP BY col_list [HAVING condition]]
[CLUSTER BY col_list
  | [DISTRIBUTE BY col_list] [SORT BY| ORDER BY col_list]
]
[LIMIT number]
```

排序说明如下。

（1）order by 会对输入做全局排序，因此只有一个 reducer，会导致输入规模较大时，需要较长的计算时间。

（2）sort by 不是全局排序，其在数据进入 reducer 前完成排序。因此，如果用 sort by 进行排序，并且设置 mapred.reduce.tasks>1，则 sort by 只保证每个 reducer 的输出有序，不保证全局有序。

（3）distribute by 根据指定的内容将数据分到同一个 reducer。

（4）cluster by 除了具有 distribute by 的功能外，还会对该字段进行排序。因此，常常认为 cluster by = distribute by + sort by。

示例　全表查询、 指定表字段查询

```
select * from emp;
select empno, ename from emp;
```

示例　条件过滤

```
// 等值过滤
select * from emp where deptno =10;
select * from emp where ename ='SCOTT';

// >=、 <= 过滤
select * from emp where empno >= 7500;
select * from emp where empno <= 7500;

// between and 区间过滤
select ename,sal from emp where sal between 800 and 1500;

// limit 控制结果集记录条数
select * from emp limit 4;

// in/not in
select ename,sal,comm from emp where ename in ('SMITH','KING');
```

select ename,sal,comm from emp where cname not in ('SMITH','KING');

// is/not null
select ename,sal,comm from emp where comm is null;
select ename,sal,comm from emp where comm is not null;

// 聚合统计函数： max/min/count/sum/avg
// 查询部门编号为 10 的部门员工数
select count(*) from emp where deptno=10;
// 求最高工资、最低工资、工资总和、平均工资
select max(sal), min(sal), sum(sal), avg(sal) from emp;

// 求每个部门的平均工资
select deptno, avg(sal) from emp group by deptno;

// 报错：Expression not in GROUP BY key 'ename'
select ename, deptno, avg(sal) from emp group by deptno;

// 求每个部门、工作岗位的最高工资
select deptno,job,max(sal) from emp group by deptno,job;

// 分组后条件过滤使用 having，对分组结果进行筛选，后跟聚合函数，Hive0.11 版本之后才支持；
where 是对单条记录进行筛选，having 是对分组结果进行筛选

求每个部门的平均薪水大于 2000 的部门
select avg(sal),deptno from emp group by deptno ;
select avg(sal),deptno from emp group by deptno having avg(sal)>2000;

// case when then
select ename, sal,
case
when sal > 1 and sal <=1000 then 'LOWER'
when sal >1000 and sal <=2000 then 'MIDDLE'
when sal >2000 and sal <=4000 then 'HIGH'
ELSE 'HIGHEST' end
from emp;

5. join

Hive 中使用 join 关键字完成多表关联查询，语法格式如下。

join_table:
 table_reference JOIN table_factor [join_condition]
 | table_reference {LEFT|RIGHT|FULL} [OUTER] JOIN table_reference join_condition
 | table_reference LEFT SEMI JOIN table_reference join_condition

Hive 支持等值连接（equality joins）、外连接（outer joins，包括 left/right joins）。Hive 不支持非等值连接，因为非等值连接非常难以转化到 map/reduce 任务中。另外，Hive 支持多于两个表的连接。

示例 **使用 join 完成两表关联查询**

```
// 创建部门表
create table dept(
deptno int,dname string,loc string
)row format delimited fields terminated by '\t';

// 加载数据表到部门表中
load data local inpath '/home/hadoop/data/dept.txt' overwrite into table dept;

// 关联员工表和部门表
select e.empno, e.ename, e.deptno, d.dname from emp e join dept d on e.deptno=d.deptno;
```

join 在使用时的注意事项。

（1）只支持等值 join。

```
// 正确的
SELECT a.* FROM a JOIN b ON (a.id = b.id)

// 错误的， 因为 Hive 不支持不等值 join
SELECT a.* FROM a JOIN b ON (a.id>b.id)
```

（2）可以 join 多于两个的表。

```
SELECT a.val, b.val, c.val FROM a JOIN b ON (a.key = b.key1) JOIN c ON (c.key = b.key2)
```

（3）LEFT、RIGHT 和 FULL OUTER 关键字用于处理 join 中存在空记录的情况。

SELECT a.val, b.val FROM a LEFT OUTER JOIN b ON (a.key=b.key)，对应所有 a 表中的记录都有一条记录输出。输出的结果应该是 a.val, b.val，当 a.key=b.key 时，b.key 中找不到等值的 a.key 记录也会输出 a.val, NULL，所以 a 表中的所有记录都被保留了；同理，a RIGHT OUTER JOIN b 会保留 b 表的所有记录。

7.2.3 Hive shell

1. Hive 命令行

语法结构：

hive [-hiveconf x=y]* [<-i filename>]* [<-f filename>|<-e query-string>] [-S]

使用说明：

（1）-i 从文件初始化 HQL（Hive QL）

（2）-e 从命令行执行指定的 HQL

（3）-f 执行 HQL 脚本

（4）-v 输出执行的 HQL 语句到控制台

（5）-p <port> 指定 Hive Server 连接端口

（6）-hiveconf x=y 配置 Hive/Hadoop 参数

示例　运行一个查询

hive -e 'select count(*) from emp';

示例　运行一个文件

\# 将 sql 写在 query.hql 文件中

select count(*) from emp

\# 使用 hive -f 后跟一个 sql 文件

hive -f query.hql

2．Hive 参数配置方式

开发 Hive 应用程序时，不可避免地需要设定 Hive 的参数。设定参数可以调优 HQL 代码的执行效率，或帮助定位问题。然而实践中经常遇到的一个问题是，为什么设定的参数没有起作用？这通常是由于错误的设定方式导致的。

对于一般参数，有以下 3 种设定方式：

（1）配置文件

用户自定义配置文件：$HIVE_CONF_DIR/hive-site.xml

默认配置文件：$HIVE_CONF_DIR/hive-default.xml

（2）命令行参数

启动 Hive（客户端或 Server 方式）时，可以在命令行添加 -hiveconf param=value 来设定参数，例如：

bin/hive -hiveconf hive.root.logger=INFO,console

这一设定只对本次启动的 Session（对于 Server 方式启动，则是所有请求的 Sessions）有效。

（3）参数声明

可以在 HQL 中使用 SET 关键字设定参数，这一设定的作用域也是 Session 级的。例如：

set mapred.reduce.tasks=100;

上述 3 种设定方式的优先级依次递增。即参数声明覆盖命令行参数，命令行参数覆盖配置文件设定。注意某些系统级的参数，例如 log4j 相关的设定，必须采用前两种方式，因为那些参数的读取在 Session 建立以前已经完成了。

任务 3　Hive 高级应用

关键步骤如下。

➢ 获取和使用 Hive 内置函数。

➢ 自定义 UDF 函数。

➢ 熟悉 Hive 中常用的优化策略。

7.3.1 Hive 函数

1．Hive 内置函数

为了方便开发人员使用函数，Hive 提供了大量的内置函数。

如何知道 Hive 中有哪些内置函数以及如何使用？

Hive
内置函数

```
// 获取 Hive 所有的函数
SHOW FUNCTIONS;
```

```
// 查看指定函数的使用方法
DESCRIBE FUNCTION <function_name>;
```

```
// 查看指定函数的详细使用方法， 包括函数的使用案例
DESCRIBE FUNCTION EXTENDED <function_name>;
```

> **示例** 使用 Hive 内置的函数

```
// 将 ename 字符串转换成大写
select empno, ename, upper(ename) from emp;
```

```
// 查看 concat 的使用方法
desc function extended concat;
```

```
// 使用 concat 方式连接 ename 和 job 字段
SELECT empno, ename, job, concat(ename,job) FROM emp;
```

更多的内置函数请查看 Hive 官网（https://cwiki.apache.org/confluence/display/Hive/LanguageManual+UDF）。

2．Hive 自定义函数介绍

当 Hive 提供的内置函数无法满足你的业务处理需要时，可以考虑使用用户自定义函数（User-Defined Function，UDF）。

Hive 中常用的 UDF 有如下 3 种。

（1）UDF

一条记录使用函数后输出还是一条记录，比如：upper/substr。

（2）UDAF(User-Defined Aggregation Funcation)

多条记录使用函数后输出还是一条记录，比如：count/max/min/sum/avg。

（3）UDTF(User-Defined Table-Generating Functions)

一条记录使用函数后输出多条记录，比如：lateral view explore()。

3．Hive 自定义函数开发

需求：开发自定义函数，使得在指定字段前加上"Hello："字样。

Hive 中 UDF 函数开发步骤。

（1）继承 UDF 类。

（2）重写 evaluate 方法，该方法支持重载，对每行记录执行一次 evaluate 方法。

注意

　　① UDF 必须要有返回值，可以是 null，但是不能为 void。

　　② 推荐使用 Text/LongWritable 等 Hadoop 类型，而不是 Java 类型（当然使用 Java 类型也是可以的）。

功能实现：

（1）pom.xml 中添加 UDF 函数开发的依赖包。

```xml
<properties>
    <project.build.sourceEncoding>UTF-8</project.build.sourceEncoding>
    <hadoop.version>2.6.0-cdh5.7.0</hadoop.version>
    <hive.version>1.1.0-cdh5.7.0</hive.version>
</properties>

<!--CDH 版本建议添加一个 repository-->
<repositories>
    <repository>
        <id>cloudera</id>
        <url>https://repository.cloudera.com/artifactory/cloudera-repos/</url>
    </repository>
</repositories>

<dependencies>
    <!--Hadoop 依赖 -->
    <dependency>
        <groupId>org.apache.hadoop</groupId>
        <artifactId>hadoop-common</artifactId>
        <version>${hadoop.version}</version>
    </dependency>

    <!--Hive 依赖 -->
    <dependency>
        <groupId>org.apache.hive</groupId>
        <artifactId>hive-exec</artifactId>
```

```
        <version>${hive.version}</version>
    </dependency>

    <dependency>
        <groupId>org.apache.hive</groupId>
        <artifactId>hive-jdbc</artifactId>
        <version>${hive.version}</version>
    </dependency>
</dependencies>
```

（2）自定义 UDF 函数实现。

代码 7.1

```java
package com.kgc.bigdata.hadoop.hive;

import org.apache.hadoop.hive.ql.exec.UDF;
import org.apache.hadoop.io.IntWritable;
import org.apache.hadoop.io.Text;

/**
 * 功能： 输入 xxx， 输出： Hello： xxx
 *
 * 开发 UDF 函数的步骤
 * 1） extends UDF
 * 2） 重写 evaluate 方法， 注意该方法是支持重载的
 */
public class HelloUDF extends UDF{

    /**
     * 对于 UDF 函数的 evaluate 的参数和返回值，建议使用 Writable
     * @param name
     * @return
     */
    public Text evaluate(Text name){
        return new Text("Hello： " + name);
    }

    public Text evaluate(Text name, IntWritable age){
        return new Text("Hello： " + name + "，age :" + age);
    }

    // 功能测试
    public static void main(String[] args) {
        HelloUDF udf = new HelloUDF();
```

```
System.out.println(udf.evaluate(new Text("zhangsan")));
System.out.println(udf.evaluate(new Text("zhangsan"), new IntWritable(20)));
    }
}
```

（3）编译 jar 包上传到服务器。

（4）将自定义 UDF 函数添加到 Hive 中去。

```
add JAR /home/hadoop/lib/hive-1.0.jar;
create temporary function sayHello as 'com.kgc.bigdata.hadoop.hive.HelloUDF';
```

（5）使用自定义函数。

```
// 通过 show functions 可以看到自定义的 sayHello 函数
show functions;

// 将员工表的 ename 作为自定义 UDF 函数的参数值，即可查看到最终的输出结果
select empno, ename, sayHello(ename) from emp;
```

7.3.2 Hive 调优策略

1. 查看执行计划

Hive 在执行的时候会把对应的 SQL 语句转换成 MapReduce 作业并提交到 Hadoop 集群上去运行，但是具体的 MapReduce 执行信息怎样才能看出来呢？这里就用到 explain 关键字，它可以详细地表示出执行语句所对应的 MapReduce 代码。语法格式如下。

```
EXPLAIN [EXTENDED|DEPENDENCY|AUTHORIZATION] query
```

extended 关键字可以更加详细地列举出代码的执行过程。

explain 会把查询语句转化成 stage 组成的序列，主要由 3 部分组成。

第一部分：查询的抽象语法树。

第二部分：执行计划中各个 stage 的依赖情况。

第三部分：每个 stage 的具体描述。就是显示出对应的操作算子和与其对应的数据，例如查询算子、filter 算子、fetch 算子等。

下面来看一个具体的例子。

```
explain select e.empno, e.ename, e.deptno, d.dname from emp e join dept d on e.deptno = d.deptno;
OK

// 如上的代码划分成 3 个 stage。并且 stage4 是一个根 stage，stage4 依赖于 stage3，stage3 依赖于
stage0。具体表示的是每个 stage 的依赖信息
STAGE DEPENDENCIES:
    Stage-4 is a root stage
    Stage-3 depends on stages: Stage-4
    Stage-0 depends on stages: Stage-3
```

STAGE PLANS:

  Stage: Stage-4

   Map Reduce Local Work   // 启用的是 Hive 中的 MapJoin 方式

    Alias -> Map Local Tables:

     d

      Fetch Operator

       limit: -1

    Alias -> Map Local Operator Tree:

     d

      TableScan

       alias: d // 读取别名为 d 的表，其实就是 dept 表

       Statistics: Num rows: 1 Data size: 79 Basic stats: COMPLETE Column stats: NONE

       Filter Operator

        predicate: deptno is not null (type: boolean) // 根据 join 条件进行过滤

        Statistics: Num rows: 1 Data size: 79 Basic stats: COMPLETE Column stats: NONE

        HashTable Sink Operator

         keys: //join 的条件

          0 deptno (type: int)

          1 deptno (type: int)

  Stage: Stage-3

   Map Reduce

    Map Operator Tree:

     TableScan

      alias: e // 从别名为 e 的表读取数据，就是表名为 emp 的表

      Statistics: Num rows: 6 Data size: 657 Basic stats: COMPLETE Column stats: NONE

      Filter Operator

       predicate: deptno is not null (type: boolean) //join on 的条件

       Statistics: Num rows: 3 Data size: 328 Basic stats: COMPLETE Column stats: NONE

       Map Join Operator

        condition map:

         Inner Join 0 to 1   //join 的类型是 inner join

        keys:

         0 deptno (type: int)

         1 deptno (type: int)

        outputColumnNames: _col0, _col1, _col7, _col12 // 输出的 4 个字段

        Statistics: Num rows: 3 Data size: 360 Basic stats: COMPLETE Column stats: NONE

        Select Operator

         expressions: _col0 (type: int), _col1 (type: string), _col7 (type: int), _col12 (type: string)

         outputColumnNames: _col0, _col1, _col2, _col3

         Statistics: Num rows: 3 Data size: 360 Basic stats: COMPLETE Column stats: NONE

         File Output Operator

          compressed: false

          Statistics: Num rows: 3 Data size: 360 Basic stats: COMPLETE Column stats: NONE

```
        table:
            input format: org.apache.hadoop.mapred.TextInputFormat
            output format: org.apache.hadoop.hive.ql.io.HiveIgnoreKeyTextOutputFormat
            serde: org.apache.hadoop.hive.serde2.lazy.LazySimpleSerDe
    Local Work:
      Map Reduce Local Work

  Stage: Stage-0
    Fetch Operator
      limit: -1
      Processor Tree:
        ListSink
```

Time taken: 0.264 seconds, Fetched: 62 row(s)

理解 Hive 对每个查询进行解析和计划的复杂细节，对于分析复杂的或者效率低下的查询是非常不错的方式。我们可以在不执行真正的 SQL 之前观察查询计划来了解 HQL（Hive QL）语句的执行过程。

2. 并行执行

Hive 会将一个 HQL 语句转换成一个或者多个执行 Stage。默认情况下，Hive 一次只会执行一个 Stage。但是在一些情况下，某个特定的作业可能包含多个 Stage，而且多个 Stage 之间并不存在依赖关系，也就是说这些 Stage 是可以并行执行的，这样并行度提高之后将使得整个作业的执行时间缩短。在 Hive 中我们可以通过设置参数来达到并行执行 Stage 的目的，设置方式如下。

```
set hive.exec.parallel=true;                // 打开任务并行执行
set hive.exec.parallel.thread.number=16;    // 设置同一个 sql 允许的最大并行度，默认为 8
```

3. JVM 重用

JVM 重用是在 MapReduce 调优过程中需要考虑的一个方法。由于 Hive 是基于 MapReduce 的，所以 JVM 重用对于 Hive 作业的性能也是至关重要的，特别是针对很难避免小文件的场景或者任务特别多的场景，JVM 重用特别有效。

MapReduce 默认为每个 map 和 reduce 任务都开启一个新的 JVM 来执行，这时 JVM 在启动和销毁时可能会造成相当大的开销，尤其是在执行的作业包含成百上千个任务的情况下。JVM 重用使得一个 JVM 实例可以在同一个作业中重复使用 N 次，N 的值可以在 Hadoop 的 mapre-site.xml 文件中进行设置。

```
<property>
  <name>mapred.job.reuse.jvm.num.tasks</name>
  <value>10<value>
</property>
```

也可在 Hive 的执行中设置。

```
set  mapred.job.reuse.jvm.num.tasks=10;
```

JVM 的一个缺点是，开启 JVM 重用将会一直占用使用的 task 插槽，以便进行重用，直到任务完成后才能释放。如果某个"不平衡"的作业中有几个 reduce 任务执行的时间要比其他 reduce 任务消耗的时间多得多的话，那么保留的插槽就会一直空闲却无法被其他的作业使用，要一直等到所有的任务都结束了才会释放。

4. 推测执行

同 JVM 重用一样，推测执行也是 MapReduce 作业的一个特性。

推测执行（Speculative Execution）是指在集群环境下运行 MapReduce，可能由于程序 Bug、负载不均或者其他一些问题，导致在一个作业下的多个任务速度不一致，比如有的任务已经完成，但有些任务可能只运行了 10%。根据木桶原理，这些任务将成为整个作业的短板，如果集群启动了推测执行，这时为了最大限度地提高短板，Hadoop 会为该任务启动备份任务，让备份任务与原始任务同时处理一份数据，哪个先运行完，则将谁的结果作为最终结果，并且在运行完成后 kill 掉另外一个任务。

推测执行是通过利用更多的资源来换取时间的一种优化策略，但是在资源很紧张的情况下，推测执行也不一定能带来时间上的优化。假设在测试环境中，DataNode 总的内存空间是 40GB，每个任务可申请的内存设置为 1GB，现在有一个任务的输入数据为 5GB，HDFS 分片为 128MB，这样 Map Task 的个数就有 40 个，基本占满了所有的 DataNode 节点。如果还因为某些 Map Task 运行过慢，启动了备份任务，这样就可能会影响到 Reduce Task 的执行了，进而影响了 Reduce 的执行，自然而然就使整个作业的执行时间延长。所以是否启用推测执行，需要根据资源情况来决定，如果在资源本身就不够用的情况下，还要运行推测执行的任务，这样会导致后续启动的任务无法获取到资源，因而无法执行。

Hadoop 的推测执行功能通过如下两个参数在 mapred-site.xml 中控制。

```
<property>
    <name>mapred.map.tasks.speculative.execution</name>
    <value>true<value>
</property>

<property>
    <name>mapred.reduce.tasks.speculative.execution</name>
    <value>true<value>
</property>
```

Hive 的推测功能也可以通过如下设置使其生效。

```
set hive.mapred.map.tasks.speculative.execution=true;
set hive.mapred.reduce.tasks.speculative.execution=true;
```

5. 列裁剪

Hive 在读数据的时候，可以只读取查询中所需要用到的列，而忽略其他列。例如，若有以下查询：

SELECT a,b FROM q WHERE e<10;

在实施此项查询中，q 表有 5 列（a，b，c，d，e），Hive 只读取查询逻辑中真实需要的 3 列 a、b、e，而忽略列 c、d，这样做节省了读取开销、中间表存储开销和数据整合开销。

裁剪所对应的参数项为：hive.optimize.cp=true（默认值为真）。

6.　GROUP BY 操作

进行 GROUP BY 操作时需要注意以下几点。

（1）map 端部分聚合：事实上并不是所有的聚合操作都需要在 reduce 部分进行，很多聚合操作都可以先在 map 端进行部分聚合，然后再在 reduce 端得出最终结果。这里需要修改的参数为：

```
// 用于设定是否在 map 端进行聚合，  默认值为真
hive.map.aggr=true
```

```
// 用于设定 map 端进行聚合操作的条目数
hive.groupby.mapaggr.checkinterval=100000
```

（2）有数据倾斜时进行负载均衡：此处需要设定 hive.groupby.skewindata，当选项设定为 true 时，生成的查询计划有两个 MapReduce 任务。在第一个 MapReduce 任务中，map 的输出结果集合会随机分布到 reduce 中，每个 reduce 做部分聚合操作并输出结果。这样处理的结果是，相同的 Group By Key 有可能分发到不同的 reduce 中，从而达到负载均衡的目的。第二个 MapReduce 任务再根据预处理的数据结果按照 Group By Key 分布到 reduce 中（这个过程可以保证相同的 Group By Key 分布到同一个 reduce 中），最后完成最终的聚合操作。

7.　合并小文件

文件很小但是数量很多时容易在文件存储端造成瓶颈，给 HDFS 带来压力，影响处理效率。为此，可以通过合并 Map 和 Reduce 的结果文件来消除这样的影响。用于设置合并属性的参数有。

```
// 是否合并 map 端输出文件（默认值为真）
hive.merge.mapfiles=true
```

```
// 是否合并 reduce 端输出文件（默认值为假）
hive.merge.mapredfiles=false
```

```
// 合并文件的大小
hive.merge.size.per.task=256*1000*1000（默认值为 256000000）
```

8.　设置合适的 reduce 个数

reduce 个数的设定将极大地影响任务的执行效率，在不指定 reduce 个数的情况下，Hive 会基于以下两个参数来猜测 reduce 个数。

```
// 每个 reduce 任务处理的数据量，默认为 1000^3=1GB
hive.exec.reducers.bytes.per.reducer
```

```
// 每个任务最大的 reduce 数，默认为 999
hive.exec.reducers.max
```

计算 reduce 个数的公式很简单：N=min（参数 2，总输入数据量 / 参数 1），如果 reduce 的输入（map 的输出）总大小不超过 1GB，那么只会有一个 reduce 任务。

（1）调整 reduce 个数方法一：调整 hive.exec.reducers.bytes.per.reducer 参数的值。

```
set hive.exec.reducers.bytes.per.reducer=500000000;（500MB）
```

（2）调整 reduce 个数方法二：

```
set mapred.reduce.tasks = 15;
```

➡ 本章总结

本章学习了以下知识点。
➢ MapReduce 编程的不便及 Hive 的产生背景。
➢ Hive 与 Hadoop 的关系，Hive 与传统关系型数据库的关系。
➢ Hive 部署及 Hive 中 DDL 与 DML 操作。
➢ Hive 中内置函数与自定义 UDF 函数的使用。
➢ Hive 中常见的优化策略。

➡ 本章练习

使用 Hive 完成用户访问量 Top5 统计。
数据字段格式：url session_id referer ip end_user_id city_id
分隔符：制表符

大数据离线处理辅助系统

技能目标

❖ 使用 Sqoop 导入 MySQL 到 HDFS 和 Hive

❖ 使用 Sqoop 导出 HDFS 数据到 MySQL

❖ 使用 Azkaban 调度 MR/Hive 作业

本章任务

学习本章，需要完成以下 2 个工作任务。记录学习过程中遇到的问题，通过自己的努力或访问 kgc.cn 解决。

任务 1：认识并使用数据迁移框架 Sqoop

了解 Sqoop 的产生背景及环境搭建，掌握使用 Sqoop 完成从关系型数据库到 Hadoop 生态圈的导入导出。

任务 2：使用 Azkaban 实现工作流调度

了解工作流调度系统 Azkaban 的用途，掌握使用 Azkaban 完成 MapReduce、Hive 单一 job 以及多依赖关系 job 的调度。

任务 1 认识并使用数据迁移框架 Sqoop

关键步骤如下。

➢ 导入 MySQL 数据到 HDFS、Hive。

➢ 导出 HDFS 并输入到 MySQL。

数据导入
导出框架
Sqoop

8.1.1 Sqoop 简介

1. Sqoop 产生背景

在工作中，我们经常会遇到下面这样的场景。

场景一：将关系型数据库中某张表的数据抽取到 Hadoop（HDFS/Hive/HBase）上；

场景二：将 Hadoop 上的数据导出到关系型数据库中。

那么如何解决这两类问题呢？通常情况下是通过开发 MapReduce 来实现。

导入：MapReduce 输入为 DBInputFormat 类型，输出为 TextOutputFormat。

导出：MapReduce 输入为 TextInputFormat 类型，输出为 DBOutputFormat。

使用 MapReduce 处理以上两个场景时存在如下问题：每次都需要编写 MapReduce 程序，非常麻烦。在没有出现 Sqoop 之前，实际生产中有很多类似的需求，需要通过编写 MapReduce 去实现，然后形成一个工具，后来慢慢就将该工具代码整理出一个框架并逐步完善，最终就有了 Sqoop 的诞生。

2. Sqoop 概述

基于 Hadoop 之上的数据传输工具 Sqoop 是 Apache 的顶级项目，主要用于在 Hadoop 和关系数据库、数据仓库、NoSQL 系统间传递数据。通过 Sqoop 我们可以方便地将数据从关系数据库导入到 HDFS、HBase、Hive，或者将数据从 HDFS 导出到关系数据库。使用 Sqoop 导入导出数据的处理流程如图 8.1 所示。

图 8.1　Sqoop 导入导出处理流程

Sqoop 在 Hadoop 生态圈中的位置如图 8.2 所示。

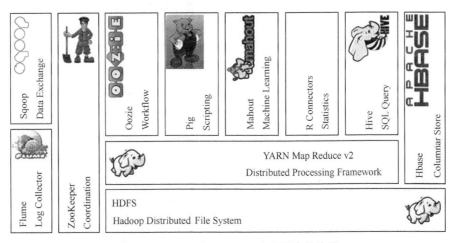

图 8.2　Sqoop 在 Hadoop 生态圈中的位置

Sqoop 是连接传统关系型数据库和 Hadoop 的桥梁，它不需要开发人员编写相应的 MapReduce 代码，只需要编写简单的配置脚本即可，大大提升了开发效率。

3．Sqoop 版本介绍

2012 年 3 月，Sqoop 从 Apache 的孵化器中诞生，成为 Apache 的顶级项目。Sqoop 版本发展历程如图 8.3 所示。

到目前为止，Sqoop 的版本主要分为 Sqoop1 和 Sqoop2，Sqoop1.4.4 之前的所有版本称为 Sqoop1，之后的版本 Sqoop1.99.1，Sqoop1.99.2，Sqoop1.99.3 称为 Sqoop2。目前 Sqoop1 的稳定版本是 Sqoop1.4.6，Sqoop2 的最新版本是 Sqoop1.99.7。两个版本在架构和使用上有很大的区别。本书中以 Sqoop1.x 为例进行讲解。

4．Sqoop 架构

Sqoop1.x 架构如图 8.4 所示。

图 8.3　Sqoop 版本发布历程

图 8.4　Sqoop1.x 架构

Sqoop 的架构非常简单，其整合了 Hive、HBase 等，通过 map 任务来传输数据，map 负责数据的加载、转换，然后存储到 HDFS、HBase 或者 Hive 中。

（1）从工作模式角度看待：Sqoop 是基于客户端模式的，用户使用客户端模式，只需要在一台机器上即可完成。

（2）从 MapReduce 角度看待：Sqoop 只提交一个 map 作业，数据的传输和转换都是使用 Mapper 来完成的，而且该 MapReduce 作业仅有 Mapper 并不需要 Reducer，在执行 Sqoop 时可以通过 YARN 监控页面查看到。

（3）从安全角度看待：需要在执行时将用户名或者密码显性指定，也可以在配置文件中配置，总的来说，安全性不是很高。

5．Sqoop 部署

安装 Sqoop 的前提是已经具备 Java 和 Hadoop 的环境。

Sqoop 下载地址：http://archive.cloudera.com/cdh5/cdh/5/

安装步骤：

（1）将 Sqoop 解压到安装目录：Sqoop 安装包存放在 ~/software 目录下，软件安装到 ~/app 目录下。

tar -zxvf sqoop-1.4.6-cdh5.5.0.tar.gz -C ~/app/

（2）添加环境变量：~/.bash_profile。

export SQOOP_HOME=/home/hadoop/app/sqoop-1.4.6-cdh5.5.0
export PATH=$SQOOP_HOME/bin:$PATH

（3）修改 Sqoop 配置文件：$SQOOP_HOME/conf/sqoop-env.sh。

cd $SQOOP_HOME/conf
cp sqoop-env-template.sh sqoop-env.sh

指定到 Hadoop 安装路径
export HADOOP_COMMON_HOME=/home/hadoop/app/hadoop-2.6.0-cdh5.5.0
export HADOOP_MAPRED_HOME=/home/hadoop/app/hadoop-2.6.0-cdh5.5.0

指定到 Hive 安装路径
export HIVE_HOME=/home/hadoop/app/hive-1.1.0-cdh5.5.0

（4）拷贝 mysql 驱动 jar 到 $SQOOP_HOME/lib 下。

cp ~/software/mysql-connector-java-5.1.27-bin.jar $SQOOP_HOME/lib/

（5）Sqoop 配置验证。

sqoop-version

Sqoop 1.4.6-cdh5.5.0

6. Sqoop 简单使用

（1）示例：Sqoop 帮助命令的使用。

sqoop help
usage: sqoop COMMAND [ARGS]

Available commands:
  codegen   Generate code to interact with database records
  create-hive-table Import a table definition into Hive
  eval   Evaluate a SQL statement and display the results
  export   Export an HDFS directory to a database table
  help   List available commands
  import   Import a table from a database to HDFS
  import-all-tables Import tables from a database to HDFS

```
import-mainframe  Import datasets from a mainframe server to HDFS
job            Work with saved jobs
list-databases    List available databases on a server
list-tables      List available tables in a database
merge           Merge results of incremental imports
metastore        Run a standalone Sqoop metastore
version          Display version information
```

See 'sqoop help COMMAND' for information on a specific command.

（2）示例：查看 Sqoop 版本。

sqoop version

```
Sqoop 1.4.6-cdh5.7.0
git commit id
Compiled by jenkins on Wed Mar 23 11:30:51 PDT 2016
```

（3）示例：使用 Sqoop 获取指定 URL 的数据库。

基于 sqoop help 命令，我们可以指定 list-databases 参数完成该功能。

sqoop help list-databases

```
usage: sqoop list-databases [GENERIC-ARGS] [TOOL-ARGS]


Common arguments:
  --connect <jdbc-uri>                Specify JDBC connect string
  --connection-manager <class-name>         Specify connection manager class name
  --connection-param-file <properties-file>      Specify connection parameters file
  --driver <class-name>              Manually specify JDBC driver class to use
  --hadoop-home <hdir>               Override $HADOOP_MAPRED_HOME_ARG
  --hadoop-mapred-home <dir>             Override $HADOOP_MAPRED_HOME_ARG
  --help                    Print usage instructions
  -P                      Read password from console
  --password <password>              Set authentication password
  --password-alias <password-alias>         Credential provider password alias
  --password-file <password-file>          Set authentication password file path
  --relaxed-isolation               Use read-uncommitted isolation for imports
  --skip-dist-cache                Skip copying jars to distributed cache
  --username <username>              Set authentication username
  --verbose                  Print more information while working


Generic Hadoop command-line arguments:(must preceed any tool-specific arguments)
Generic options supported are
```

-conf <configuration file>　specify an application configuration file

-D <property=value>　　　use value for given property

-fs <local|namenode:port>　specify a namenode

-jt <local|resourcemanager:port>　specify a ResourceManager

-files <comma separated list of files>　specify comma separated files to be copied to the map reduce cluster

-libjars <comma separated list of jars>　specify comma separated jar files to include in the classpath.

-archives <comma separated list of archives>　specify comma separated archives to be unarchived on the compute machines.

　　既然要访问数据库，有几个参数是必不可少的：数据库 URL、用户名和密码，使用 Sqoop 操作数据库道理也是一样的，必须要指定这几个参数。

```
sqoop  list-databases \
--connect jdbc:mysql://localhost:3306 \
--username root \
--password root
```

　　（4）示例：使用 Sqoop 获取指定 URL 的数据库中的所有表。

```
sqoop  list-tables \
--connect jdbc:mysql://localhost:3306/sqoop \
--username root \
--password root
```

8.1.2　使用 Sqoop 导入 MySQL 数据到 HDFS

1．MySQL 数据准备

创建 Sqoop：

```
CREATE DATABASE sqoop;
```

创建部门表 dept 并导入数据：

```
DROP TABLE dept;
CREATE TABLE dept(
DEPTNO int(2) PRIMARY KEY,
DNAME VARCHAR(14) ,
LOC VARCHAR(13)
) ;

INSERT INTO dept VALUES (10,'ACCOUNTING','NEW YORK');
INSERT INTO dept VALUES (20,'RESEARCH','DALLAS');
INSERT INTO dept VALUES (30,'SALES','CHICAGO');
INSERT INTO dept VALUES (40,'OPERATIONS','BOSTON');
```

创建员工表 emp 并导入数据：

```
DROP TABLE emp;
CREATE TABLE emp(
EMPNO int(4) PRIMARY KEY,
ENAME VARCHAR(10),
JOB VARCHAR(9),
MGR int(4),
HIREDATE DATE,
SAL int(7),
COMM int(7),
DEPTNO int(2),
foreign key(deptno) references dept(DEPTNO));

INSERT INTO emp VALUES(7369,'SMITH','CLERK',7902,'1980-12-17',800,NULL,20);
INSERT INTO emp VALUES(7499,'ALLEN','SALESMAN',7698,'1981-2-20',1600,300,30);
INSERT INTO emp VALUES(7521,'WARD','SALESMAN',7698,'1981-2-22',1250,500,30);
INSERT INTO emp VALUES(7566,'JONES','MANAGER',7839,'1981-4-2',2975,NULL,20);
INSERT INTO emp VALUES(7654,'MARTIN','SALESMAN',7698,'1981-9-28',1250,1400,30);
INSERT INTO emp VALUES(7698,'BLAKE','MANAGER',7839,'1981-5-1',2850,NULL,30);
INSERT INTO emp VALUES(7782,'CLARK','MANAGER',7839,'1981-6-9',2450,NULL,10);
INSERT INTO emp VALUES(7788,'SCOTT','ANALYST',7566,'87-7-13',3000,NULL,20);
INSERT INTO emp VALUES(7839,'KING','PRESIDENT',NULL,'1981-11-17',5000,NULL,10);
INSERT INTO emp VALUES(7844,'TURNER','SALESMAN',7698,'1981-9-8',1500,0,30);
INSERT INTO emp VALUES(7876,'ADAMS','CLERK',7788,'87-7-13',1100,NULL,20);
INSERT INTO emp VALUES(7900,'JAMES','CLERK',7698,'1981-12-3',950,NULL,30);
INSERT INTO emp VALUES(7902,'FORD','ANALYST',7566,'1981-12-3',3000,NULL,20);
INSERT INTO emp VALUES(7934,'MILLER','CLERK',7782,'1982-1-23',1300,NULL,10);
```

2. 导入表的所有字段

我们可以通过 Sqoop 的 help 命令查看应该如何使用 Sqoop 的导入操作。重要的参数如下面代码段所示，后面的案例都基于这些参数进行设计。

```
sqoop help import

usage: sqoop import [GENERIC-ARGS] [TOOL-ARGS]
// 通用参数
Common arguments:
    --connect <jdbc-uri>
    --password <password>
    --username <username>

// 导入控制参数
Import control arguments:
```

```
--as-parquetfile
--as-sequencefile
--columns <col,col,col...>
--compression-codec <codec>
--delete-target-dir
--direct
-e,--query <statement>
-m,--num-mappers <n>
--mapreduce-job-name <name>
--table <table-name>
--target-dir <dir>
--where <where clause>
-z,--compress
```

// 输出格式参数控制
```
Output line formatting arguments:
--fields-terminated-by <char>
--lines-terminated-by <char>
```

// 输入格式参数控制
```
Input parsing arguments:
--input-enclosed-by <char>
--input-escaped-by <char>
--input-fields-terminated-by <char>
--input-lines-terminated-by <char>
```

// 导入到 Hive 表相关参数
```
Hive arguments:
--create-hive-table
--hive-database <database-name>
--hive-import
--hive-overwrite
--hive-partition-key <partition-key>
--hive-partition-value <partition-value>
--hive-table <table-name>
```

```
sqoop import \
--connect jdbc:mysql://localhost:3306/sqoop \
--username root --password root \
--table emp  -m 1
```

说明

（1）使用 --connect 指定要导入数据的数据库。

（2）使用 --username 和 --password 指定数据库的用户名和密码。

（3）使用 --table 指定需要导入的数据表。

（4）使用 -m 指定导入数据的并行度，Sqoop 默认的并行度是 4，此处我们将其设置为 1。有多少个并行度，在 HDFS 上最终输出的文件个数就是几个。

（5）使用 Sqoop 从关系型数据库中导入数据到 HDFS 时，默认的路径是 /user/用户名 / 表名。

（6）Sqoop 默认从关系型数据库中导入数据到 HDFS 的分隔符是逗号。

执行完之后我们可以在 HDFS 上查看导出的结果。

```
// 查看在 HDFS 上的结果导出路径
hadoop fs -ls /user/hadoop/emp/

// 查看导出结果
hadoop fs -text /user/hadoop/emp/part-*

7369,SMITH,CLERK,7902,1980-12-17,800,null,20
7499,ALLEN,SALESMAN,7698,1981-02-20,1600,300,30
7521,WARD,SALESMAN,7698,1981-02-22,1250,500,30
7566,JONES,MANAGER,7839,1981-04-02,2975,null,20
7654,MARTIN,SALESMAN,7698,1981-09-28,1250,1400,30
7698,BLAKE,MANAGER,7839,1981-05-01,2850,null,30
7782,CLARK,MANAGER,7839,1981-06-09,2450,null,10
7788,SCOTT,ANALYST,7566,1987-07-13,3000,null,20
7839,KING,PRESIDENT,null,1981-11-17,5000,null,10
7844,TURNER,SALESMAN,7698,1981-09-08,1500,0,30
7876,ADAMS,CLERK,7788,1987-07-13,1100,null,20
7900,JAMES,CLERK,7698,1981-12-03,950,null,30
7902,FORD,ANALYST,7566,1981-12-03,3000,null,20
7934,MILLER,CLERK,7782,1982-01-23,1300,null,10
```

 注意

当再次执行 Sqoop 导入操作时，会显示如下错误信息：输出文件已经存在。

ERROR tool.ImportTool: Encountered IOException running import job: org.apache.hadoop.mapred. FileAlreadyExistsException: Output directory hdfs://hadoop000:8020/user/hadoop/emp already exists

对于这个错误输出，有 MapReduce 编程基础的读者应该已经知道原因。当 MapReduce 作业输出时，如果输出结果已经存在，那么就会报错。解决办法是手工将存在的路径删除，但是每次都进行手工删除是非常麻烦的。在 Sqoop 中提供了通过参数（--delete-target-dir）指定的方式让其从输出路径自动删除。指定了该参数，那么同一个 Sqoop 脚本就可以执行多次也不再报错。

```
sqoop import \
--connect jdbc:mysql://localhost:3306/sqoop \
--username root --password root \
--table emp  -m 1 \
--delete-target-dir
```

3．导入指定字段的表并指定目标地址

```
sqoop import \
--connect jdbc:mysql://localhost:3306/sqoop \
--username root --password root \
--columns "EMPNO,ENAME,JOB,SAL,COMM" \
--target-dir  emp_column \
--mapreduce-job-name FromMySQLToHDFS \
--table emp  -m 1 \
--delete-target-dir
```

说明

（1）使用 --columns 指定要导入的字段。

（2）使用 --target-dir 指定导入的 HDFS 上的目标地址。

（3）使用 --mapreduce-job-name 指定该作业的名称，可以通过 YARN 的页面查看。

4．使用指定压缩格式以及存储格式导入表数据

```
sqoop import \
--connect jdbc:mysql://localhost:3306/sqoop \
--username root --password root \
--columns "EMPNO,ENAME,JOB,SAL,COMM" \
--mapreduce-job-name FromMySQLToHDFS \
--target-dir  emp_parquet \
--as-parquet file \
--compression-codec org.apache.hadoop.io.compress.SnappyCodec \
--table emp  -m 1 \
--delete-target-dir
```

说明

（1）使用 --as-parquet 参数指定导出为 Parquet 格式，当然也支持 SequenceFile 等其他格式。

（2）使用 --compression-codec 指定压缩使用的 codec 编码。在 Sqoop 中默认是使用压缩的，所以此处只需要指定 codec 即可。

5. 使用指定的分隔符导入表数据

```
sqoop import \
--connect jdbc:mysql://localhost:3306/sqoop \
--username root --password root \
--columns "EMPNO,ENAME,JOB,SAL,COMM" \
--mapreduce-job-name FromMySQLToHDFS \
--target-dir  emp_column_split \
--fields-terminated-by '\t' --lines-terminated-by '\n' \
--table emp  -m 1 \
--delete-target-dir
```

说明

（1）使用 --fields-terminated-by 设置字段之间的分隔符。

（2）使用 --lines-terminated-by 设置行之间的分隔符。

6. 导入指定条件的数据

```
sqoop import \
--connect jdbc:mysql://localhost:3306/sqoop \
--username root --password root \
--columns "EMPNO,ENAME,JOB,SAL,COMM" \
--mapreduce-job-name FromMySQLToHDFS \
--target-dir  emp_column_where \
--fields-terminated-by '\t' --lines-terminated-by '\n' \
--where 'SAL>2000' \
--table emp  -m 1 \
--delete-target-dir
```

说明

使用 --where 语句指定 emp 表中满足条件的数据。

7. 导入指定查询语句的数据

```
sqoop import \
--connect jdbc:mysql://localhost:3306/sqoop \
--username root --password root \
--mapreduce-job-name FromMySQLToHDFS \
--target-dir  emp_column_query \
--fields-terminated-by '\t' --lines-terminated-by '\n' \
--query 'SELECT * FROM emp WHERE empno>=7900 AND $CONDITIONS' \
--delete-target-dir
```

 说明

（1）使用 --query 参数指定查询语句，就能将 query 中的查询结果导入到 HDFS 中。

（2）在 --query 指定 SQL 的条件中需要添加 $CONDITIONS，这是固定写法。

8. eval 的使用

eval 可以根据 SQL 语句进行操作。

```
//Sqoop 帮助
sqoop help
eval: Evaluate a SQL statement and display the results
sqoop eval --help
sqoop eval --connect jdbc:mysql://localhost:3306/sqoop \
--username root --password root \
--query 'select * from emp where deptno=10'


// 直接使用 sql 查询 mysql
sqoop eval --connect jdbc:mysql://localhost:3306/sqoop \
--username root --password root  \
--query "select * from info"
```

9. --options-file 的使用

前面介绍的 Sqoop 的使用方式都是直接以 Sqoop 脚本的方式运行的，这种方式使用起来比较麻烦。在 Sqoop 中还提供了 --options-file 参数，可以先将 Sqoop 脚本封装到一个文件中，然后使用 --options-file 对封装后的脚本进行执行，这样更加方便后期的维护。

```
// 创建 emp.opt 文件
import
--connect
jdbc:mysql://localhost:3306/sqoop
--username
root
```

```
--password
root
--table
emp
--target-dir
EMP_OPTIONS_FILE
-m
2

// 执行脚本
sqoop --options-file ./emp.opt

// 查看执行结果
hadoop fs -ls /user/hadoop/EMP_OPTIONS_FILE
hadoop fs -text /user/rocky/EMP_OPTIONS_FILE/part-m-*
```

8.1.3　使用 Sqoop 导出 HDFS 数据到 MySQL

在导出前需要先创建待导出表的结构，如果导出的表在数据库中不存在则报错；如果重复导出数据多次，表中的数据则会重复。

1. 准备导出表

在 MySQL 数据库中创建待导出表，我们直接根据 emp 表创建导出表的结构即可。

```
create table emp_demo as select * from emp where 1=2;
```

2. 导出表的所有字段

我们可以通过 Sqoop 的 help 命令查看应该如何使用 Sqoop 的导出操作。重要的参数如下面代码段所示，后面的案例都基于这些参数进行设计。

```
sqoop help export

usage: sqoop export [GENERIC-ARGS] [TOOL-ARGS]

// 通用参数
Common arguments:
    --connect <jdbc-uri>
    --password <password>
    --username <username>

// 导出控制参数
Export control arguments:
--batch
--columns <col,col,col...>
--direct
```

--export-dir <dir>

-m,--num-mappers <n>

--mapreduce-job-name <name>

--table <table-name>

// 输入文件参数配置

Input parsing arguments:

  --input-fields-terminated-by <char>

  --input-lines-terminated-by <char>

// 输出文件参数配置

Output line formatting arguments:

  --fields-terminated-by <char>

  --lines-terminated-by <char>

sqoop export \

--connect jdbc:mysql://localhost:3306/sqoop \

--username root --password root \

--table emp_demo \

--export-dir /user/hadoop/emp \

-m 1

注意

  每执行一次，就会插入数据到 MySQL 中，所以在工作中要先根据条件将表中的数据删除后再导出。

3. 导出表的指定字段

sqoop export \

--connect jdbc:mysql://localhost:3306/sqoop \

--username root --password root \

--table emp_demo \

--columns "EMPNO, ENAME, JOB, SAL, COMM" \

--export-dir /user/hadoop/emp_column \

-m 1

注意

  为了测试出结果，建议先删除目标表的数据（DELETE FROM emp_demo）。

4. 导出表时指定分隔符

```
sqoop export \
--connect jdbc:mysql://localhost:3306/sqoop \
--username root --password root \
--table emp_demo \
--columns "EMPNO, ENAME, JOB, SAL, COMM" \
--export-dir /user/hadoop/emp_column_split \
--fields-terminated-by '\t' --lines-terminated-by '\n' \
-m 1
```

 注意

　　使用 --fields-terminated-by 和 --lines-terminated-by 参数指定数据行、列的分隔符。

5. 批量导出

```
sqoop export \
-Dsqoop.export.records.pre.statement=10 \
--connect jdbc:mysql://localhost:3306/sqoop \
--username root --password root \
--table emp_demo \
--export-dir /user/hadoop/emp
```

 注意

　　（1）默认情况下读取一行 HDFS 文件的数据，就插入一条记录到关系型数据库中，造成性能低下。

　　（2）可以使用参数 -Dsqoop.export.records.pre.statement 指定批量导出，一次导出指定数据到关系型数据库中。

8.1.4 使用 Sqoop 导入 MySQL 数据到 Hive

　　将 MySQL 数据导入到 Hive 的执行原理：先将 MySQL 的数据导出到 HDFS 上，然后再使用 load 函数将 HDFS 的文件加载到 Hive 表中。

1. 导入表的所有字段到 Hive 中

```
sqoop import \
--connect jdbc:mysql://localhost:3306/sqoop \
--username root --password root \
--delete-target-dir \
```

8
Chapter

```
--table emp \
--hive-import  --create-hive-table  --hive-table emp_import \
-m 1
```

说明

（1）--hive-import 表示将数据导入到 Hive 中。

（2）--create-hive-table 表示是否自动创建 hive 表，一般都不使用该参数，而是通过手工事先创建好，因为自动创建的表字段类型可能有些差别。

（3）--hive-table 指定要导入的 Hive 的表名称。

（4）通过 --hive-database 参数导入到指定的 Hive 数据库。

2.　导入表的指定字段到 Hive 中

先在 Hive 中创建需要导入的 Hive 表。

```
create table emp_column(
empno int,
ename string,
job string,
mgr int,
hiredate string,
sal double,
comm double,
deptno int
)
row format delimited fields terminated by '\t' lines terminated by '\n'
stored as textfile;
```

使用 Sqoop 导入 MySQL 表中指定的字段到 Hive 表中。

```
sqoop import \
--connect jdbc:mysql://localhost:3306/sqoop \
--username root --password root \
--delete-target-dir \
--table emp \
--columns "EMPNO,ENAME,JOB,SAL,COMM" \
--fields-terminated-by '\t' --lines-terminated-by '\n' \
--hive-import --hive-overwrite --hive-table emp_column \
-m 1
```

说明

--hive-overwrite 表示是否覆盖已有数据。

8.1.5　Sqoop Job

我们可以将常用的 Sqoop 脚本定义成任务，方便其他人调用。

Job 的相关命令如下。

（1）创建 Job：--create

```
sqoop job --create myjob -- \
import --connect jdbc:mysql://localhost:3306/sqoop \
--username root --password root \
--delete-target-dir \
--table emp
```

（2）删除 Job：--delete

（3）执行 Job：--exec

```
sqoop job --exec myjob
```

（4）查看 Job：--show

（5）列出所有 Job：--list

任务2　使用 Azkaban 实现工作流调度

关键步骤如下。

➢ Azkaban 部署。

➢ 使用 Azkaban 进行各类作业的调度。

8.2.1　Azkaban 概述

1. 为什么需要工作流调度系统

业务场景描述：某个业务系统每天产生 100GB 原始数据，要对其进行处理，处理步骤如下。

（1）通过 Hadoop 先将原始数据同步到 HDFS 上。

（2）借助 MapReduce 计算框架对原始数据进行转换，生成的数据以分区表的形式存储到多张 Hive 表中。

（3）需要对多张 Hive 表的数据进行 JOIN 处理，得到一个明细数据 Hive 大表。

（4）对明细数据进行复杂的统计分析，得到结果报表信息。

（5）需要将统计分析得到的结果数据同步到业务系统中，供业务调用使用。

一个完整的数据分析系统通常由大量任务单元：Shell 脚本程序、Java 程序、MapReduce 程序、Hive 脚本等组成；各任务单元之间存在时间先后及前后依赖关系。为了很好地组织这样的复杂执行计划，需要一个工作流调度系统来调度执行。

2．Azkaban 概述及特点

Azkaban 就是完成工作流调度的（其主要用于对 Hadoop 生态圈任务的支持），它由 Linkedin 实现并开源，主要用在一个工作流内以一个特定的顺序运行一组工作和流程，它通过简单的 key/value 对的方式配置 dependencies 来设置依赖关系，这个依赖关系必须是无环的，否则会被视为无效的工作流。

Azkaban 的特点如下。

（1）兼容所有版本的 Hadoop。

（2）基于 Web 的易用 UI。

（3）简单的 Web 和 HTTP 工作流上传。

（4）项目工作空间。

（5）工作流调度。

（6）模块化和插件化。

（7）支持认证和授权。

（8）可跟踪用户行为。

（9）失败和成功时的邮件提醒。

（10）SLA 警告和自动终止。

（11）失败作业的重试。

3．常见的工作流系统对比

目前市场上有许多工作流调度器，在 Hadoop 领域，常见的工作流调度器有 Oozie、Azkaban、Cascading、Hamake 等。

表 8-1 对上述 4 种 Hadoop 工作流调度器的关键特性进行了比较，尽管这些工作流调度器能够解决的需求场景基本一致，但在设计理念、目标用户、应用场景等方面还是存在显著的区别，在做技术选型的时候需要考虑。

表8-1　各种不同调度框架对比

特性	Hamake	Oozie	Azkaban	Cascading
工作流描述语言	XML	XML	text file with key/ value pairs	Java API
依赖机制	data-driven	explicit	explicit	explicit
是否要 Web 容器	No	Yes		
进度跟踪	console/log messages	web page	web page	web page
Hadoop job 调度支持	no	yes	yes	yes
运行模式	command	daemon	daemon	API
Pig 支持	yes	yes	yes	yes
事件通知	no	yes	yes	yes
需要安装	no	yes	yes	no

续表

特性	Hamake	Oozie	Azkaban	Cascading
支持的 Hadoop 版本	0.18+	0.20+	currently unknown	0.18+
重试支持	no	workflownode evel	yes	yes
运行任意命令	yes	yes	yes	yes
Amazon EMR 支持	yes	no	currently unknown	yes

8.2.2 Azkaban 环境部署

Azkaban 包含如下 3 个组件：MySQL 服务器、Web 服务器和 Executor 服务器，如图 8.5 所示。其中 MySQL 服务器用于存储项目、执行计划、执行情况等信息；Web 服务器使用 Jetty 对外提供 Web 服务，使用户可以通过 Web 页面实现方便的管理；Executor 服务器负责具体工作流的提交和执行，可以启动多个 Executor 服务器，它们通过 MySQL 数据库来协调任务的执行。

图 8.5　Azkaban 核心组件

1. Azkaban Web 服务器解压

Azkaban 下载地址：https://azkaban.github.io/downloads.html

Azkaban 存放目录：相应软件存放在 ~/software/azkaban

```
// 解压安装包到 ~/app 目录下
tar -zxvf azkaban-web-server-2.5.0.tar.gz -C ~/app
```

2. Azkaban Executor 服务器解压

```
// 解压安装包到 ~/app 目录下
tar -zxvf azkaban-executor-server-2.5.0.tar.gz -C ~/app
```

3. Azkaban SQL 脚本解压

```
// 解压 SQL 脚本
tar -zxvf azkaban-sql-script-2.5.0.tar.gz
```

将解压的 SQL 导入到 MySQL 中：

```
// 创建 azkaban 数据库
mysql> create database azkaban;
Query OK, 1 row affected (0.03 sec)
```

// 切换数据库

mysql> use azkaban;

Database changed

// 执行 sql 脚本

mysql> source /home/hadoop/software/azkaban/azkaban-2.5.0/create-all-sql-2.5.0.sql

4. 配置 SSL

配置命令：

keytool -keystore keystore -alias jetty -genkey -keyalg RSA

运行此命令后，会提示输入当前生成 keystore 的密码（本案例的密码设置为 000000）及相应信息，输入的密码请牢记。

输入 keystore 密码：

再次输入新密码：

您的名字与姓氏是什么？

　[Unknown]：

您的组织单位名称是什么？

　[Unknown]：

您的组织名称是什么？

　[Unknown]：

您所在的城市或区域名称是什么？

　[Unknown]：

您所在的州或省份名称是什么？

　[Unknown]：

该单位的两字母国家代码是什么

　[Unknown]： CN

CN=Unknown, OU=Unknown, O=Unknown, L=Unknown, ST=Unknown, C=CN 正确吗？

　[否]： y

输入 <jetty> 的主密码

　（如果和 keystore 密码相同， 按回车）：

再次输入新密码：

完成上述工作后，将在当前目录生成 keystore 证书文件并拷贝到 azkaban-web-server 根目录中。

5. Azkaban Web 服务器配置

配置文件目录为：~/app/azkaban-web-2.5.0/conf/azkaban.properties

```
#Azkaban Personalization Settings
azkaban.name=Test                          # 服务器 UI 名称， 用于服务器上方显示的名字
azkaban.label=My Local Azkaban             # 描述
azkaban.color=#FF3601                      # UI 颜色
azkaban.default.servlet.path=/index
```

```
web.resource.dir=web/                                  # 默认根 web 目录
default.timezone.id=Asia/Shanghai                      # 默认时区改为业洲 / 上海，  默认为美国


#Azkaban UserManager class
user.manager.class=azkaban.user.XmlUserManager         # 用户权限管理默认类
user.manager.xml.file=conf/azkaban-users.xml           # 用户配置


#Loader for projects
executor.global.properties=conf/global.properties      # global 配置文件所在位置
azkaban.project.dir=projects


database.type=mysql              # 数据库类型
mysql.port=3306                  # 端口号
mysql.host=localhost             # 数据库连接 IP
mysql.database=azkaban           # 数据库实例名
mysql.user=root                  # 数据库用户名
mysql.password=root              # 数据库密码
mysql.numconnections=100         # 最大连接数


# Velocity dev mode
velocity.dev.mode=false


# Jetty 服务器属性 .
jetty.maxThreads=25              # 最大线程数
jetty.ssl.port=8443              #Jetty SSL 端口
jetty.port=8081                  #Jetty 端口
jetty.keystore=keystore          #SSL 文件名
jetty.password=000000            #SSL 文件密码
jetty.keypassword=000000         #Jetty 主密码 与 keystore 文件相同
jetty.truststore=keystore        #SSL 文件名
jetty.trustpassword=000000       # SSL 文件密码


# 执行服务器属性
executor.port=12321              # 执行服务器端口
```

6. Azkaban Executor 服务器配置

配置文件目录：~/app/azkaban-executor-2.5.0/conf/azkaban.properties

```
#Azkaban
default.timezone.id=Asia/Shanghai    # 时区


# Azkaban JobTypes 插件配置
azkaban.jobtype.plugin.dir=plugins/jobtypes        #jobtype 插件所在位置
```

```
#Loader for projects
executor.global.properties=conf/global.properties
azkaban.project.dir=projects
```

```
# 数据库设置
database.type=mysql                 # 数据库类型（目前只支持 mysql）
mysql.port=3306                     # 数据库端口号
mysql.host=localhost                # 数据库 IP 地址
mysql.database=azkaban              # 数据库实例名
mysql.user=root                     # 数据库用户名
mysql.password=root                 # 数据库密码
mysql.numconnections=100            # 最大连接数
```

```
# 执行服务器配置
executor.maxThreads=50              # 最大线程数
executor.port=12321                 # 端口号（如修改，请与 web 服务中一致）
executor.flow.threads=30            # 线程数
```

7. Azkaban Web *服务器启动*

在 Azkaban Web 服务器目录下执行启动命令。

```
bin/azkaban-web-start.sh
```

注意

　　Azkaban Web 服务器启动需在 Web 服务器根目录运行。

8. Azkaban Executor *服务器启动*

在 Azkaban Executor 服务器目录下执行启动命令。

```
bin/azkaban-executor-start.sh
```

注意

　　Azkaban Executor 服务器启动需在 Executor 服务器根目录运行。

　　启动完成后，在浏览器中输入 https:// 服务器 IP 地址 :8443，即可访问 Azkaban 服务了。登录的用户名和密码使用默认的 azkaban/Azkaban，登录界面如图 8.6 所示。

　　该页面中的 Test 以及 My Local Azkaban 等文字提示都可以在 azkaban.properties 配置文件中进行设置。

图 8.6　Azkaban 登录界面

8.2.3　Azkaban 应用实例

1．command 类型：单一 Job 工作流

（1）创建 Job 描述文件：command.job。

```
#command.job
type=command
command=echo "Hello World"
```

（2）将 Job 资源文件打包成 zip 文件。

```
zip first.zip command.job
```

（3）通过 Azkaban 的 Web 管理平台创建 Project 并上传 Job 压缩包，如图 8.7 至图 8.9 所示。

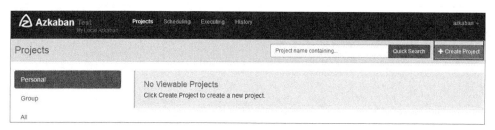

图 8.7　Azkaban Project 列表页面

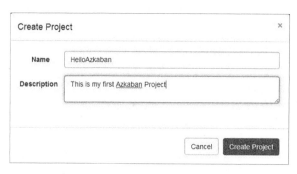

图 8.8　Azkaban 创建 Project 页面

图 8.9　Azkaban 上传 Project zip 文件页面

（4）执行该 Job，如图 8.10 所示。

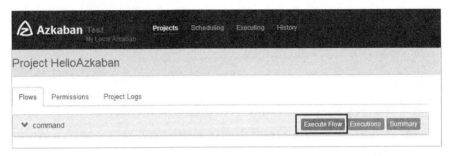

图 8.10　Azkaban Job 执行页面

2．command 类型：多 Job 工作流

（1）创建有依赖关系的多个 Job 描述文件。

第一个 job：step1.job

```
# step1.job
type=command
command=echo foo
```

第二个 job：step2.job

```
# step2.job
type=command
dependencies=step1
command=echo bar
```

（2）将所有 Job 资源文件打包到一个 zip 文件 second.zip 中。

（3）通过 Azkaban 的 Web 管理平台创建 Project 并上传 Job 压缩包。

（4）执行该 Job。

通过图 8.11 可以看到 step2 是依赖于 step1 的。

3．HDFS Job

（1）创建 Job 描述文件：hdfs.job。

```
# hdfs.job
type=command
command=/home/hadoop/app/hadoop-2.6.0-cdh5.7.0/bin/hadoop fs -mkdir /azkaban_job
```

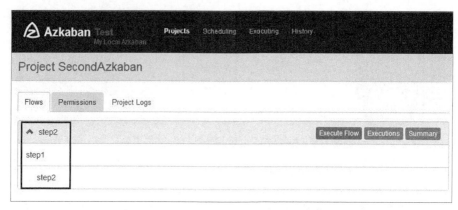

图 8.11　Azkaban Project 依赖关系图

（2）将 Job 资源文件打包成 zip 文件。

zip hdfs.zip hdfs.job

（3）通过 Azkaban 的 Web 管理平台创建 Project 并上传 Job 压缩包。

（4）执行该 Job，执行成功后可以看到在 HDFS 文件系统上已经创建了我们需要的 azkaban_job 文件夹。

hadoop fs -ls /
drwxr-xr-x　- hadoop supergroup　/azkaban_job

4.　MapReduce Job

MapReduce 任务在 Azkaban 中依然使用 command 类型的 job 来执行。

（1）创建 job 描述文件 mapreduce.job 及 MapReduce 程序 jar 包（示例中直接使用 Hadoop 自带的 example. jar）。

```
# mapreduce.job
type=command
command=/home/hadoop/app/hadoop-2.6.0-cdh5.7.0/bin/hadoop jar /home/hadoop/app/hadoop-2.6.0-
cdh5.7.0/share/hadoop/mapreduce/hadoop-mapreduce-examples-2.6.0-cdh5.7.0.jar wordcount /hello.txt /wc_
azkaban_out/
```

（2）将 Job 资源文件打包成 zip 文件。

zip mapreduce.zip mapreduce.job

（3）通过 Azkaban 的 Web 管理平台创建 Project 并上传 Job 压缩包。

（4）执行该 Job，执行成功后可以看到在 HDFS 文件系统上有词频的统计分析结果。

5.　Hive.job

Hive 任务在 Azkaban 中依然使用 command 的 job 类型来执行。

（1）创建 Job 描述文件（hive.job）和 Hive 脚本（hive.hql）。

```
# hive.job
type=command
```

command=/home/hadoop/app/hive-1.1.0-cdh5.7.0/bin/hive -f 'hive.hql'

\# hive.hql
use default;
create table emp_stat as select deptno, count(1) from emp group by deptno;

（2）将 Job 资源文件打包成 zip 文件。

zip hive.zip hive.job hive.hql

（3）通过 Azkaban 的 Web 管理平台创建 Project 并上传 Job 压缩包。

（4）执行该 Job，执行成功后可以通过 Hive 控制台查询结果。

hive (default)> select * from emp_stat;
OK
10   3
20   5
30   6

本章总结

本章学习了以下知识点。

➢ Sqoop 概述、架构以及环境部署。
➢ 使用 Sqoop 将关系型数据库表数据导入到 HDFS 和 Hive。
➢ 使用 Sqoop 将 HDFS 数据导出到 MySQL。
➢ 调度框架在大数据场景中的使用。
➢ 使用 Azkaban 完成 HDFS、MapReduce、Hive 作业的调度。

本章练习

使用 Sqoop 以增量的方式导入数据：只导入 empno>7788（不包括 7788）的数据到 HDFS 文件系统上。

随手笔记

第 9 章

Spark 基础

技能目标

❖ 掌握 Scala 的基本使用
❖ 获取 Spark 源码并根据指定 Hadoop
  版本编译
❖ 使用 Spark 完成词频统计

本章任务

学习本章，需要完成以下 4 个工作任务。记录学习过程中
遇到的问题，通过自己的努力或访问 kgc.cn 解决。

任务 1：Spark 入门

Spark 和 Hadoop 相比，其优势体现在哪些地方，了解
Spark 生态圈中各个组件的适用场景。

任务 2：Scala 基础

掌握 Scala 的基本使用：函数的定义、面向对象的常用操
作、集合的使用、高阶函数的使用。

任务 3：编译 Spark

通过官网或者 GitHub 获取 Spark 源码，并指定自己需要的
Hadoop、YARN 版本对 Spark 进行编译，使编译出来的 Spark
能够满足线上环境的需求。

任务 4：Spark 初体验

使用 Spark 完成词频统计分析。

任务 1 Spark 入门

关键步骤如下。

➢ Spark 概述。

➢ Spark 特点。

➢ 认识 Spark 生态圈的核心组件。

9.1.1 Spark 简介

1. Spark 是什么

Spark 是 Apache 软件基金会旗下的一个顶级项目，也是 Apache 软件基金会旗下最活跃的开源项目之一，诞生于加州大学伯克利分校的 AMP 实验室，是一个基于内存的分布式计算框架。由于 Spark 是基于内存的，相对于 MapReduce 等计算框架大大提高了大数据处理的实时性，同时 Spark 也提供了高容错性和可扩展性。

2. Spark 发展历程

2009 年诞生于加州大学伯克利分校 AMP 实验室。

2010 年正式开源。

2013 年 6 月正式成为 Apache 孵化项目。

2014 年 2 月成为 Apache 顶级项目。

2014 年 5 月正式发布 Spark1.0 版本。

2014 年 10 月 Spark 打破 MapReduce 保持的排序记录。

2015 年发布了 1.3、1.4、1.5 版本。

2016 年发布了 1.6、2.x 版本。

9.1.2 Spark 优势

1. 速度快

与 Hadoop 的处理框架 MapReduce 相比，基于内存的数据处理使用 Spark 要比使用

MapReduce 快 100 个数量级以上，即使是基于硬盘的数据处理 Spark 也要比 MapReduce 快 10 个数量级以上。Spark 与 Hadoop 在逻辑回归计算上的性能对比如图 9.1 所示。

图 9.1 Spark 与 Hadoop 在逻辑回归计算上的性能对比图

Spark 提供了高效的 DAG（Directed Acyclic Graph）执行引擎，支持以内存的方式来提高数据流的处理速度。

2. 易用性

Spark 应用程序支持使用 Java、Scala、Python、R 语言进行快速开发，并且提供了超过 80 种的高级别 API 操作的实现，这使得 Spark 使用者能够根据自己掌握的开发语言非常快速地构建并行应用程序。Spark 还提供交互式的 Scala、Python、R 语言的 shell，使得开发和测试更加方便快捷。使用 Python API 完成 Spark 版本的词频统计如图 9.2 所示。

了解过 MapReduce 编程模型后都知道，开发完 MapReduce 代码后还需要进行打包、上传到服务器、测试等操作。即使只修改一个小功能，在生产环境中进行测试需要经过的操作步骤也是非常繁琐的。而 Spark 提供了交互式的 shell，可以直接把功能代码在 shell 中进行验证，这对于开发来说是非常便捷的。

3. 通用性

Spark 提供了一个强有力的一栈式通用的解决方案，如图 9.3 所示。使用 Spark 能完成批处理、交互式查询（Spark SQL）、实时流处理（Spark Streaming）、图计算（GraphX）及机器学习（MLlib）。Spark 内部的这些组件都可以在一个 Spark 应用程序中无缝对接、综合使用。

图 9.2 用 Python API 完成 Spark 版本的词频统计

Spark SQL	Spark Streaming	MLlib（机器学习）	GraphX（图）
	Apache Spark		

图 9.3 基于 Spark 的一栈式解决方案

在 Spark 未出现之前，要在一个栈内同时完成数种大数据分析任务，就不得不与多套大数据系统打交道，加大了开发与运维复杂性。比如说使用 MapReduce 进行离线处理，使用 Storm 进行实时处理，使用 Mahout 进行机器学习等，这样就需要搭建多套处理框架的集群，学习多套开发框架的 API，无形中加大了开发或者公司的运营成本。常用来形容 Spark 的一句话：One stack to rule them all，也就是说可以在一套软件栈内完成前面所描述的各种场景的大数据需求。

4. 随处运行

Spark 与其他开源产品的兼容性也做得非常出色，如图 9.4 所示。Spark 可以使用 Hadoop 的 YARN、Mesos 作为资源管理和调度；Spark 可以处理 Hadoop 能支持的数据，包括 HDFS、Cassandra、HBase 和 S3 等，这对于已使用 Hadoop 进行数据处理的公司来说是特别重要的，因为不需要做任何数据迁移就能直接使用 Spark 来进行数据处理，即使原来的数据存储在 HDFS 或者 S3 上，Spark 也能够很好地兼容，这就大大减少了数据迁移工作所带来的成本开销。

图 9.4　Spark 能兼容多种外部框架

Spark 除了支持运行在 YARN 或者 Mesos 之上，也提供了自己的资源调度和管理系统，这就是所谓的 Standalone 模式；当然为了方便本地开发和测试 Spark 应用程序，Spark 也提供了 Local 运行模式。这几种运行模式的代码是一样的，只要在提交 Spark 应用的作业时通过参数指定要运行在何种调度系统上即可。Spark 不仅能处理 HDFS 或者 S3 上的数据，还能处理本地的数据，这样进一步降低了 Spark 的使用门槛，只要在本地通过开发工具（比如 Eclipse 或者 IDEA）搭建好 Spark 所依赖的相应 jar 包，就能很方便地使用 Spark 进行数据处理。

9.1.3　Spark 生态圈

1．Spark

Spark 是整个 BDAS（Berkeley Data Analytics Stack）的核心组件，是一个分布式计算引擎（官方的说法：Lighting-fast cluster computing），不仅实现了 MapReduce 的 map 函数和 reduce 函数，还提供了更高层次、更丰富的算子，比如：filter、join、sum 等，能够使得开发分布式程序的入门门槛进一步降低而且开发速度更快。

Spark 中的分布式编程模型是 RDD（Resilient Distributed Datasets，弹性分布式数据集），换句话说 Spark 是将数据包装成 RDD 来进行操作的。比如 Spark 可以兼容处理 Hadoop 上的 HDFS 数据文件，那么这个 HDFS 数据文件就是包装成 Spark 所认识的 RDD 来完成数据操作的。Spark 还实现了序列化、应用任务调度（如图 9.5 所示）等功能。

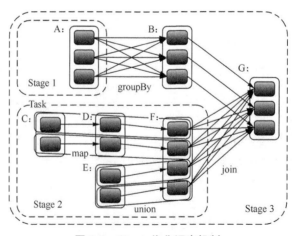

图 9.5　Spark 作业调度机制

Spark 作业在执行过程中会将数据进行分区拆分，一个分区对应一个 task，然后将作业转换成 DAG（有向无环图）进行拆分，以及作业的调度和执行，更多细节后续章节将会详细介绍。

2. Spark SQL

Spark SQL 是 2014 年 4 月在 Spark1.0 版本中发布的，是 Spark 的核心组件之一。在早期，离线批处理大多是通过 MapReduce 编程模型完成的，但由于编程的繁琐性，后来诞生了 Hive，由于 Hive 底层的执行引擎也是基于 MapReduce 的，故其执行效率也不会很高。随着 Spark 的诞生，有人就想尝试将 Hive 运行在 Spark 之上。但是由于 Shark 对 Hive 的依赖过多，不方便后续的发展，所以慢慢也就对其停止开发和维护了，之后就诞生了 Spark SQL。Spark SQL 诞生之初的目的之一就是想接过 Shark 的接力棒，继续为 Spark 用户提供高性能的基于 Hadoop 的 SQL 解决方案，并为 Spark 带来通用、高效、多元一体的结构化数据处理能力。

按照 Spark 官方文档的定义：Spark SQL is a Spark module for structured data processing，Spark SQL 是一个用于处理结构化数据的 Spark 组件，该定义强调的是"结构化数据"，而非"SQL"。

在 Spark1.2 版本中提出了外部数据源的概念，可以让 Spark SQL 对接更多的外部输入（RDBMS、NoSQL、JSON、Parquet、S3 等）与输出资源（与输入类似），进行整合读写操作，如图 9.6 所示。比如直接使用 Spark SQL 对 Oracle、MySQL、DB2 等关系型数据库和 HBase、Parquet 等进行读写操作。Spark 官方自带了一些外部数据源的实现，社区中也有非常多的外部数据源的实现，比如 Redis、MongoDB 等，可以关注 http://spark-packages.org 了解更多。

图 9.6　Spark SQL 提供的外部数据源

在 Spark1.3 版本中更加完整地表达了 Spark SQL 的愿景：Write less code（让开发者用更精简的代码来开发应用程序）、Read less data（在处理过程中尽量少地读数据）、Let the optimizer do the hard work（让 Spark SQL 自动优化执行过程，以达到降低开发成本、提升数据分析执行效率的目的，能够做到新手写的代码和高手写的代码的执行性能一样）。

3. Spark Streaming

Spark Streaming 是 Spark Core API 的一个扩展，可以实现高吞吐量、具备容错机制的准实时流处理系统，可以支持多种数据源获取数据，包括 Kafka、Flume、Twitter、ZeroMQ 以及 TCP socket 等。从数据源端获取数据之后，可以使用 map、reduce、join、window 等高层次 API 函数进行复杂的数据处理，最后还可以将处理结果存储到文件系统、关系型数据库、NoSQL 等其他系统中，如图 9.7 所示。

图 9.7　Spark Streaming 支持的输入源和输出媒介

Spark Streaming 在内部的处理机制是：接收实时流数据，并根据一定的时间间隔拆分成一批批的数据，然后通过 Spark Engine 处理这些批数据，最终得到处理后的一批批结果数据，如图 9.8 所示。

图 9.8　Spark Streaming 数据切割处理机制

4．Spark GraphX

Spark GraphX 是一个分布式图处理框架，它基于 Spark 平台提供对图计算和图挖掘易用且简洁的一个子系统，使得用户对分布式图处理的需求处理起来更便捷，尤其是当用户进行多轮迭代时，基于 Spark 内存计算的优势更为明显。由于 Spark 的一栈式解决方案使得 Graph 能够结合 Spark 中的其他子框架（比如 Spark SQL、Spark Streaming 等），可以方便且高效地完成图计算的一整套流水作业。

5．Spark MLlib

MLlib 是构建在 Spark 上的分布式机器学习库，充分利用了 Spark 的内存计算和适合迭代型计算的优势，将性能大幅度提升。由于在 Spark 中提供了大量丰富的算子，这使得机器学习的算法开发也不再像以前那么复杂和繁琐。MLlib 模块中提供了一些常用机器学习算法和库在 Spark 平台上的实现，同时包括相关的测试和数据生成器。Spark MLlib 支持 4 种常见的机器学习问题：分类、回归、聚类和协同过滤。在 Spark 官方网站中展示了逻辑回归算法在 Spark 和 Hadoop 中运行的性能比较，可以看出在逻辑回归的运算场景下，Spark 比 Hadoop 快了 100 个数量级，如图 9.1 所示。

6．Spark R

R 语言是一种自由软件编程语言与操作环境，主要用于统计分析、绘图、数据挖掘。那么如何在 Spark 中使用 R 语言呢？Spark 社区中诞生了 SparkR 模块。SparkR 为 R 提供了轻量级的 Spark 前端的 R 包，并且提供了一个分布式的数据框架，它解决了 R 中的数据框架只能在单机中使用的瓶颈，并和 R 中的数据框架一样支持许多操作，比如 select、filter、aggregate 等，这使得用户进行大数据开发和基于单机开发 R 语言并没有任何区别，能让熟悉 R 语言的用户非常快速地了解 SparkR 的使用。

7. Alluxio

Alluxio 的前身 Tachyon 是一个基于内存的分布式文件系统，它是架构在底层分布式文件系统和上层分布式计算框架之间的一个中间件。Alluxio 在大数据分布式系统中所处的位置如图 9.9 所示，主要职责是以文件形式在内存或其他存储设施中提供数据的存取服务。

图 9.9　Alluxio 在大数据分布式系统中所处的位置

在大数据领域，最底层的是分布式文件系统，用于存储要处理的输入数据和处理后的输出数据，工作中用得比较多的有 Apache HDFS、Amazon S3 等。对于一些分布式计算框架，如 Spark、Flink 等，往往都是直接从分布式文件系统中进行数据的读写，效率比较低，性能消耗比较大。如果我们将分布式执行架构置于底层分布式文件系统与上层分布式计算框架之间，以内存的方式对外提供文件读写访问服务，那么 Alluxio 可以为那些大数据应用提供一个数量级的加速，而且只要提供通用的数据访问接口，就能很方便地切换底层分布式文件系统。

任务 2　Scala 基础

关键步骤如下。

- ➢ 安装 Scala。
- ➢ 了解 Scala 的变量和常量、数据类型。
- ➢ 掌握 Scala 函数的定义。
- ➢ 掌握 Scala 面向对象的使用。
- ➢ 掌握 Scala 中集合的使用。
- ➢ 掌握 Scala 高阶函数的使用。

9.2.1　Scala 简介

Spark 的内核部分代码是使用 Scala 语言开发的，所以在使用 Spark 开发之前需要提前配置好 Scala 环境。

1. Scala 概述

Scala 是一门多范式的编程语言，也是一种类似 Java 的编程语言，设计初衷是实现可伸缩的语言，并集成面向对象编程和函数式编程的各种特性。

2. Scala 下载

Scala 官方网站：http://www.scala-lang.org，可以选择对应的操作系统的 Scala 版本，比如 Mac OS、UNIX、Windows，直接点击对应的超链接下载即可。本书选用的 Scala 版本是 2.10.4 版本，官网下载页面如图 9.10 所示，下载 scala-2.10.4.tgz 即可。

www.scala-lang.org/download/2.10.4.html

You can find the installer download links for other operating systems, as well as documentation and source code archives for Scala 2.10.4 below.

Archive	System	Size
scala-2.10.4.tgz	Mac OS X, Unix, Cygwin	28.55M
scala-2.10.4.msi	Windows (msi installer)	60.00M
scala-2.10.4.zip	Windows	28.60M
scala-2.10.4.deb	Debian	24.83M
scala-2.10.4.rpm	RPM package	24.83M
scala-docs-2.10.4.txz	API docs	3.65M
scala-docs-2.10.4.zip	API docs	32.46M
scala-sources-2.10.4.zip	sources	
scala-tool-support-2.10.4.tgz	Scala Tool Support (tgz)	25K
scala-tool-support-2.10.4.zip	Scala Tool Support (zip)	46K

图 9.10　Scala 官网下载页面

3. Scala 安装

解压下载好的 scala-2.10.4.tgz，为了方便后续使用，建议添加到系统环境变量中。事先安装好 jdk，采用 jdk1.7.0_79 安装即可。

软件存放位置：/home/hadoop/software

（1）解压。

tar -zxvf scala-2.10.4.tgz -C ~/app

（2）添加 Scala 到系统环境变量（~/.bash_profile）中。

export SCALA_HOME=/home/hadoop/app/scala-2.10.4
export PATH=$SCALA_HOME/bin:$PATH

（3）使得配置生效。

source ~/.bash_profile

Spark 安装

（4）检测 Scala 是否安装成功。

scala –version

如果有如下信息输出：Scala code runner version 2.10.4 -- Copyright 2002-2013, LAMP/EPFL，则表示安装成功。

4．Scala 简单入门

示例

```
# 整数相加
scala> 1+3
res0: Int = 4  #res0 表示变量名， Int 表示类型， 输出值是 4。

# 变量乘法
scala> res0*3
res1: Int = 12

# 变量相乘
scala> res0*res1
res2: Int = 48

# 输出文本
// println 是 Scala 预定义导入的类， 所以可以直接使用， 其他非预定义的类， 需要手动导入
scala> println("hello world!")
hello world!

#Scala 程序
vi HelloWorld.scala
object HelloWorld {
  def main(args: Array[String]) {
    println("Hello, world!")
  }
}

// 编译 Scala 代码
scalac HelloWorld.scala

// 执行 Scala
scala HelloWorld
```

5．值与变量

值 (val)：赋值后不可变，类似于 Java 中的 final 变量，值一旦初始化就不能再改变。

val 值名称 : 类型 = xxx

变量 (var)：赋值后可以改变，生命周期中可以被多次赋值。

var 变量名称 : 类型 = xxx

示例

val money:Int = 100   //Int = 100

money = 200   //error: reassignment to val

var name : String = "hello"

name = "world"

name = "welcome"   // 一般不需要显式指定类型，因为 Scala 编译器会自动推断出

　　// 变量的类型，必要的时候可以指定

6. 常用数据类型

Scala 与 Java 有相同的数据类型，表 9-1 列出了 Scala 支持的数据类型。

表9-1　Scala数据类型

数据类型	描述
Byte	8 位有符号补码整数。数值区间为 -128 到 127
Short	16 位有符号补码整数。数值区间为 -32768 到 32767
Int	32 位有符号补码整数。数值区间为 -2147483648 到 2147483647
Long	64 位有符号补码整数。数值区间为 -9223372036854775808 到 9223372036854775807
Float	32 位 IEEE754 单精度浮点数
Double	64 位 IEEE754 单精度浮点数
Char	16 位无符号 Unicode 字符，区间值为 U+0000 到 U+FFFF
String	字符序列
Boolean	true 或 false
Unit	表示无值，和其他语言中的 void 等同。用作不返回任何结果的方法的结果类型。Unit 只有一个实例值，写成 ()
Null	null 或空引用
Nothing	Nothing 类型在 Scala 的类层级的最底端；它是任何其他类型的子类型
Any	Any 是所有其他类的超类
AnyRef	AnyRef 类是 Scala 里所有引用类（reference class）的基类

示例

var a:Int = 100

val b:Float = 1.1f

// 可以使用 asInstanceOf[T] 方法来进行强制类型转换

scala> def i = 10.asInstanceOf[Double]

i: Double

scala> i

res0: Double = 10.0

```
// 使用 isInstanceOf[T] 方法来判断类型
scala> val b = 10.isInstanceOf[Int]
b: Boolean = true


scala> val b = 10.isInstanceOf[Double]
b: Boolean = false
```

9.2.2　Scala 函数定义

1. Scala 函数的定义

在 Scala 中使用 def 关键字定义函数，语法如图 9.11 所示。

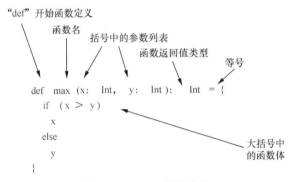

图 9.11　Scala 函数定义

2. 有返回值函数的定义

```
def 函数名 ( 参数名 : 参数类型 ) : 返回类型 = {
    // 括号内的叫作函数体

    // 函数体内最后一行为返回值， 不需要使用 return
}
```

代码 9.1　Scala 中函数的定义和使用

```
package com.kgc.bigdata.spark.scala

/**
 * 函数的定义
 */
object FunctionApp {

    def main(args: Array[String]) {
```

```
    def add(x: Int, y: Int): Int = {
      x + y      // 最后一行就是返回值，  不需要使用 return
    }
    println(add(1, 2))

    def three() = 1 + 2
    three()
    three      // 当函数没有参数时，  可以省略大括号
  }
}
```

3. 没有返回值方法的定义

```
def 方法名 ( 参数名 : 参数类型 ) {
  // 方法体
}
```

示例

```
def sayHello() {
  println("say hello....")
}

sayHello()
sayHello      // 当调用的函数没有参数时，  方法的括号也可以省略
```

9.2.3 Scala 面向对象操作

Scala 面向对象操作基本上与 Java SE 中 OOP（面向对象编程）非常类似。

1. 类 & 属性 & 方法的定义

代码 9.2 Scala 中类 & 属性 & 方法的使用

```
class SimpleObjectDemo {
}

class People {
// 定义属性
 var name: String = ""
 val age: Int = 10

 // 定义方法
 def eat(): String = {
  name + " eat..."
 }
```

```
  def watchFootball(teamName: String) {
    println(name + " is watching match of " + teamName)
  }
}

object SimpleObjectDemo {
  def main(args: Array[String]) {
    val people = new People() // 创建对象
    people.name = "Messi" // 为 name 赋值
    println("name is : " + people.name)
    println("name is : " + people.name + " , age is " + people.age)

    //people.age = 27  // 编译报错，  因为 age 是 val 类型，  值不能被修改

    // 函数调用
    println("invoke eat method : " + people.eat)

    // 编译报错：  当调用的方法有输入参数时，  一定需要带括号并传递输入参数
    //println("invoke watchFootball method : " + people.watchFootball()) // 需要带输入参数
    println("invoke watchFootball method : " + people.watchFootball("Barcelona"))
  }
}
```

2. 构造方法

代码 9.3　Scala 中构造方法的使用

```
class ConstrutorExtendsDemo {
}


class Person(val name: String, val age: Int) {
  println("Person constructor enter ~~~~~~")
  val school = "kgc"
  println("Person constructor leave ~~~~~~")
}


object ConstrutorExtendsDemo extends App {
  // 调用主构造器
  var person = new Person("zhangsan", 21)
  println("name is:" + person.name + " , age is: " + person.age + " , school is: " + person.school)
}
```

3. 继承

代码 9.4　Scala 中继承的使用

```
class Student(name: String, age: Int, var major: String) extends Person(name, age) {
  println("Student constructor enter ~~~~~~")
```

```
    println("Student constructor leave ~~~~~~")
  }

object ConstrutorExtendsDemo extends App {
  // 初始化子类对象
  var student = new Student("wangwu", 15, "Math")
    println("name is:" + student.name + " , age is: " + student.age + " , major is: " + student.major + " ,
school is: " + student.school)
    println(student);
  }
```

 注意

（1）子类构造方法触发之前要先触发其父类的构造方法。

（2）父类中已有的字段无需使用 val/var 修饰，只有新增的字段才需要使用 val/var 修饰。

4. 抽象类

Scala 中抽象类的特点如下。

（1）类的一个或者多个方法没有完整的实现（只有定义，没有实现）。

（2）声明抽象方法不需要加 abstract 关键字，只需要不写方法体即可。

（3）子类重写父类的抽象方法时不需要加 override 关键字。

（4）子类重写父类的抽象属性时不需要加 override 关键字。

（5）父类可以声明抽象字段（没有初始值的字段）。

代码 9.5 **Scala 中抽象类的使用**

```
class AbstractDemo {
}

abstract class Person2 {
// 属性和方法不需要添加 abstract 关键字
 def speak

 val name: String
 var age: Int
}


class Student2 extends Person2 {
 def speak() {
  // 返回值为 Unit
```

```
    println("speak~~~")
  }

  val name = "zhangsan"
  var age = 100
}

object AbstractDemo extends App {
  val s = new Student2
  s.speak
  println("name is:" + s.name + " , age is: " + s.age)
}
```

9.2.4　Scala 集合的使用

Scala 的所有集合类都可以在 scala.collection 包中找到，其体系架构如图 9.12 所示。

图 9.12　Scala 集合体系架构

 注意

　　在 Scala 中集合通常用两种，一种是可变的，另一种是不可变的。它们的区别在于集合的长度是否可以调整，对于不可变的集合在定义时指定长度后就不可再调整。

1. 数组

Array：和 Java 中的 Array 类似，也是长度不可变的数组。

（1）定长数组（长度不可变）：数组采用 () 访问，而不是 []，下标从 0 开始。如下代码直接在 scala 控制台运行。

```scala
// 数组创建
val a = new Array[String](5)
println(a)  // 返回的是数组的哈希码
a.length  //Int = 5
a(1) = "hello"  // 为指定的 index 位置的元素赋值
a

// 不用 new， 直接将值写在数组中
val b = Array("aa", "bb", "cc")

b(1)  // 取出 index 为 1 的值， String = bb
b(1) = "dd" // 修改数组中的元素
b(1)
b
b(3)  // 报错： java.lang.ArrayIndexOutOfBoundsException: 3

// 数组常见算法
var c = Array(2,3,4,5,6,7,8,9)
c.sum
c.min
c.max
```

（2）变长数组（长度可变）：ArrayBuffer

```scala
// 创建变长数组
val c = scala.collection.mutable.ArrayBuffer[Int]()

// 变长数组常用操作： +=/++=/insert/remove/toArray/sum/max/reverse

// += 可以添加一个或者多个元素
c += 1 // 每次产生的都是一个新的数组
c += 2
c += (3, 4, 5) // 一次添加多个元素
c ++= Array(6, 7, 8)  //++ 可以放置一个 Array 进去

c.insert(0, 0) // 在指定的位置插入指定的数据
c.remove(1) // 删除指定位置的数据
c.remove(0, 3) // 删除范围数据， 从指定位置开始删除几个数据： 从第 0 个位置开始删除 3 个
c.trimEnd(2) // 移除最后两个： 从尾部截断指定个数的元素

// 变成定长数组
c.toArray  //Array[Int] = Array(4, 5, 6, 7, 8)
c.toArray.sum //Int = 30
```

c.toArray.min　//Int = 4

// 数组的遍历
for (i <- 0 until c.length)　println(c(i))　// 普通遍历
for (ele <- c)　println(ele)　// 增强 for 循环遍历

2. List

示例

// 创建变长 List
val l5 = scala.collection.mutable.ListBuffer[Int]()

// 增加元素
l5 += 2
l5 += (3, 4, 5)
l5 ++= List(6, 7, 8, 9)

// 删减元素
l5 -= 2　//l5.type = ListBuffer(3, 4, 5, 6, 7, 8, 9)
l5 -= 3　//l5.type = ListBuffer(4, 5, 6, 7, 8, 9)
l5 -= (1, 4)　//l5.type = ListBuffer(5, 6, 7, 8, 9)
l5 --= List(5, 6, 7, 8)　//l5.type = ListBuffer(9)

// 遍历
for(ele <- l5) println(ele)

3. Map

key-value 映射，和 Java 的 Map 非常类似。

示例

// 创建不可变 Map
val a = Map("zhangsan" -> 27, "lisi" -> 26)
a("zhangsan")
a("zhangsan")=30 // 报错，因为 a 是不可变的 map

// 可变 Map 创建方式：用箭头
val b = scala.collection.mutable.Map("zhangsan" -> 27, "lisi" -> 26)

// 创建一个空的 HashMap
val c = scala.collection.mutable.HashMap[String, Int]()

// 取值 map(key)
a("zhangsan")　//Int = 27
a("abc")　//java.util.NoSuchElementException: key not found: abc

```
// 取值更好的方式 map.getOrElse(key,default)，有就取没有就用默认值
a.getOrElse("xx", 10)  //Int = 10

// 更新元素
b("spring") = 6
b("spring")

// 添加元素
b += ("bb" -> 4, "cc" -> 6)

// 删减元素
b -= "bb"

// 遍历
for ((key, value) <- b) {
   println("key is " + key + ",value is " + value)
}

for (ele <- b.keySet) {
   println("key is " + ele + ",value is " + b.getOrElse(ele, 0))
}
```

9.2.5　Scala 高阶函数

Scala 中，由于函数是一等公民，因此可以直接将某个函数作为参数传给其他函数。这个功能是极其强大的，也是 Java 这种面向对象的编程语言所不具备的；接收其他函数作为参数的函数，也被称作高阶函数（higher-order function）。

1. 函数作为其他函数的参数或者返回值

在讲解案例之前，我们先了解下 Scala 中的匿名函数。Scala 中的函数也可以不命名，称为匿名函数。Scala 中定义匿名函数的语法规则：(参数名：参数类型) => 函数体。

示例

```
val sayHelloFunc = (name: String) => println("Hello: " + name)

// 接收函数作为函数的参数
def greeting(func:(String)=>Unit, name:String): Unit = {
  func(name)
}

greeting(sayHelloFunc, "zhangsan")
```

```
// 将函数作为返回值
def getGreetingFunc(message:String) = (name:String)=>println(message + " , " + name)
val greetingFunc = getGreetingFunc("hello")
greetingFunc("zhangsan")
```

2．高阶函数的类型推断

示例

```
val l = List(1, 2, 3, 4, 5, 6, 7, 8)

println(l.map((x: Int) => x * 2))    //map 逐个操作集合中的元素，是最原始的写法

println(l.map((x) => x * 2))         // 只有一个参数时，类型可以省略，推断参数类型

println(l.map(x => x * 2))           // 只有一个参数，可以省去括号

println(l.map(2 * _))     //_ 是 list 中的某个参数，只有一个参数时，而且参数是
                          // 确定的，可用 _ 代替
```

类型推断总结如下。

（1）高阶函数可以自动推断出参数类型，而不需要写明类型。

（2）对于只有一个参数的函数，还可以省略小括号。

（3）如果仅有的一个参数在右侧的函数体内只使用一次，还可以将接收参数省略，并且用"_"来替代参数，诸如"2 * _"这种语法，必须掌握！Spark 源码中大量使用了这种语法！

3．Scala 常用高阶函数

代码 9.6　Scala 中高阶函数的使用

```
/**
* Scala 高阶函数的使用
*/
object ScalaOperate {

  def main(args: Array[String]) {
   val l = List(1, 2, 3, 4, 5, 6, 7, 8)

   //map： 对传入的每个元素都进行映射，返回一个处理后的元素
   //foreach： 对传入的每个元素都进行处理，但是没有返回值，比如这里对每个元素都执行打印
操作
   l.map(_ * 2).foreach(println)

   //filter： 对传入的每个元素都进行条件判断，如果判断后为 true，则保留该元素，否则过滤掉
该元素
```

```
l.map(_ * 2).filter(_ > 8).foreach(println)
println("------------------")

// 取前 4 个
l.take(4).foreach(println)
println("------------------")

//reduce 函数：  即先对元素 1 和元素 2 进行处理，然后将结果与元素 3 进行处理，再将结果与
元素 4 进行处理，依次类推
println(l.reduce(_ + _)) //36
println(l.reduce(_ - _)) //-34

// 取集合中的最大值、最小值、和、记录数等
println(l.max)
println(l.count(_ > 3))
println(l.min)
println(l.sum)
println("------------------")

//zip：  对应位置的元素组合成一个元素
val a = List(1, 2, 3, 4)
val b = List("A", "B", "C", "D")
println(a zip b) //List((1,A), (2,B), (3,C), (4,D))

val c = List("A", "B", "C", "D", "E")
println(a zip c) //List((1,A), (2,B), (3,C), (4,D))

val d = List(1, 2, 3, 4, 5)
// 只有当两者的个数相同时才能匹配上
println(d zip c) //List((1,A), (2,B), (3,C), (4,D), (5,E))

// 将学生姓名和成绩关联
List("zhangsan", "lisi", "wangwu").zip(List(100, 90, 75, 83))

//flatten：  将所有元素都压到一起
val f = List(List(1, 2), List(3, 4), List(5, 6)) //list 中嵌套 list
println(f.flatten) //List(1, 2, 3, 4, 5, 6)

//flatMap=map+flatten
println(f.flatMap(_.map(_ * 2))) //List(2, 4, 6, 8, 10, 12)
```

// 注意 map 和 flatMap 的区别： map 是对每个元素进行某个操作， flatMap 是先做 map 操作再
将所有元素压在一起

println(f.map(_.map(_ * 2))) //List(List(2, 4), List(6, 8), List(10, 12))

```
    }

}
```

任务 3 编译 Spark

关键步骤如下。

➢ 下载 Spark 源码。

➢ 编译 Spark 源码。

9.3.1 下载 Spark 源码

1. 获取 Spark 源码方式一

从 Spark 的官网 http://spark.apache.org/ 根据需要的 Spark 版本直接下载。这里采用的 Spark 版本是 1.6.1，官网下载页面如图 9.13 所示。

图 9.13　Spark 源码官网下载页面

2. 获取 Spark 源码方式二

通过 GitHub 进行下载。因为 Spark 是一个开源项目，所有代码都托管在 GitHub 上，地址是 http://github.org/apache/spark。Spark 在 GitHub 的主页如图 9.14 所示。

在 releases 中点击下载自己需要的版本，或者直接通过 Git 进行下载。

git clone git://github.com/apache/spark.git

git clone git://github.com/apache/spark.git -b branch-1.6

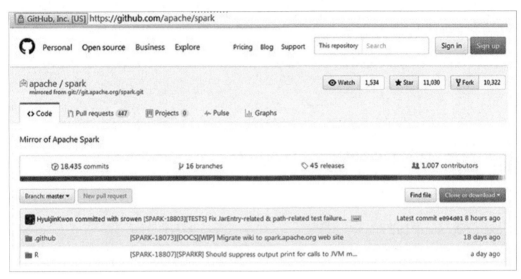

图 9.14　Spark 源码 GitHub 主页

9.3.2　编译 Spark 源码

Spark 官方提出的编译注意事项：Spark1.6 版本要求的 Maven 不能低于 3.3.3，Java 不能低于 1.7。

1. Maven *编译*

Spark 内置了 Maven，存放在 Spark 源码的 build 目录下。但还是建议自行搭建一个 Maven，毕竟很多其他大数据框架也是需要编译的。

编译命令：

```
build/mvn -Pyarn -Phadoop-2.4 -Dhadoop.version=2.4.0 -DskipTests clean package
```

因为 Spark 是支持 Hadoop 的，而 Hadoop 又有多个不同的版本，包括社区版、商业发行版等，所以在编译 Spark 时，建议通过 -P 来指定 Spark 源码中 pom.xml 中对应支持的 Hadoop 版本的 Profile，Hadoop 版本与 Profile 的对应关系见表 9-2，再使用 -D 来指定 Hadoop 的小版本号。如果想让你的 Spark 能运行在 YARN 上，那么还需要使用 -P 把 YARN 对应的 Profile 也加上。常用 Hadoop 版本与 Maven 编译命令的对应关系见表 9-3。

表9-2　Hadoop版本与Profile的对应关系

Hadoop版本	对应的profile
1.x to 2.1.x	hadoop-1
2.2.x	hadoop-2.2
2.3.x	hadoop-2.3
2.4.x	hadoop-2.4
2.6.x +	hadoop-2.6

表9-3 **Hadoop版本与Maven编译命令的对应关系**

Hadoop版本	Maven
Apache Hadoop 1.2.1	mvn -Dhadoop.version=1.2.1 -Phadoop-1 -DskipTests clean package
Cloudera CDH 4.2.0 和 MapReduce v1	mvn -Dhadoop.version=2.0.0-mr1-cdh4.2.0 -Phadoop-1 -DskipTests clean package
Apache Hadoop 2.2.X	mvn -Pyarn -Phadoop-2.2 -DskipTests clean package
Apache Hadoop 2.3.X	mvn -Pyarn -Phadoop-2.3 -Dhadoop.version=2.3.0 -DskipTests clean package
Apache Hadoop 2.4.X 或 2.5.X	mvn -Pyarn -Phadoop-2.4 -Dhadoop.version=VERSION -DskipTests clean package
不同的 HDFS 和 YARN 版本	mvn -Pyarn -Phadoop-2.3 -Dhadoop.version=2.3.0 -Dyarn.version=2.2.0 -DskipTests clean package

本章采用的 Hadoop 版本为 hadoop-2.6.0-cdh5.7.0，所以编译脚本如下。

mvn -Pyarn -Phadoop-2.6 -Dhadoop.version=2.6.0-cdh5.7.0 -DskipTests clean package

如果在编译过程中遇到如下的错误。

[INFO]Compiling 203 Scala sources and 9 Java sources to spark/core/target/scala-2.10/classes...
[ERROR] PermGen space -> [Help 1]
[INFO] Compiling 203 Scala sources and 9 Java sources to spark/core/target/scala-2.10/classes...
[ERROR] Java heap space -> [Help 1]

是由于内存不足导致的，可以通过 MAVEN_OPTS 的设置来解决。

export MAVEN_OPTS="-Xmx2g -XX:MaxPermSize=512M -XX:ReservedCodeCacheSize=512m"

2. make-distribution.sh 编译

make-distribution.sh 命令存放在 Spark 源码的根目录中，可以使用 make-distribution.
sh --help 来查看。其实 make-distribution.sh 底层也是使用 Maven 进行编译的，但使用
make-distribution.sh 方式进行编译的一个好处是，编译成功后在 Spark 源码的根目录
下就有对应的 tar.gz 包，以后进行 Spark 环境部署时可以直接使用该 tar.gz 进行 Spark
安装。

编译命令：

make-distribution.sh --name 2.6.0-cdh5.7.0 --tgz -Phadoop-2.6 -Dhadoop.version=2.6.0-cdh5.7.0 Pyarn

参数说明：

（1）--name NAME：和 --tgz 结合可以生成 spark-$VERSION-bin-$NAME.tgz 的部
署包，默认 NAME 为 Hadoop 的版本号。

（2）--tgz：在根目录下生成 spark-$VERSION-bin.tgz，默认不生成。

Spark 初体验

关键步骤如下。

➢ Spark 环境部署。

➢ 使用 Spark 完成词频统计分析。

9.4.1 Spark 环境部署

1. 解压 Spark 并配置到系统环境变量

（1）解压编译完成的 Spark 的 tar.gz 包。

```
tar -zxvf spark-1.6.1-bin-2.6.0-cdh5.7.0.tgz
```

（2）添加 Spark 到系统环境变量（~/.bash_profile）中。

```
export SPARK_HOME=/Users/rocky/bigdata/software/ spark-1.6.1-bin-2.6.0-cdh5.7.0
export PATH=$SPARK_HOME/bin:$PATH
```

（3）使配置生效。

```
source ~/.bash_profile
```

2. 修改 Spark 配置文件

（1）修改 Spark 配置文件 1（$SPARK_HOME/conf/spark-env.sh）。如果 spark-env.sh 文件不存在，则根据 spark-env.sh.template 配置文件拷贝一份并修改其文件名为 spark-env.sh。

```
export SPARK_MASTER_IP=localhost    # 配置 Master 节点的主机名，单机用 localhost 即可
export SPARK_WORKER_CORES=1    #WorkNode 分出几核给 spark 使用
export SPARK_WORKER_INSTANCES=1 #WorkNode 使用几个 spark 实例，一般一个就行了
export SPARK_WORKER_MEMORY=1G #WorkNode 分出多少内存给 spark 使用
export SPARK_WORKER_PORT=8888    # 指定 spark 运行时的端口号
```

（2）修改 Spark 配置文件 2（$SPARK_HOME/conf/slaves）。如果 slaves 文件不存在，则根据 slaves.template 配置文件拷贝一份并修改其文件名为 slaves，该文件配置 WorkNode 的主机名，一行配置一个，单机则用 localhost 即可。

3. 启动 Spark

$SPARK_HOME 下的 sbin 和 bin 说明如下。

（1）sbin：存放启动和停止 Spark 集群等的命令。

（2）bin：存放应用程序（spark-shell）启动和停止等的命令。

启动 Spark 集群（sbin 目录下）：start-all.sh。

启动检测：使用 jps 命令查看输出，如果有 Master 和 Worker 进程则表示启动成功。

浏览器访问：http://MASTER_IP:8080/，页面如图 9.15 所示。

图 9.15　Spark 启动成功后页面

9.4.2　spark-shell

按照如上步骤完成 Spark 环境部署后，就可以通过 Spark 自带的 wordcount 案例来了解 Spark 是如何处理词频统计分析的。

1. 准备测试数据

准备存放数据：/home/hadoop/data/hello.txt

```
hello   world   welcome
hello   welcome
```

2. 启动 spark-shell

spark-shell 是 Spark 自带的一个交互式工具，我们可以将代码直接在 spark-shell 中运行并存放于 $SPARK_HOME/bin 目录下。spark-shell 的详细用法参见：spark-shell --help。

启动 spark-shell：spark-shell --master spark://hadoop000:7077

参数描述：--master 用于指定 Spark 的 Master 节点的地址，默认运行在 7077 端口。

启动成功后，可以访问 http://master_ip:8080 页面，如图 9.16 所示。

图 9.16　spark-shell 启动成功后在 Spark UI 中的展示

从图中我们能看到在 Running Applications 中有一个正在运行的 Application，名称为 Spark shell，这个 Applications 就是通过 spark-shell 启动产生的。显示了 1Core、1024MB 的内存、该 Application 提交的用户、当前正在运行的状态、该 Application 从启动到现在一共运行了多长时间等信息。为什么是使用了 1Core、1024MB 的内存呢？可以通过 spark-shell --help 查看更加详细的配置描述。

3. 使用 Spark 进行词频统计

在启动成功的 spark-shell 交互式命令行中输入如下代码。

```
sc.textFile("hdfs://hadoop000:8020/data/hello.txt").flatMap(x=>x.split("\t")).map(x=>(x,1))
.reduceByKey(_+_).collect
```

执行完成后就能在控制台上查看到最终的词频统计结果：(hello,2), (welcome,2), (world,1)。当前我们只需要能将该段 scala 代码在 spark-shell 中执行完成就行，代码具体是什么意思，在讲解 RDD 的章节中会有详细的介绍。

现在我们只是将统计结果在控制台中展示出来，在实际工作中会将各种统计结果存放在文件系统、关系型数据库等存储媒介上。

➔ 本章总结

本章学习了以下知识点。

➢ Spark 是什么及其优点。

➢ Spark 生态圈 BDAS 组件。

➢ Scala 环境部署及使用。

➢ 获取 Spark 源码。

➢ Spark 源码编译（为了能匹配生产环境的 Hadoop 或者 Hive 环境，一定要事先编译 Spark）。

➢ Spark 环境部署。

➢ 使用 Spark 进行词频统计。

➔ 本章练习

在 Spark 词频统计的基础上对统计结果按照单词出现的次数降序排列（自行查阅资料完成）。

Spark Core

❖ 掌握 Spark 应用程序的开发
❖ 掌握 Spark 的运行架构

学习本章，需要完成以下 3 个工作任务。记录学习过程中遇到的问题，通过自己的努力或访问 kgc.cn 解决。

任务 1：Spark RDD

认识 RDD 是什么、有哪些特点，掌握 RDD 的创建方式有哪些、RDD 的常用转换算子。

任务 2：RDD 高级应用

掌握 RDD 的缓存选择策略，了解 Spark 中共享变量的使用、Spark 的核心概念以及运行架构。

任务 3：基于 RDD 的 Spark 应用程序开发

掌握 Spark Core 的编程模型并能进行 Spark 应用程序的开发。

任务 1 Spark RDD

关键步骤如下。

➤ RDD 是什么。

➤ RDD 的特点。

➤ RDD 的创建方式。

➤ RDD 的常用操作：转换和动作。

RDD
基本操作

10.1.1 RDD 介绍

1. RDD 是什么

RDD 即弹性分布式数据集（Resilient Distributed Datasets），它具备像 MapReduce 等数据流模型的容错特性，能在并行计算中高效地进行数据共享进而提升计算性能。RDD 中提供了一些转换操作，在转换过程中记录"血统"关系，但在 RDD 中并不会存储真正的数据，只是对数据和操作的描述。

RDD 是只读的、分区记录的集合。RDD 只能基于稳定物理存储中的数据集和其他已有的 RDD 执行确定性操作来创建。这些确定性操作称为转换，如 map、filter、groupby、join 等。RDD 含有如何从其他 RDD 衍生（即计算）出本 RDD 的相关信息（即 Lineage），据此可以从物理存储的数据计算出相应的 RDD 分区。

2. RDD 的特性

RDD 有 5 大特性。

（1）一系列的分区（Partition）信息。对于 RDD 来说，每个分区都会被一个任务处理，这决定了并行度。用户可以在创建 RDD 时指定 RDD 的分区个数，如果没有设置则采用默认值。RDD 源码中的对应方法是。

```
protected def getPartitions: Array[Partition]
```

（2）由一个函数计算每一个分片。Spark 中的 RDD 的计算是以分片为单位的，每个 RDD 都会实现 compute 函数以达到这个目的。

```
def compute(split: Partition, context: TaskContext): Iterator[T]
```

（3）RDD 之间的依赖关系。RDD 的每次转换都会生成一个新的 RDD，那么多个 RDD 之间就有前后的依赖关系。在某个分区的数据丢失时，Spark 可以通过这种依赖关系重新计算丢失的分区数据，而不需要从头对 RDD 的所有分区数据进行计算。RDD 源码中的对应方法是

```
protected def getDependencies: Seq[Dependency[_]] = deps
```

（4）Partitioner 是 RDD 中的分区函数，类似于 Hadoop 中的 Partitioner，可以使得数据按照一定的规则分配到指定的 Reducer 上去处理。当前 Spark 中有两种类型的分区函数，一个是基于 Hash 的 HashPartitioner，另一个是基于范围的 RangePartitioner。普通数据的 Partitioner 为 None，只有遇到的 RDD 数据是 key-value 才会有 Partitioner，比如在使用 join 或者 group by 时。RDD 源码中的对应方法是

```
@transient val partitioner: Option[Partitioner] = None
```

（5）最佳位置列表。一个 RDD 会对应多个 Partitioner，那么这些 Partitioner 最佳的计算位置在哪里？对于 HDFS 文件来说，最佳位置列表保存的是每个分区所在的数据块的位置。按照"移动数据不如移动计算"的理念，Spark 在进行任务调度时会尽可能地将计算任务分派到其所在处理数据块的存储位置。RDD 源码中的对应方法是

```
protected def getPreferredLocations(split: Partition): Seq[String] = Nil
```

10.1.2　RDD 的创建

有 3 种方式可以创建 RDD。

1. 由集合创建 RDD

Spark 会将集合中的数据拷贝到集群上去，形成一个分布式的数据集合，也就是一个 RDD；相当于集合中的一部分数据会到一个节点上，而另一部分数据会到其他节点上；然后就可以用并行的方式来操作这个分布式数据集合。

```
val rdd = sc.parallelize(List(1,2,3,4,5,6))
rdd.count
```

```
val rdd = sc.parallelize(List(1,2,3,4,5,6), 5)
rdd.count
```

上面两种写法的结果是一样的，只是分区数不一样，通过 WebUI 可以发现它们的任务数量不一样。从 RDD 的特性中可以知道，有多少个分区就对应有多少个任务，它们之间是一一对应的。

说明

（1）Spark 默认会根据集群的情况来设置分区的数量，但是也可以在调用 parallelize() 方法时，传入第二个参数来设置 RDD 的分区数量；比如 parallelize(arr, 10)。

（2）Spark 会为每一个分区运行一个任务来进行处理，通过 WebUI 可以查看到。

2. 加载文件成 RDD

Spark 支持使用任何 Hadoop 所支持的存储系统上的文件创建 RDD，比如说 HDFS、Cassandra、HBase 以及本地文件；通过调用 SparkContext 的 textFile() 方法，可以读取本地文件或 HDFS 文件创建 RDD，文件中的每一行就是 RDD 中的一个元素。

准备处理的数据：hello.txt，存放的目录：/home/hadoop/data/，分隔符是制表符。

```
hello  world  hello
hello  welcome  world
```

```
//Spark 处理本地文件
val distFile = sc.textFile("file:///home/hadoop/data/hello.txt")
distFile.count
```

```
//Spark 处理 HDFS 上的文件
cd ~/data
hadoop fs -put hello.txt /        // 上传本地文件到 HDFS
val distFile = sc.textFile("hdfs://hadoop000:8020/hello.txt")
distFile.count
```

有以下几个事项需要注意。

（1）如果是在本地测试本地文件，有一份文件即可；如果是在 Spark 集群上测试本地文件，那么需要将文件拷贝到所有 Worker Node 上。因为 Spark 是分布式执行的，任务会被分配到不同的节点上去执行，如果要执行任务的节点上都没有要处理的本地文件，那么也就无从谈起如何处理了。

（2）Spark 的 textFile() 方法支持针对目录、压缩文件以及通配符进行 RDD 创建。

```
textFile("/my/directory")
textFile("/my/directory/*.txt")
textFile("/my/directory/*.gz")
```

（3）Spark 默认会为 HDFS 文件的每一个数据块创建一个分区，但是也可以通过 textFile() 的第二个参数手动设置分区数量，只能比数据块数量多，不能比数据块数量少。在 Spark 中一个分区对应一个任务，对应的分区个数增加任务数量就会增加，进而会导致输出的小文件数量增加，所以在生产中该参数要根据输入的数据量以及输出文件的大小来进行合理的设置。

Spark 的 textFile() 方法除了可以针对上述几种普通的文件创建 RDD 之外，还提供一些特殊的方法来创建 RDD。

（1）SparkContext.wholeTextFiles() 方法，可以针对一个目录中的大量小文件，返回 <filename, fileContent>，作为一个 PairRDD，而不是普通的 RDD。普通的 textFile() 返回的 RDD 中，每个元素就是文件中的一行文本。

（2）SparkContext.sequenceFile[K, V]() 方法，可以针对 SequenceFile 创建 RDD，K 和 V 泛型类型就是 SequenceFile 的 key 和 value 的类型。K 和 V 要求必须是 Hadoop 的序列化类型，比如 IntWritable、Text 等。

（3）SparkContext.hadoopRDD() 方法，对于 Hadoop 的自定义输入类型，可以创建 RDD。该方法接收 JobConf、InputFormatClass、Key 和 Value 等 Class。

（4）SparkContext.objectFile() 方法，可以针对调用 RDD.saveAsObjectFile() 创建的对象序列化的文件，反序列化文件中的数据，并创建一个 RDD。

以下是创建 RDD 方式的使用场景。

（1）使用程序中的集合创建 RDD，主要用于测试，可以在实际部署到集群运行之前，使用集合构造测试数据，来测试后面的 Spark 应用程序的执行结果是否正确。

（2）使用本地文件创建 RDD，主要用于测试。

（3）使用 HDFS 文件创建 RDD，应该是最常用的生产环境处理方式，主要可以针对 HDFS 上存储的大数据，进行离线批处理操作。

3．通过 RDD 的转换形成新的 RDD

在下一节讲解。

10.1.3　RDD 的转换算子

1．RDD 转换概述

RDD 转换创建如图 10.1 所示。RDD 中的所有转换都不会直接计算结果。相反地，它们只是记录了作用于 RDD 上的操作。只有在遇到一个动作（Action）时才会进行计算。这个设计让 Spark 能够更加有效地运行。

2．常用的 RDD 转换算子

常用的 RDD 转换算子如表 10-1 所示。

图 10.1　RDD 转换创建

表10-1　RDD的常用转换算子

算子	描述
map(func)	对调用 map 的 RDD 数据集中的每个元素都使用 func，然后返回一个新的 RDD，这个返回的数据集是分布式的数据集
filter(func)	对调用 filter 的 RDD 数据集中的每个元素都使用 func，然后返回一个包含使 func 为 true 的元素构成的 RDD

算子	描述
flatMap(func)	和 map 差不多，但是 flatMap 生成的是多个结果
mapPartitions(func)	和 map 很像，但是 map 是针对每个元素，而 mapPartitions 是针对每个分区
sample(withReplacement,faction,seed)	抽样
union(otherDataset)	返回一个新的数据集，包含源数据集和给定数据集的元素的集合
distinct([numTasks])	返回一个新的数据集，这个数据集含有的是源数据集中不重复的元素
groupByKey(numTasks)	返回 (K,Seq[V])，也就是 Hadoop 中 reduce 函数接收的 key-value 的列表
reduceByKey(func,[numTasks])	用一个给定的 reduce 函数再作用于 groupByKey 产生的 (K,Seq[V])，比如求和、求平均数
sortByKey([ascending],[numTasks])	按照 key 来排序，ascending 是 boolean 类型，指定是升序或降序
join(otherDataset,[numTasks])	当有两个 KV 对的数据集 (K,V) 和 (K,W)，返回的是 (K,(V,W)) 的数据集，numTasks 为并发的任务数
cogroup(otherDataset,[numTasks])	当有两个 KV 对的数据集 (K,V) 和 (K,W)，返回的是 (K,Seq[V],Seq[W]) 的数据集，numTasks 为并发的任务数
cartesian(otherDataset)	笛卡尔积就是 m*n

（1）map 算子

map 对 RDD 中的每个元素都执行一个指定的函数来产生一个新的 RDD；任何原 RDD 中的元素在新 RDD 中都有且只有一个元素与之对应；输入分区与输出分区一一对应，即有多少个输入分区，就有多少个输出分区。

```
# 把原 RDD 中每个元素都乘以 2 来产生一个新的 RDD
val a = sc.parallelize(1 to 9)

//x => x*2 是一个函数，x 是传入参数，即 RDD 的每个元素，x*2 是返回值
val b = a.map(x => x*2)
a.collect
b.collect

//map 也可以把 Key 变成 Key-Value 对
val a = sc.parallelize(List("dog", "tiger", "lion", "cat", "panther", " eagle"))
val b = a.map(x => (x, 1))
b.collect
```

RDD 的算子虽然只学了一个 map，是否和 Scala 的编程一模一样？确实是这样的，Spark 开发分布式应用程序和开发单机版应用程序一样，这也是 Spark 很强大的一点。Scala 的 map 是处理单机数据的，而 Spark 中相同的 map API 处理的却是分布式的计算，让开发者可以做到从单机模式开发无缝转移到大数据分布式开发。

（2）filter 算子

对元素进行过滤，对每个元素应用函数，返回值为 true 的元素保留在 RDD 中，返

回值为 false 的将被过滤掉。

```
val a = sc.parallelize(1 to 10)
a.filter(_ % 2 == 0).collect           // 求偶数
a.filter(_ < 4).collect                // 求小于 4 的元素


//map 综合 filter 编程：链式编程的使用
val rdd = sc.parallelize(List(1,2,3,4,5,6))
val mapRdd = rdd.map(2 * _)            //map 是对里面的每个数据进行转换，乘以 2
mapRdd.collect


val filterRdd = mapRdd.filter( _ > 5)         // 求大于 5 的值
filterRdd.collect
```

（3）mapValues 算子

原 RDD 中的 Key 保持不变，与新的 Value 一起组成新的 RDD 中的元素。因此，该算子只适用于元素为键值对的 RDD。

```
val a = sc.parallelize(List("dog", "tiger", "lion", "cat", "panther", " eagle"))
val b = a.map(x => (x.length, x))
b.mapValues("x" + _ + "x").collect              // 等同于 everyInput =>"x" + everyInput + "x"
```

10.1.4 RDD 的动作算子

1. RDD 动作概述

本质上是在动作算子中通过 SparkContext 执行提交作业的 runJob 操作，触发了 RDD DAG 的执行。

2. 常用的 RDD 动作算子

RDD 中所有动作都是急迫型的，也就是遇到动作（Action）就会立刻计算。RDD 中常用的 RDD 动作算子如表 10-2 所示。

表10-2　RDD的常用动作算子

算子	描述
reduce(func)	聚集，传入的函数是两个参数输入返回一个值，这个函数必须是满足交换律和结合律的
collect()	一般在过滤或者处理足够小的结果的时候，再用 collect 封装返回一个数组
count()	返回的是数据集中的元素的个数
first()	返回的是数据集中的第一个元素
take(n)	返回前 n 个元素
takeSample(withReplacement,num,seed)	抽样返回一个数据集中的 num 个元素，seed 是随机种子
saveAsTextFile(path)	把数据集写到一个文本文件、HDFS，或者 HDFS 支持的文件系统中。Spark 把每条记录都转换为一行记录，然后写到文件中
saveAsSequenceFile(path)	只能用在 key-value 对上，然后生成 SequenceFile 写到本地或者 Hadoop 文件系统中

续表

算子	描述
countByKey()	返回的是 key 对应的个数的一个 map，作用于一个 RDD
foreach(func)	对数据集中的每个元素都使用 func

（1）collect

返回 RDD 中所有的元素到 Driver 端，打印在控制台。

```
val a = sc.parallelize(1 to 9, 3)
val b = a.map(x => x*2)
a.collect
```

（2）count

返回 RDD 中的元素数量。

```
val a = sc.parallelize(List("zhangsan", "lisi", "wangwu", "zhaoliu", "tianqi"))
a.count
```

（3）reduce

根据函数，对 RDD 中的元素进行两两计算，返回计算结果。

```
val a = sc.parallelize(1 to 100)
a.reduce((x,y) => x+y))
a.reduce(_ + _)  //5050
```

```
var b = sc.parallelize(Array(("A",0),("A",2),("B",1),("B",2),("C",1)))
b.reduce((x,y) => {(x._1 + y._1,  x._2 + y._2) })    // (AABBC,6)
```

（4）first

返回 RDD 元素中的第一个元素，不排序。

```
val a = sc.parallelize(List("zhangsan", "lisi", "wangwu", "zhaoliu", "tianqi"))
a.first  //zhangsan
```

（5）take

返回 RDD 中前 n 个元素，不排序。输入是什么顺序，输出就是什么顺序。

```
sc.parallelize(List("zhangsan", "lisi", "wangwu", "zhaoliu", "tianqi")).take(2) // Array(zhangsan, lisi)
sc.parallelize(1 to 100).take(10) // Array(1, 2, 3, 4, 5, 6, 7, 8, 9, 10)
```

（6）lookup

用于 (K,V) 类型的 RDD，指定 K 值，返回 RDD 中该 K 对应的所有 V 值。

```
var rdd = sc.parallelize(List(('a',1),('a',2),('b',3),('b',4)))
rdd.lookup('a') // WrappedArray(1, 2)
```

（7）最值

返回最大值、最小值。

```
val y = sc.parallelize(10 to 30)
y.max          // 求最大值
y.min          // 求最小值
```

（8）保存 RDD 数据到文件系统

```
var rdd = sc.parallelize(1 to 10,2)
rdd.saveAsTextFile("hdfs://hadoop000:8020/data/rddsave/")
```

10.1.5　RDD 的依赖关系

1. 遗传

RDD 的一大卖点就是有依赖关系存储在每一个 RDD 中。当每一个 RDD 计算时发现父 RDD 的数据丢失了，就会从父 RDD 重新计算一遍以恢复出父数据；如果一直没找到，那么就会找到根 RDD，有可能是 HadoopRDD，从 HDFS 上读出数据再一步步恢复出来。当然如果完全找不到数据，那么就恢复不出来了。RDD 的这种依赖关系称为 RDD 的遗传信息。RDD 的遗传好比人类的进化过程，如图 10.2 所示。

图 10.2　RDD 遗传类比图

RDD 最重要的特性之一就是遗传，描述了一个 RDD 是如何从父 RDD 计算得来的。RDD 实现了基于遗传的容错机制，其转换关系构成了计算链，可以把这个计算链看作是 RDD 之间演化的遗传信息，在部分计算结果丢失时，只需要根据这个遗传信息重算即可。

遗传信息一直增长，直到遇到动作，才会把前面累积的所有转换一次性执行。每个 RDD 是知道自己是从哪个父 RDD 演化而来的，这是 Spark 容错的核心。如果某个 RDD 丢失了，则可通过遗传信息从父 RDD 快速并行计算得出。

2. 依赖

在 Spark 中，每一个 RDD 是数据集在某一状态下的表现形式，比如说：map、filter、group by 等都算一次操作，这个状态有可能是从前一状态转换而来的。因此换句话说，一个 RDD 可能与之前的很多 RDD 有依赖关系。

根据依赖关系的不同，可以将 RDD 分成两种不同的类型：宽依赖和窄依赖。RDD 依赖关系如图 10.3 所示。

图中的大方框是一个 RDD，里面的小方块是 RDD 中的分区，多个分区组成一个 RDD。

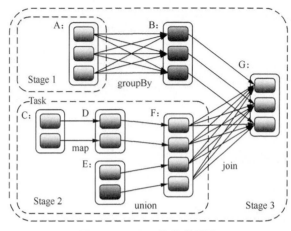

图 10.3　RDD 依赖关系图

3．窄依赖

定义：一个父 RDD 的分区至多被子 RDD 的某个分区使用一次，如图 10.4 所示。

容错：某个分区出故障了，可以快速将丢失的分区并行计算出来。窄依赖可以在单节点上完成运算，非常高效。容错和计算速度都比宽依赖好。

4．宽依赖

定义：一个父 RDD 的分区会被子 RDD 的分区使用多次。即只能前面的算好后才能进行后续的计算，只有等到父分区的所有数据都传输到各个节点后才能计算（经典的 MapReduce 场景），如图 10.5 所示。

图 10.4　RDD 窄依赖

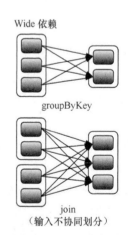

图 10.5　RDD 宽依赖

容错：某个分区出故障了，要计算前面所有的父分区，代价会很大。Spark 可以把宽依赖的结果集通过 StorageLevel 设置将数据持久化存储到磁盘、内存或者内存和磁盘中，当分区出故障后直接从持久化（磁盘或者内存）存储中读取即可。

5．宽依赖对比窄依赖

相比于宽依赖，窄依赖对优化更有利，主要基于以下两点。

（1）宽依赖往往对应着 shuffle 操作，需要在运行过程中将同一个父 RDD 的分区传入到不同的子 RDD 分区中，中间可能涉及多个节点之间的数据传输；而窄依赖的每个父 RDD 的分区只会传入到一个子 RDD 分区中，通常可以在一个节点内完成转换。

（2）当 RDD 分区丢失时（某个节点故障），Spark 会对数据进行重新计算。

对于窄依赖，由于父 RDD 的一个分区只对应一个子 RDD 分区，这样只需要重新计算和子 RDD 分区对应的父 RDD 分区即可，所以这个重新计算对数据的利用率是 100%。

对于宽依赖，重算的父 RDD 分区对应多个子 RDD 分区，这样实际上父 RDD 中只有一部分数据是被用于恢复这个丢失的子 RDD 分区的，另一部分数据对应子 RDD 的其他未丢失分区，这就造成了多余的计算。一般情况下，宽依赖中的子 RDD 分区通常来自于多个父 RDD 分区，极端情况下，所有的父 RDD 分区都要进行重新计算。

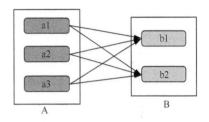

如图 10.6 所示，b1 分区丢失，则需要重新计算 a1、a2 和 a3，这就产生了冗余计算（a1,a2,a3 中对应 b2 的数据）。

图 10.6　RDD 宽依赖容错图

任务 2　RDD 高级应用

关键步骤如下。

➤ 认知 RDD 缓存的优点。
➤ 掌握 RDD 缓存策略的选择。
➤ 认知共享变量的使用。
➤ 掌握 Spark 的运行架构。

RDD
高级操作

10.2.1　RDD 缓存机制

1. 缓存概述

通过对 Spark RDD 的学习我们知道 RDD 的转换是迟缓型的，而有时候我们希望能够多次使用同一个 RDD，如果简单地对 RDD 执行调用操作，Spark 每次都会重算 RDD 以及它的所有依赖，这在迭代算法中消耗很大，此时我们可以让 Spark 对数据进行缓存或者持久化操作。

当 Spark 持久化存储一个 RDD 时，如果一个有持久化数据的节点发生故障，Spark 会在需要用到缓存数据时重新计算丢失的数据分区，为此可以把数据备份到多个节点以避免这种情况发生。

Spark 中一个很重要的能力是将数据缓存（或称为持久化），在多个操作间都可以访问这些持久化的数据。当持久化一个 RDD 时，每个节点会将本节点计算的数据块存储到内存、磁盘，或者存储多副本。具体的缓存策略可以根据 StorageLevel 进行设置，在该数据上的其他动作算子将直接使用内存中的数据。这样会让以后的动作算子计算速度加快（通常运行速度会加速 10 倍）。缓存是迭代算法和快速的交互式使用的重要工具。

RDD 可以使用 persist() 方法或 cache() 方法进行持久化。数据将会在第一次动作时进行计算，并在各个节点的内存中缓存。Spark 的缓存具有容错机制，如果一个缓存的 RDD 的某个分区丢失了，Spark 将按照原来的计算过程，自动重新计算并进行缓存。

2. 是否使用缓存对比

（1）不使用缓存。不使用缓存的情况如图 10.7 所示，执行流程分析如下。

① 从 HDFS 读取数据。

② 执行第一次 count 操作，肯定会从 HDFS 上读取数据，形成 linesRDD，然后再针对 linesRDD 执行 count 操作，从而统计出 HDFS 文件的行数。

③ 执行第二次 count 操作，还是会从 HDFS 上读取数据，形成 linesRDD，然后再针对 linesRDD 执行 count 操作，从而统计出 HDFS 文件的行数。这里会多次读取 HDFS 上的文件并进行统计操作。

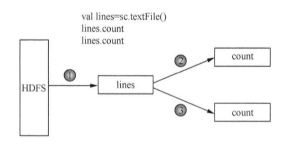

图 10.7　不使用缓存

默认情况下，这种针对大量数据的动作算子都是非常耗时的，那么多执行几次这样的动作算子，性能就会降低很多。在 Spark 中，如果对某个 RDD 进行多次操作，每次都要重新计算一个 RDD，就会反复消耗大量的时间，从而大大降低整体性能，一定要避免这种情况的发生。

（2）使用缓存。使用缓存的情况如图 10.8 所示，执行流程分析如下。

① 从 HDFS 读取数据。

② 对 linesRDD 进行持久化操作，需要注意的是 cache 是惰性的。

③ 执行第一次 count 操作，肯定会从 HDFS 上读取数据，形成 linesRDD，然后再针对 linesRDD 执行 count 操作，从而统计出 HDFS 文件的行数；由于触发了动作算子，那么就会把 linesRDD 的数据进行持久化；虽然第一次 count 操作执行完了，但是也不会清除掉 linesRDD 中的数据，反而将数据缓存到内存或者磁盘中。

④ 执行第二次 count 操作，就不会重新从 HDFS 上读取数据，而是直接从 linesRDD 所在的节点的内存或者磁盘中取出 linesRDD 的数据，进行 count 操作；这样就不需要多

次计算同一个 RDD，在大数据场景下，可以大幅度提升 Spark 应用的性能。

图 10.8　使用缓存

3. 缓存策略

每个持久化的 RDD 可以使用不同的存储级别进行缓存，例如，持久化到磁盘、以序列化的 Java 对象形式持久化到内存（可以节省空间）、跨节点间复制、以堆外内存（off-heap）的方式存储在 Alluxio（以前叫 Tachyon，类似的产品还有 Apache Ignite）。这些存储级别通过给 persist() 方法传递一个 StorageLevel 对象（Scala、Java、Python）进行设置。cache() 方法是使用默认存储级别 StorageLevel.MEMORY_ONLY（将反序列化的对象存储到内存中）的快捷设置方法，详细的存储级别如下。

（1）MEMORY_ONLY：将 RDD 以反序列化 Java 对象的形式存储在 JVM 中。如果内存空间不够，部分数据分区将不再缓存，在每次需要用到这些数据时再重新进行计算。这是默认的级别。

（2）MEMORY_AND_DISK：将 RDD 以反序列化 Java 对象的形式存储在 JVM 中。如果内存空间不够，将未缓存的数据分区存储到磁盘，需要使用这些分区时再从磁盘读取。

（3）MEMORY_ONLY_SER：将 RDD 以序列化的 Java 对象的形式进行存储（每个分区为一个 byte 数组）。这种方式会比反序列化对象的方式节省很多空间，尤其是在使用快速序列化时会节省更多的空间，但是在读取时会增加 CPU 的计算负担。

（4）MEMORY_AND_DISK_SER：类似于 MEMORY_ONLY_SER，但是溢出的分区会存储到磁盘，而不是在用到它们时重新计算。

（5）DISK_ONLY：只在磁盘上缓存 RDD。

（6）MEMORY_ONLY_2，MEMORY_AND_DISK_2，等等：与上面的级别功能相同，只不过每个分区在集群中两个节点上建立副本。

（7）OFF_HEAP：以序列化的格式（serialized format）将 RDD 存储到 Tachyon。相比于 MEMORY_ONLY_SER，OFF_HEAP 降低了垃圾收集（garbage collection）的开销，使 executors 变得更小，而且共享了内存池，在使用大堆（heaps）和多应用并行的环境下会更好的表现。此外，由于 RDD 存储在 Tachyon 中，executor 的崩溃不会导致内存中缓存数据的丢失。在这种模式下，Tachyon 中的内存是可丢弃的。因此，Tachyon 不会尝试重建一个在内存中被清除的分块。如果你打算使用 Tachyon 进行堆外内存级别的缓存，Spark 与 Tachyon 当前可用的版本相兼容。详细的版本配对使用建议请参考

Tachyon 的说明。

在 shuffle 操作中（例如 reduceByKey），即便是用户没有调用 persist 方法，Spark 也会自动缓存部分中间数据。这么做的目的是，在 shuffle 的过程中某个节点运行失败时，不需要重新计算所有的输入数据。如果用户想多次使用某个 RDD，强烈推荐在该 RDD 上调用 persist 方法。

4. 如何选择存储级别

Spark 的存储级别选择的核心问题是在内存使用率和 CPU 效率之间进行权衡。建议按下面的过程进行存储级别的选择。

（1）如果使用默认的存储级别（MEMORY_ONLY），存储在内存中的 RDD 没有发生溢出，那么就选择默认的存储级别。默认存储级别可以最大程度地提高 CPU 的效率，可以使 RDD 上的操作以最快的速度运行。

（2）如果内存不能全部存储 RDD，那么使用 MEMORY_ONLY_SER，并挑选一个快速序列化库将对象序列化，以节省内存空间。使用这种存储级别，计算速度仍然很快。

（3）除了在计算该数据集的代价特别高或者在需要过滤大量数据的情况下，尽量不要将溢出的数据存储到磁盘。因为，重新计算这个数据分区的耗时与从磁盘读取这些数据的耗时差不多。

（4）如果想快速还原故障，建议使用多副本存储级别（例如，在服务出故障时需要快速恢复的场景下使用 Spark 作为 Web 应用的后台服务）。所有的存储级别都通过重新计算丢失的数据的方式，提供了完全容错机制。但是多副本级别在发生数据丢失时，不需要重新计算对应的数据库，可以让任务继续运行。

（5）在高内存消耗或者多任务的环境下，还处于实验阶段的 OFF_HEAP 模式有以下几个优势：支持多个 executor 使用 Tachyon 中的同一个内存池；显著减少了内存回收的代价；如果个别 executor 崩溃掉，缓存的数据不会丢失。

5. 移除数据

Spark 自动监控各个节点上的缓存使用率，并以最近最少使用的方式（LRU）将旧数据块从内存移除。如果想手动移除一个 RDD，而不是等待该 RDD 被 Spark 自动移除，可以使用 RDD.unpersist() 方法。

10.2.2 共享变量

1. 共享变量概述

通常情况下，一个传递给 Spark 操作（例如 map 或 reduce）的方法是在远程集群上的节点执行。方法在多个节点执行过程中使用的变量，是同一个变量的多个副本。这些变量以副本的方式拷贝到每个机器上，各个远程机器上变量的更新并不会传回驱动程序。为了满足两种常见的使用场景，Spark 提供了两种特定类型的共享变量：广播变量（broadcast variables）和累加器（accumulators）。

2. 广播变量（broadcast variables）

广播变量允许开发者将一个只读变量缓存到每台机器上，而不是给每个任务传递一个副本。例如，广播变量可以用一种高效的方式给每个节点传递一份比较大的数据集副本。在使用广播变量时，Spark 也尝试使用高效广播算法分发变量，以降低通信成本。

　　Spark 的 action 操作是通过一系列的阶段（stage）执行的，这些阶段是通过分布式的 shuffle 操作进行切分的。Spark 自动广播每个阶段内任务需要的公共数据，数据使用序列化的形式进行缓存，并在每个任务运行前进行反序列化。这明确说明，只有跨越多个阶段的多个任务会使用相同的数据，或者在使用反序列化形式的数据特别重要的情况下，广播变量会有比较好的效果。

　　广播变量通过在一个变量 v 上调用 SparkContext.broadcast(v) 方法创建。广播变量是 v 的一个封装器，可以通过 value 方法访问 v 的值。代码示例如下。

```
scala> val broadcastVar = sc.broadcast(Array(1, 2, 3))
broadcastVar: org.apache.spark.broadcast.Broadcast[Array[Int]] = Broadcast(0)

scala> broadcastVar.value
res0: Array[Int] = Array(1, 2, 3)
```

　　广播变量创建之后，在集群上执行的所有函数中，应该使用该广播变量代替原来的 v 值。所以，每个节点上的 v 最多分发一次。另外，对象 v 在广播后不应该再被修改，以保证分发到所有节点上的广播变量有同样的值（例如，在分发广播变量之后，又对广播变量进行了修改，然后还需要将广播变量分发到新的节点）。

　　3．累加器（accumulators）

　　累加器只允许进行关联的 added 操作，因此在并行计算中可以支持特定的计算。累加器可以用于实现计数（类似在 MapReduce 中那样）或者求和。原生 Spark 支持数值型的累加器，开发者可以添加新的支持类型。创建累加器并命名之后，在 Spark 的 UI 界面上将会显示该累加器，这样可以帮助理解正在运行阶段的情况（注意，在 Python 中还不支持）。

　　一个累加器可以在原始值 v 上调用 SparkContext.accumulator(v) 方法，然后集群上正在运行的任务就可以使用 add 方法或 += 操作对该累加器进行累加操作。只有驱动程序可以使用 value 方法读取累加器的值。

　　下面代码对数组中的元素进行求和。

```
scala> val accum = sc.accumulator(0, "My Accumulator")
accum: spark.Accumulator[Int] = 0

scala> sc.parallelize(Array(1, 2, 3, 4)).foreach(x => accum += x)
...
10/09/29 18:41:08 INFO SparkContext: Tasks finished in 0.317106 s

scala> accum.value
res2: Int = 10
```

　　上面的代码示例使用的是 Spark 内置的 Int 类型的累加器，开发者可以通过继承

AccumulatorParam 类来创建新的累加器类型。AccumulatorParam 接口有两个方法：zero 方法和 addInPlace 方法。zero 方法给数据类型提供了一个 0 值，addInPlace 方法能够将两个值进行累加。例如，有一个表示数学上向量的 Vector 类，我们可以写成如下形式。

```scala
object VectorAccumulatorParam extends AccumulatorParam[Vector] {
  def zero(initialValue: Vector): Vector = {
    Vector.zeros(initialValue.size)
  }
  def addInPlace(v1: Vector, v2: Vector): Vector = {
    v1 += v2
  }
}
```

```scala
val vecAccum = sc.accumulator(new Vector(...))(VectorAccumulatorParam)
```

10.2.3 Spark 架构设计

1．架构组件

Spark 应用在集群上作为独立的进程组来运行，在 main 程序中通过 SparkContext 来协调（称之为驱动程序）。具体的说，为了在集群上运行，SparkContext 可以连接至几种类型的 Cluster Manager（既可以用 Spark 自己的独立的 Cluster Manager，或者 Mesos，也可以使用 YARN），它们会分配应用的资源。一旦连接上，Spark 获得集群中节点上的 Executor，这些进程可以运行计算并且为应用存储数据。接下来，它将发送应用代码（通过 JAR 或者 Python 文件定义传递给 SparkContext）至 Executor。最终，SparkContext 将发送任务到 Executor 运行。Spark 运行架构如图 10.9 所示。

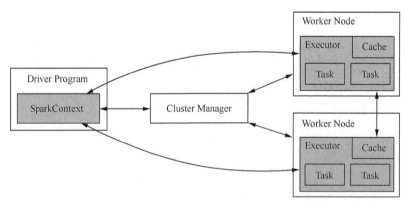

图 10.9　Spark 运行架构图

关于这个架构有几个需要注意的地方。

（1）每个应用获取到自己的 Executor 进程，会在整个应用的生命周期中保持并且在多个线程中运行任务。这样做的优点是在调度方面（每个驱动程序调度自己的任务）和 Executor 方面（来自不同应用的任务运行在不同的 JVM 中）把应用互相隔离。然而，这也意味着若不把数据写到外部的存储系统中，数据就不能够在不同的 Spark 应用（SparkContext 的实例）之间共享。

（2）Spark 是不知道底层的 Cluster Manager 到底是什么类型的。只要它能够获得 Executor 进程，并且它们彼此之间可以通信，那么即使是在一个也支持其他应用的 Cluster Manager（例如，Mesos/YARN）上运行，也是相对简单的。

（3）driver 程序必须在自己的生命周期内监听和接受来自它的 Executor 的连接请求。同样的，driver 程序也必须可以从 Worker Node 上进行网络寻址。

（4）因为 driver 调度了集群上的 task，更好的方式应该是在相同的局域网中靠近 Worker Node 运行。如果不喜欢发送请求到远程的集群，不如打开一个 RPC 到 driver 并让它就近提交操作，而不是从很远的 Worker Node 上运行一个 driver。

2．Spark 运行模式

系统当前支持 3 种 Cluster Manager。

（1）独立模式：包含在 Spark 中使得它更容易安装集群的一个简单的 Cluster Manager。

（2）Mesos：一个通用的 Cluster Manager，它也可以运行 Hadoop MapReduce 和其他服务应用。

（3）Hadoop YARN　Hadoop 2 中的 resource manager（资源管理器）。

不管采用什么运行模式，代码都是一样的，只是在提交的时候使用参数指定即可，具体在 Spark 应用程序开发案例中讲解。

任务 3　基于 RDD 的 Spark 应用程序开发

关键步骤如下。

➤ 使用 IDEA+MAVEN 构建 Spark 应用程序开发环境

➤ 基于 Spark Core 开发应用程序

10.3.1　准备工作

1．开发 Spark 应用程序典型步骤

Spark 应用程序开发流程如图 10.10 所示。具体步骤如下。

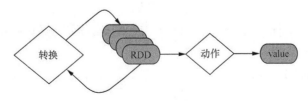

图 10.10　Spark 应用程序开发流程

（1）从文件系统读取文件或者从集合中将元素加载成 RDD。

（2）对 RDD 执行各种转换算子。

（3）遇到动作算子触发作业的执行。

2. 开发环境介绍

使用 IDEA 作为开发工具，使用 Maven 构建 Scala 应用程序。

在 Maven 的 pom.xml 添加如下依赖。

```
<properties>
    <scala.version>2.10.4</scala.version>
    <spark.version>1.6.1</spark.version>
    <hadoop.version>2.6.0-cdh5.7.0</hadoop.version>
</properties>


<dependency>
    <groupId>org.apache.spark</groupId>
    <artifactId>spark-core_2.10</artifactId>
    <version>${spark.version}</version>
</dependency>


// 后续操作需要 HDFS 文件，所以需要添加 Hadoop 的依赖
<dependency>
    <groupId>org.apache.hadoop</groupId>
    <artifactId>hadoop-client</artifactId>
    <version>${hadoop.version}</version>
</dependency>
```

10.3.2 词频计数实例

需求：统计 HDFS 上的某个文件的词频。

数据格式：制表符作为分隔符。

1. 实现思路

（1）首先需要将文本文件中的每一行转化成一个个的单词。

（2）其次是对每一个出现的单词进行计数。

（3）最后就是把所有相同单词的计数相加得到最终的结果。

2. 对应的 Spark 实现

（1）flatMap 算子把一行文本分成多个单词。

（2）使用 map 算子把单个的单词转化成一个能计数的 Key-Value 对，即 word -> (word,1)。

（3）使用 reduceByKey 算子把相同单词的计数相加得到最终结果。

3.　代码实现

| 代码 10.1 | WordCount 使用 Spark 实现 |

```
object WordCount {
  def main(args: Array[String]) {
    val sparkConf = new SparkConf
    sparkConf.setAppName("WordCount")
    val sc = new SparkContext(sparkConf)

    val textFile = sc.textFile(args(0))
    val wordCounts = textFile.flatMap(line => line.split("\t")).map((word => (word, 1))).reduceByKey(_ + _)

    // 将执行结果输出到控制台上，便于观察
    wordCounts.collect.foreach(println)
    sc.stop()
  }
}
```

4.　代码说明

（1）args0 表示要统计的文件或者文件夹，通过外部参数传递进来。

（2）lines.flatMap(_.split('\t'))：将输入文件扁平化（变成了 1 个 Seq 或者 Array），再用制表符分隔。

（3）map((_,1))：扁平化后每个单词的出现次数均为 1。

（4）reduceByKey(_+_)：把相同 key 的值加起来。

（5）setAppName：用来设定 Spark 应用程序的名字的方法。

（6）sparkConf.setAppName("WordCount")：此处采用硬编码的方式对 appName 进行设置，在开发上建议通过在 spark-submit 命令中传递 --name 参数进行指定。

5.　打包

使用 maven 进行程序的打包，并上传到服务器的目录中。

```
mvn clean package -DskipTest
```

6.　准备测试数据

```
// 在 HDFS 上创建文件夹
hadoop fs -mkdir -p /data/wordcount/

// 上传测试数据到 HDFS 上
cd ~/data
hadoop fs -put hello.txt /data/wordcount/
```

hello.txt 的内容如下：

```
hello  world  welcome
hello  welcome
```

7. 提交到集群上运行

```
spark-submit \
--class com.kgc.bigdata.spark.core.WordCount \
--master spark://hadoop000:7077 \
/home/hadoop/lib/spark-1.0-SNAPSHOT.jar \
/data/wordcount/
```

参数说明：

（1）--master：指定要连接的 Spark Cluster。

      本机：local　local[n]

      Standalone：　spark://host:port

      YARN：yarn-client　yarn-cluster

      Mesos：mesos://host:port

（2）--class：指定要运行的类的全称。

（3）指定要运行的 jar 包。

（4）将参数传递到 Spark 应用程序中去，多个参数之间使用逗号分隔。

执行结果：

```
(hello,2)
(welcome,2)
(world,1)
```

8. 调整一：将结果保存到 HDFS 中

```
wordCounts.saveAsTextFile(args(1))
```

重新编译，提交执行。

```
spark-submit \
--class com.kgc.bigdata.spark.core.WordCount \
--master spark://hadoop000:7077 \
/home/hadoop/lib/spark-1.0-SNAPSHOT.jar \
/data/wordcount/ /output/wc/
```

观察日志信息发现：mapred.FileInputFormat: Total input paths to process : 1 表示作业本次需要处理的文件个数为 1，即 hello.txt。

查看执行结果：

```
hadoop fs -text /output/wc/part-*
(hello,2)
(welcome,2)
(world,1)
```

9. 调整二：输入的是多个文件

多准备几个测试数据：

```
cd ~/data
hadoop fs -put hello.txt /data/wordcount/2
hadoop fs -put hello.txt /data/wordcount/3
hadoop fs -put hello.txt /data/wordcount/4
```

此时 /data/wordcount 下一共有 4 个文件。

提交执行：

```
spark-submit \
--class com.kgc.bigdata.spark.core.WordCount \
--master spark://hadoop000:7077 \
/home/hadoop/lib/spark-1.0-SNAPSHOT.jar \
/data/wordcount/  /output/wc2/
```

观察日志信息发现：mapred.FileInputFormat: Total input paths to process : 4
表示作业本次需要处理的文件个数为 4。

查看执行结果：

```
hadoop fs -text /output/wc2/part-*
(hello,8)
(welcome,8)
(world,4)
```

10. 调整三：输入文件夹下的文件模式匹配

提交执行：

```
spark-submit \
--class com.kgc.bigdata.spark.core.WordCount \
--master spark://hadoop000:7077 \
/home/hadoop/lib/spark-1.0-SNAPSHOT.jar \
/data/wordcount/*.txt  /output/wc3/
```

 注意

/data/wordcount/ 下包含 txt 的文件只有一个，其他三个文件都没有后缀名。

观察日志信息发现：mapred.FileInputFormat: Total input paths to process : 1
表示作业本次需要处理的文件个数为 1，即 hello.txt。

查看执行结果：

```
hadoop fs -text /output/wc3/part-*
(hello,2)
(welcome,2)
(world,1)
```

10.3.3　年龄统计实例

需求：求平均年龄

数据格式：共两列（ID+" "+ 年龄）

分隔符：空格

1．实现思路

（1）首先需要对源文件对应的 RDD 进行处理，也就是将它转化成一个只包含年龄信息的 RDD。

（2）其次是计算元素个数，即总人数。

（3）然后是把所有年龄数加起来。

（4）最后平均年龄 = 总年龄 / 人数。

2．对应的 Spark 实现

（1）我们需要使用 map 算子把源文件对应的 RDD 映射成一个新的、只包含年龄数据的 RDD，显然需要在 map 算子的传入函数中使用 split 方法，得到数组后取第二个元素即为年龄信息。

（2）计算数据元素总数需要对第一步映射的结果 RDD 使用 count 算子。

（3）使用 reduce 算子对只包含年龄信息的 RDD 的所有元素用加法求和。

（4）使用除法计算平均年龄。

3．代码实现

代码 10.2　使用 Spark 完成年龄统计

```
object AvgAgeCalculator {
 def main(args: Array[String]) {

  // 先本地测试
  val sparkConf = new SparkConf().setAppName("AvgAgeCalculator").setMaster("local[2]")

  // 再调整到集群上测试
  // val sparkConf = new SparkConf().setAppName("AvgAgeCalculator")

  val sc = new SparkContext(sparkConf)

  val dataFile = sc.textFile("/data/sample_age_data.txt")

  val ageData = dataFile.map(line => line.split(" ")(1))  // 第一步
  val count = dataFile.count()  // 第二步
  val totalAge = ageData.map(age => age.toInt).reduce(_+_)  // 第三步
  val avgAge = totalAge / count  // 第四步

  println("TotalAge is: " + totalAge +
    " , Number of People: " + count +
```

```
    " , Average Age is : " + avgAge)


    sc.stop()
  }
}
```

sample_age_data.txt 数据存放于【案例代码】文件夹中。

上一章的 WordCount 案例是提交到集群上运行的，本案例只以本地运行为例。

➜ 本章总结

本章学习了以下知识点。

➤ RDD 是什么，有哪些特点（面试常考题）。

➤ RDD 常用的 3 种创建方式。

➤ RDD 的常用算子：转换、动作、缓存。

➤ 共享变量的使用。

➤ Spark 的核心概念。

➤ Spark 运行架构。

➤ Spark 应用程序的开发。

➜ 本章练习

使用 Spark Core 完成用户访问量 Top5 统计。

数据字段格式：url session_id referer ip end_user_id city_id

分隔符：制表符

随手笔记

第 11 章

Spark SQL

技能目标

❖ 掌握使用 Spark SQL 完成各种数据源的
  操作
❖ 掌握 Spark UDF 函数的开发

本章任务

学习本章，需要完成以下 3 个工作任务。记录学习过程中遇到的问题，通过自己的努力或访问 kgc.cn 解决。

任务 1：认识 Spark SQL
了解 SQL-on-Hadoop 中的常见框架及 Spark SQL 的诞生背景。

任务 2：Spark SQL 编程基础
认识 Spark SQL 编程的入口点 SQLContext 及 HiveContext，掌握 DataFrame 的常用操作。

任务 3：Spark SQL 编程进阶
使用 Spark SQL 来处理各种不同的外部数据源，Spark SQL 中自定义函数的使用以及 Spark SQL 常见调优。

任务 1　认识 Spark SQL

关键步骤如下。

➢ 为什么 SQL 如此受欢迎。

➢ 认识 SQL-on-Hadoop 的常见框架。

➢ Spark SQL 能做什么。

11.1.1　SQL

1. SQL 是什么

SQL 是 Structured Query Language（结构化查询语言）的缩写。SQL 是专为数据库而建立的操作命令集，是一种功能齐全的数据库语言。在使用它时，只需要发出"做什么"的命令，"怎么做"是不用使用者考虑的。SQL 功能强大、简单易学、使用方便，已经成为数据库操作的基础，并且现在几乎所有的数据库均支持 SQL。

2. 为什么需要 SQL

SQL 是一种用来进行数据分析的标准，已经存在多年。

在大数据的背景下，随着数据规模的日渐增大，原有的分析技巧是否就已过时了呢？答案显然是否定的，原来的分析技巧在既有的分析维度上依然有效。当然对于新的数据我们想挖掘出更多有意思有价值的内容，这个目标可以交给数据挖掘或者机器学习去完成。

那么原有的数据分析人员如何快速地转换到大数据平台上来呢，重新学一种脚本，还是直接使用 Java 编写 MapReduce 作业？直接使用 Scala 或 Python 去编写 RDD，显然代价太高，学习成本太大。数据分析人员希望底层存储机制和分析引擎的变换不要对上层分析的应用有直接的影响，用一句话来表达就是："直接使用 SQL 语句来对数据进行分析"。

11.1.2　SQL on Hadoop 框架

1. Apache Hive

Hive 是原始的 SQL-on-Hadoop 解决方案。它是一个开源的 Java 项目，能够将 SQL

转换成一系列可以在 Hadoop 集群运行的标准 MapReduce。Hive 通过一个 metastore（本身就是一个数据库）存储表模式、分区和位置，以期提供像 MySQL 一样的功能。它支持大部分 MySQL 语法，同时使用相似的 database/table/view 约定来组织数据集。

几乎所有的 Hadoop 机器都安装了 Hive 这个实用工具。Hive 环境很容易建立，不需要很多基础设施。但需要注意的是，Hive 的查询性能通常很低，因为它会把 SQL 转换为运行得较慢的 MapReduce 任务。

Tez 是由 Hortonworks 公司主导发起的一个分布式计算框架，用于解决因为使用 MapReduce 而导致的响应时间慢的问题，Hive-on-Tez 作为 Hortonworks Stinger（Hortonworks 改进 Hive 的项目代号）的一部分，Hive 0.13 版本已经提供支持。Tez 在一些公司的线上环境中得以使用，也得到很好的认可。

2．Cloudera Impala

Impala 是一个针对 Hadoop 的开源的"交互式"SQL 查询引擎。它由 Cloudera 构建，后者是目前市场上最大的 Hadoop 供应商之一。和 Hive 一样，Impala 也提供了一种可以针对已有的 Hadoop 数据编写 SQL 查询的方法。与 Hive 不同的是，它并没有使用 MapReduce 执行查询，而是使用了自己的守护进程集合，这些进程需要与 Hadoop 数据节点安装在一起。

Impala 的设计目标是作为 Apache Hive 的一个补充，因此如果你需要比 Hive 更快的数据访问，那么它可能是一个比较好的选择，特别是当你部署了一个 Cloudera、MapR 或者 Amazon Hadoop 集群的时候。但是，为了最大限度地发挥 Impala 的优势，需要将数据存储为特定的文件格式（Parquet），这个转变可能会比较痛苦。另外，还需要在集群上安装 Impala 守护进程，这意味着它会占用一部分的资源。

3．Presto

Presto 是一个用 Java 语言开发的、开源的"交互式"SQL 查询引擎。它由 Facebook 构建，即 Hive 最初的创建者。Presto 采用的方法类似于 Impala，即提供交互式体验的同时依然使用已存储在 Hadoop 上的数据集。它也需要安装在许多"节点"上，类似于 Impala。

Presto 的目标和 Cloudera Impala 一样。但与 Impala 不同的是，它并没有被一个主要的供应商支持，所以在使用 Presto 的时候无法获得企业支持。但是有一些知名的技术公司已经在产品环境中使用它了，可能因为有社区的支持。与 Impala 相似的是，它的性能也依赖于特定的数据存储格式（RCFile）。在部署 Presto 之前需要仔细考虑自己是否有能力支持并调试 Presto，如果对它的这些方面满意并且相信 Facebook 不会遗弃开源版本的 Presto，那么可以放心使用它。

4．Shark

Shark 是由 Berkeley 大学使用 Scala 语言开发的一个开源 SQL 查询引擎。与 Impala 和 Presto 相似的是，它的设计目标是作为 Hive 的一个补充，同时在它自己的工作节点集合上执行查询而不是使用 MapReduce。与 Impala 和 Presto 不同的是，Shark 构建在已有的 Apache Spark 数据处理引擎之上。现在 Spark 非常流行，它的社区也在发展壮大。

可以将 Spark 看作是一个比 MapReduce 更快的可选方案。

5．Apache Drill

Apache Drill 是一个针对 Hadoop 的、开源的"交互式"SQL 查询引擎。Drill 现在由 MapR 推动，尽管它们现在也支持 Impala。Apache Drill 的目标与 Impala 和 Presto 相似，对大数据集进行快速的交互式查询，同时它也需要安装工作节点（drillbits）。不同的是，Drill 旨在支持多种后端存储（HDFS、HBase、MongoDB），同时它的一个重点是复杂的嵌套数据集（例如 JSON）。随着 Apache Drill 1.0 版本的发布（这是一个里程碑版本），该版本提升了 SQL-on-Hadoop 的安全性能，此外，它还解决了 Hadoop 上自助服务 SQL 查询的空缺，尤其是复杂动态 NoSQL 数据库的查询。

6．Apache Phoenix

Apache Phoenix 是一个用于 Apache HBase 的开源 SQL 查询引擎。它的目标是通过一个嵌入的 JDBC 驱动对存储在 HBase 中的数据提供低延迟查询。与之前介绍的其他引擎不同的是，Phoenix 提供了 HBase 数据的读、写操作。Phoenix 的优点在于可以使用 SQL 的方式来访问 HBase 表中的数据，大大降低了使用门槛；缺点在于一旦创建，表的 Schema 信息则不能更改。

11.1.3 Spark SQL 简介

1．Spark SQL 发展史

基于内存的分布式计算框架 Spark 的执行效率比 MapReduce 的执行效率要高很多，那么能否将 Hive 运行在 Spark 之上呢？Shark 的初衷就是：让 Hive 运行在 Spark 之上。

Shark 的本质是通过 Hive 的 HQL 解析（可以把 HQL 理解为 Spark 上的 RDD 操作），从 Hive 的元数据获取数据库里的表信息（实际上是 HDFS 上的数据和文件），由 Shark 获取并放到 Spark 上运算。Shark 的特点是快，兼容 Hive。Shark 一经推出就取得了非常不俗的成绩，赢得了极好的口碑，性能上比 Hive 快出不少。

Shark 为了兼容 Hive，在 HQL 方面重用了 Hive 中 HQL 的解析、逻辑执行计划翻译、执行计划优化等逻辑，可以近似认为仅将物理执行计划从 MR 作业替换成了 Spark 作业（辅以内存列式存储等各种和 Hive 关系不大的优化）；同时还依赖 Hive Metastore 和 Hive SerDe（用于兼容现有的各种 Hive 存储格式）。这一策略导致了两个问题：一是执行计划优化完全依赖于 Hive，不方便添加新的优化策略；二是因为 MR 是进程级并行，写 Hive 代码的时候不是很注意线程安全问题，导致 Shark 不得不使用另外一套独立维护的打了补丁的 Hive 源码分支。这对于 Shark 的发展非常不便，于是在 2014 年 7 月 1 日的 Spark Summit 上，Databricks 宣布终止对 Shark 的开发，将重点放到 Spark SQL 上。Shark 停止后的发展路线如图 11.1 所示。

终止 Shark 的原因：Databricks 表示，Shark 更多地是对 Hive 的改造，替换了 Hive 的物理执行引擎，因此会提供很快的速度。然而，不容忽视的是，Shark 继承了大量的 Hive 代码，给优化和维护带来了大量的麻烦。因此，为了更好地发展，给用户提供更好的体验，Databricks 宣布终止 Shark 项目，从而将更多的精力放到 Spark SQL 上。

图 11.1　Shark 停止后的发展路线

2. Spark SQL 概述

　　Spark SQL 是 Spark 的核心组件之一，于 2014 年 4 月随 Spark 1.0 版一同面世。它基于 Spark，按照关系型数据库的方式管理和操作大数据，除了致力于覆盖 Shark 的所有功能外，还提供了 SQL API 和灵活的程序扩展。Spark SQL 内部实现了一个核心模块，社区将其命名为 Catalyst。作为 Shark 的继任者，Spark SQL 的主要功能之一便是访问现存的 Hive 数据。在与 Hive 进行集成的同时，Spark SQL 也提供了 JDBC/ODBC 接口，Tableau、Qlik 等第三方工具可以通过该接口接入 Spark SQL，借助 Spark 进行数据处理。

　　Spark SQL 是一个结构化数据处理的 Spark 组件，和 Spark RDD 的编程不同，Spark SQL 提供了更高层级的接口使得我们可以更加方便地处理和计算数据。事实上，Spark SQL 底层采用了更多的优化方案。在 Spark SQL 中，不仅能使用 SQL 进行数据处理，还能使用 API 的方式处理和分析数据，而且能够直接访问 Hive 已有的数据以及其他的一些外部数据源（比如操作 Parquet、JSON、RDBMS 等）。

任务2　Spark SQL 编程基础

　　关键步骤如下。

➢ 掌握 Spark SQL 的编程入口 SQLContext 或 HiveContext 的创建方式。

➢ 认知 DataFrame 是什么。

➢ 掌握 DataFrame 的常用操作。

➢ 掌握 RDD 和 DataFrame 互操作。

11.2.1　Spark SQL 编程入口

1. SQLContext

　　Spark SQL 提供了所有功能编程使用的入口点：SQLContext 类或者该类的子类。为了创建 SQLContext，需要事先准备好一个 SparkContext。我们可以查看 SQLContext 的源码。

```
class SQLContext private[sql](
    @transient val sparkContext: SparkContext,
```

```
@transient protected[sql] val cacheManager: CacheManager,
@transient private[sql] val listener: SQLListener,
val isRootContext: Boolean)
extends org.apache.spark.Logging with Serializable {

self =>

def this(sparkContext: SparkContext) = {
    this(sparkContext, new CacheManager, SQLContext.createListenerAndUI(sparkContext), true)
}

def this(sparkContext: JavaSparkContext) = this(sparkContext.sc)
...
}
```

Scala 语言创建 SQLContext 的实例代码如下。

```
val sc: SparkContext // 已经存在的 SparkContext
val sqlContext = new org.apache.spark.sql.SQLContext(sc)
// 使用隐式转换将 RDD 转换成 DataFrame
import sqlContext.implicits._
```

Java 语言创建 SQLContext 实例代码如下。

```
JavaSparkContext sc = ...;  // 已经存在的 SparkContext.
SQLContext sqlContext = new org.apache.spark.sql.SQLContext(sc);
```

Python 语言创建 SQLContext 实例代码如下。

```
from pyspark.sql import SQLContext
sqlContext = SQLContext(sc)
```

R 语言创建 SQLContext 实例代码如下。

```
sqlContext <- sparkRSQL.init(sc)
```

2. HiveContext

在使用 Spark SQL 编程时除了 SQLContext，还可以创建 HiveContext 对象，它包含更多的功能。例如 HiveQL 解析器支持更完善的语法、使用 Hive 用户自定义函数 UDFs、从 Hive 表中读取数据等。HiveContext 并不依赖于 Hive 是否安装，换句话说，即使某台机器上没有安装 Hive，我们也能在该机器上使用 Spark SQL 来处理已有的 Hive 数据。从 Spark1.3 以后，推荐使用 HiveContext，未来的 SQLContext 会包含 HiveContext 中的功能。在 Spark2.x 中，Spark SQL 将 HiveContext 和 SQLContext 合并，直接使用 SparkSession 即可。

可以通过 spark.sql.dialect 选项更改 SQL 解析器，这个参数在 SQLContext 的 setConf 方法中设置，也可以通过 SQL 的 key=value 语法设置。在 SQLContext 中 dialect 只支持

一种简单的 SQL 解析器"sql"。HiveContext 的默认解析器是"hiveql"，同时支持"sql"，但一般推荐使用 hiveql，因为它的语法更全。

11.2.2　DataFrame 基础

1．DataFrame 前身

DataFrame 最初是在 R 和 Pandas 等单机处理引擎中出现的，但由于是单机处理，所以能处理的数据量是有限的，肯定不能满足当前日益增长的大数据量的处理需求。

对于之前熟悉其他语言中 DataFrame 的新用户来说，这个新的 API 可以让 Spark 的初体验变得更加友好。而对于那些已经在使用的用户来说，这个 API 会让基于 Spark 的编程变得更加容易，同时其智能优化和代码生成功能也能帮助用户获得更好的性能。

已经存在的单节点数据处理框架（R、Pandas）的数据处理量达到 GB 量级已经非常了不起了，然而 Spark DataFrame 天生就是分布式、大数据的处理引擎，能通过水平扩展机器的方式来处理大数据量的数据。

2．Spark SQL 中的 DataFrame

DataFrame 是一个分布式数据容器，它更像传统数据库的二维表格，除了数据以外，还要掌握数据的结构信息，即 schema。与 Hive 类似，DataFrame 也支持嵌套数据类型（struct、array 和 map）。从 API 易用性的角度上看，DataFrame API 提供的是一套高层的关系操作，比函数式的 RDD API 更加友好、门槛更低。由于与 R 和 Pandas 的 DataFrame 类似，Spark DataFrame 很好地继承了传统单机数据分析的开发体验。

3．RDD 与 DataFrame 的对比

图 11.2 直观地体现了 DataFrame 和 RDD 的区别。左侧的 RDD[Person] 虽然以 Person 为类型参数，但 Spark 框架本身并不了解 Person 类的内部结构。而右侧的 DataFrame 却提供了详细的结构信息，使得 Spark SQL 可以清楚地知道该数据集中包含哪些列，每列的名称和类型各是什么。了解了这些信息之后，Spark SQL 的查询优化器就可以进行有针对性的优化。举一个不太恰当的例子，其中的差别有些类似于动态类型的 Python 与静态类型的 C++ 之间的区别。后者由于在编译期有详尽的类型信息，故编译器可以编译出更加有针对性、更加优化的可执行代码。

Name	Age	Height
String	Int	Double
String	Int	Double
String	Int	Double
String	Int	Double
String	Int	Double
String	Int	Double

RDD[Person]　　　　　　DataFrame

图 11.2　DataFrame 和 RDD 的对比

11.2.3 DataFrame 编程实例

1. 开发环境准备

在项目的 pom.xml 中添加 Maven 的依赖。

```xml
<!--Spark SQL 基础依赖 -->
<dependency>
    <groupId>org.apache.spark</groupId>
    <artifactId>spark-sql_2.10</artifactId>
    <version>${spark.version}</version>
</dependency>


<!--Spark SQL 操作 Hive 的依赖 -->
<dependency>
    <groupId>org.apache.spark</groupId>
    <artifactId>spark-hive_2.10</artifactId>
    <version>${spark.version}</version>
</dependency>
```

Spark SQL
基本操作

2. 创建 DataFrame

Spark 应用程序使用 SQLContext，可以通过 RDD、Hive 表、JSON 格式数据等数据源创建 DataFrame。下面是基于 JSON 文件创建 DataFrame 的示例。

代码 11.1 创建 DataFrame

```scala
package com.kgc.bigdata.spark.sql

import org.apache.spark.{SparkConf, SparkContext}

/**
  * DataFrame 常用操作案例
  */
object DataFrameApp {

  def main(args: Array[String]) {
    val sparkConf = new SparkConf().setMaster("local[2]").setAppName("DataFrameApp")
    val sc = new SparkContext(sparkConf)
    val sqlContext = new org.apache.spark.sql.SQLContext(sc)

    /** 使用 SQLContext 将 JSON 文件转成 DataFrame
      * people.json 内容如下
      * {"name":"Michael"}
      * {"name":"Andy", "age":30}
      * {"name":"Justin", "age":19}
      */
```

```
val df = sqlContext.read.json("H:/workspace/SparkProject/src/data/people.json")

// 使用 show 方法将 DataFrame 的内容输出
df.show
sc.stop
 }
}
```

3.　DataFrame 操作

（1）DataFrame API 操作

DataFrame 支持 Scala、Java 和 Python 的操作接口。下面是以 Scala 语言为例进行的几个操作示例。

代码 11.2　DataFrame 常用操作

```
package com.kgc.bigdata.spark.sql

import org.apache.spark.{SparkConf, SparkContext}

/**
 * DataFrame 常用操作案例
 */
object DataFrameApp {

 def main(args: Array[String]) {
  val sparkConf = new SparkConf().setMaster("local[2]").setAppName("DataFrameApp")
  val sc = new SparkContext(sparkConf)
  val sqlContext = new org.apache.spark.sql.SQLContext(sc)

  /** 使用 SQLContext 将 JSON 文件转成 DataFrame
   * people.json 内容如下
   * {"name":"Michael"}
   * {"name":"Andy", "age":30}
   * {"name":"Justin", "age":19}
   */
  val df = sqlContext.read.json("H:/workspace/SparkProject/src/data/people.json")

  // 使用 show 方法将 DataFrame 的内容输出
  df.show

  /**
   * 运行结果如下
   * null   Michael
   * 30     Andy
   * 19     Justin
```

```
*/

// 使用 printSchema 方法输出 DataFrame 的 Schema 信息
df.printSchema()

/**
 * 运行结果如下
 * root
 * |-- age: long (nullable = true)
 * |-- name: string (nullable = true)
 */


// 使用 select 方法来选择所需要的字段
df.select("name").show()

/**
 * 运行结果如下
 * Michael
 * Andy
 * Justin
 */

// 使用 select 方法选择所需要的字段， 并为 age 字段加 1
df.select(df("name"), df("age") + 1).show()

/**
 * 运行结果如下
 * Michael    null
 * Andy      31
 * Justin     20
 */

// 使用 filter 方法完成条件过滤
df.filter(df("age") > 21).show()

/**
 * 运行结果如下
 * 30 Andy
 */

// 使用 groupBy 方法进行分组， 求分组后的总数
df.groupBy("age").count().show()
```

```
/**
 * 运行结果如下
 * null    1
 * 19   1
 * 30   1
 */


sc.stop
}
}
```

DataFrame 中提供了很多 API，详细的 API 介绍可以参见 DataFrame 源码。

（2）DataFrame SQL 操作

Spark 可以使用 SQLContext 的 sql() 方法执行 SQL 查询操作，sql() 方法返回的查询结果为 DataFrame 格式。代码如下：

```
//sql() 方法执行 SQL 查询操作
val df = sqlContext.read.json("H:/workspace/SparkProject/src/data/people.json")
df.registerTempTable("people")
sqlContext.sql("select * from people where age>21")
```

4. RDD 与 DataFrame 互操作

在 Spark SQL 中有两种方法可以在 DataFrame 和 RDD 之间进行转换，第一种方法是利用反射机制，推导包含某种类型的 RDD，再通过反射机制将其转换为指定类型的 DataFrame，适用于提前知道 RDD 的 Schema。第二种方法是通过编程接口与 RDD 进行交互获取 Schema，并动态创建 DataFrame，在运行时决定列及其类型。

（1）使用反射获取 RDD 内的 Schema

当已知类的 Schema，使用这种基于反射的方法会让代码更加简洁而且效果也很好。Scala 支持使用 case class 类型导入 RDD 并转换为 DataFrame，通过 case class 创建 Schema，case class 的参数名称会被反射机制作为列名。case class 可以嵌套组合成 Sequences 或者 Array。这种 RDD 可以高效地转换为 DataFrame 并注册为表。

输入数据 people.txt 内容如下。

```
Michael, 29
Andy, 30
Justin, 19
```

功能实现：

代码 11.3　DataFrame 与 RDD 互操作之反射

```
package com.kgc.bigdata.spark.sql


import org.apache.spark.{SparkConf, SparkContext}
```

```
/**
  * DataFrame 和 RDD 互操作
  */
object DataFrameRDDApp {

 def main(args: Array[String]) {
  method1()
 }

 /**
   * 第一种操作方式： 使用反射获取 RDD 内的 Schema
   */
 def method1(): Unit = {

  val sparkConf = new SparkConf().setMaster("local[2]").setAppName("DataFrameRDDApp")
  val sc = new SparkContext(sparkConf)
  val sqlContext = new org.apache.spark.sql.SQLContext(sc)

  import sqlContext.implicits._

  // 将 RDD 转成 DataFrame
  val people = sc.textFile("H:/workspace/SparkProject/src/data/people.txt")
   .map(_.split(",")).map(p => Person(p(0), p(1).trim.toInt)).toDF()

  /**
    * 使用 DataFrame API 访问
    *
    * 运行结果为：
    * Michael  29
    * Andy    30
    * Justin   19
    */
  people.show()

  /**
    * 将 DataFrame 注册成临时表， 后续可以直接使用 SQL 进行查询
    *
    * 运行结果为： 满足年龄条件的只有一条记录
    * Justin 19
    */
  people.registerTempTable("people")
  val teenagers = sqlContext.sql("SELECT name, age FROM people WHERE age >= 13 AND age <= 19")
  teenagers.show()
```

```
/**
 * DataFrame 转成 RDD 进行操作： 根据索引号取值
 * 运行结果为： Name: Justin
 */

teenagers.map(t => "Name: " + t(0)).collect().foreach(println)

/**
 * DataFrame 转成 RDD 进行操作： 根据字段名称取值
 * 运行结果为： Name: Justin
 */
teenagers.map(t => "Name: " + t.getAs[String]("name")).collect().foreach(println)

/**
 * DataFrame 转成 RDD 进行操作： 一次返回多列的值
 *
 * 运行结果为： Map(name -> Justin, age -> 19)
 */
teenagers.map(_.getValuesMap[Any](List("name", "age"))).collect().foreach(println)

sc.stop()
}

/**
 * 定义 Person 类
 *
 * @param name 姓名
 * @param age  年龄
 */
case class Person(name: String, age: Int)
}
```

（2）通过编程接口指定 Schema

通过 Spark SQL 的接口创建 RDD 的 Schema，代码会比较冗长。使用这种方法的好处是，在运行时才能知道数据的列以及列类型的情况下，可以动态生成 Schema。通过以下 3 步可以创建 DataFrame：第一步将 RDD 转为包含 row 对象的 RDD；第二步基于 struct 类型创建 Schema，与第一步创建的 RDD 相匹配；第三步通过 SQLContext 的 createDataFrame 方法对第一步的 RDD 应用 Schema。

功能实现：

代码 11.4　DataFrame 与 RDD 互操作之编程接口

```
package com.kgc.bigdata.spark.sql
```

```
import org.apache.spark.{SparkConf, SparkContext}

/**
  * DataFrame 和 RDD 互操作
  */
object DataFrameRDDApp {

  def main(args: Array[String]) {
    method2()
  }

  /**
    * 第二种操作方式： 通过编程接口指定 Schema
    */
  def method2(): Unit = {
    val sparkConf = new SparkConf().setMaster("local[2]")
      .setAppName("DataFrameRDDApp")
    val sc = new SparkContext(sparkConf)
    val sqlContext = new org.apache.spark.sql.SQLContext(sc)

    import sqlContext.implicits._
    val people = sc.textFile("H:/workspace/SparkProject/src/data/people.txt")

    // 以字符串的方式定义 DataFrame 的 Schema 信息
    val schemaString = "name age"

    // 导入需要的类
    import org.apache.spark.sql.Row
    import org.apache.spark.sql.types.{StructType, StructField, StringType}

    // 根据自定义的字符串 schema 信息产生 DataFrame 的 Schema
    val schema =
      StructType(
        schemaString.split(" ").map(fieldName =>
          StructField(fieldName, StringType, true)))

    // 将 RDD 转换成 Row
    val rowRDD = people.map(_.split(",")).map(p => Row(p(0), p(1).trim))

    // 将 Schema 作用到 RDD 上
    val peopleDataFrame = sqlContext.createDataFrame(rowRDD, schema)

    // 将 DataFrame 注册成临时表
```

```
peopleDataFrame.registerTempTable("people")

/**
 * 获取 name 字段的值
 *
 * 运行结果为：
 * Name: Michael
 * Name: Andy
 * Name: Justin
 *
 * 其他的常用操作和第一种方式一样
 */
val results = sqlContext.sql("SELECT name FROM people")
results.map(t => "Name: " + t(0)).collect().foreach(println)

sc.stop()
  }
}
```

任务 3　Spark SQL 编程进阶

关键步骤如下。

➢ 认知外部数据源并掌握使用 Spark SQL 操作常用数据源。

➢ Spark SQL 中内置函数和自定义函数的使用。

➢ 熟悉 Spark SQL 中常用的优化策略。

11.3.1　Spark SQL 操作外部数据源

1. 什么是外部数据源

对于用户来说，只有一个结构化的数据抽象还不够。数据往往会以各种各样的格式存储在各种各样的系统上，而用户希望能方便地从不同的数据源获取数据，进行混合处理，再以特定的格式将结果写回数据源或者直接以某种形式展现。Spark 1.2 引入的外部数据源 API 正是为了解决这一问题而产生的。Spark SQL 外部数据源 API 的一大优势在于，可以将查询中的各种信息下推至数据源处，从而充分利用数据源自身的优化能力来完成列剪枝、过滤条件下推等优化，实现减少 IO、提高执行效率的目的。自 Spark 1.2 发布以来，社区内涌现出了多种多样的外部数据源。图 11.3 是 Spark 1.3 支持的各种数据源的一个概览（左侧是 Spark SQL 内置支持的数据源，右侧为社区开发者贡献的数据源）。在外部数据源 API 的帮助下，DataFrame 实际上成为各种数据格式和存储系统进行数据交换的中间媒介。在 Spark SQL 内，来自各处的数据都被加载为 DataFrame 混合，统一成单一形态，以此为基础进行数据分析和价值提取。

图 11.3　Spark SQL 支持的外部数据源

2. 处理 Parquet 文件

Parquet 是一种流行的列式存储格式，Spark SQL 支持对 Parquet 的读写以及 Schema 和数据的维护。在写 Parquet 文件时，为了兼容，所有列都会转换为可以取 null 值格式。

代码 11.5　Spark SQL 处理 Parquet 文件

```
package com.kgc.bigdata.spark.sql

import org.apache.spark.sql.SQLContext
import org.apache.spark.sql.hive.HiveContext
import org.apache.spark.{SparkConf, SparkContext}

/**
 * Spark SQL 访问外部数据源数据
 */
object DataSourceApp {

  def main(args: Array[String]) {
    val sparkConf = new SparkConf().setMaster("local[2]").setAppName("DataSourceApp")

    val sc = new SparkContext(sparkConf)
    val sqlContext = new org.apache.spark.sql.SQLContext(sc)

    // 使用 Spark SQL 访问 Parquet 文件
    parquetFile(sqlContext)
    sc.stop
  }
```

```
def parquetFile(sqlContext: SQLContext): Unit = {
  val df = sqlContext.read.parquet("H:/workspace/SparkProject/src/data/users.parquet")
  df.show()
}
}
```

3. 处理 Hive 表

Spark SQL 支持从 Hive 中读取数据，但由于 Hive 依赖过多，所以默认并不支持 Hive，需要在编译时添加 -Phive -Phive-thriftserver 选项，将 hive-site.xml 放入 $SPARK_HOME/conf 目录下。

通过 Spark SQL 操作 Hive 需要创建 HiveContext，增加元数据功能及 HiveQL 支持。若没有部署 Hive 环境同样可以创建 HiveContext。如果没有在 hive-site.xml 中配置，会自动在当前目录创建 metastore_db 并在 /user/hive/warehouse 创建仓储目录，需要赋予 Hive 对 /user/hive/warehouse 的写权限。

代码 11.6　Spark SQL 处理 Hive 表

```
package com.kgc.bigdata.spark.sql

import org.apache.spark.sql.SQLContext
import org.apache.spark.sql.hive.HiveContext
import org.apache.spark.{SparkConf, SparkContext}

/**
 * Spark SQL 访问外部数据源数据
 */
object DataSourceApp {

  def main(args: Array[String]) {
    val sparkConf = new SparkConf().setMaster("local[2]").setAppName("DataSourceApp")

    val sc = new SparkContext(sparkConf)
    val hiveContext = new HiveContext(sc)

    // 通过 Spark SQL 访问 Hive 表
    hiveTable(hiveContext).show()
    sc.stop
  }

  def hiveTable(hiveContext: HiveContext) = {
    hiveContext.table("emp")
  }
}
```

4. 处理关系型数据库表

Spark SQL 通过 JdbcRDD 实现对支持 JDBC 的数据库进行数据加载，将其作为 DataFrame 操作。使用外部数据源访问 MySQL 表的常见属性如表 11-1 所示。

表11-1   Spark SQL访问MySQL表常见属性

属性	描述
url	JDBC 连接 URL
dbtable	需要读取的 JDBC 表。任何在 From 子句中的元素都可以，例如表或者子查询等
partitionColumn, lowerBound, upperBound, numPartitions	这些选项需要同时指定，它们指定了如何在并发读取数据的同时进行分区。lowerBound、upperBound 仅用于确定分区边界并不用于过滤数据，所有数据都会被分区
fetchSize	决定每次数据取多少行

需求：使用 Spark SQL 访问 Hive 表存放的元数据中的 TBLS 表。

代码 11.7   Spark SQL 处理关系型数据库表

```
package com.kgc.bigdata.spark.sql

import org.apache.spark.sql.SQLContext
import org.apache.spark.{SparkConf, SparkContext}

/**
 * Spark SQL 访问外部数据源数据
 */
object DataSourceApp {

  def main(args: Array[String]) {
    val sparkConf = new SparkConf().setMaster("local[2]").setAppName("DataSourceApp")

    val sc = new SparkContext(sparkConf)
    val sqlContext = new org.apache.spark.sql.SQLContext(sc)

    // 访问 MySQL 表
    jdbcTable(sqlContext).show()
    sc.stop
  }

  def jdbcTable(sqlContext: SQLContext) = {
   sqlContext.read.format("jdbc")
    .options( Map
    ("url" -> "jdbc:mysql://hadoop000:3306/hive?user=root&password=root",
```

```
    "dbtable" -> "TBLS",
    "driver" -> "com.mysql.jdbc.Driver")).load()
  }
}
```

 注意

由于访问 MySQL 数据表需要 MySQL 的驱动包，所以我们需要在 pom.xml 中添加 MySQL 驱动依赖包。

```
<!--MySQL 驱动 -->
<dependency>
  <groupId>mysql</groupId>
  <artifactId>mysql-connector-java</artifactId>
  <version>5.1.28</version>
</dependency>
```

11.3.2　Spark SQL 函数

Spark SQL 不仅能使用很多 Hive 的内置函数，而且自身提供了丰富的内置函数。使用 Spark SQL 中的内置函数能对数据进行分析，不同的是，DataFrame 中的内置函数操作的结果是返回一个 Column 对象，而 DataFrame 天生就是 "A distributed collection of data organized into named columns"，这就为数据的复杂分析建立了坚实的基础并提供了极大的便利性。比如我们在操作 DataFrame 的方法中可以随时调用内置函数进行业务需要的处理，在构建附件的业务逻辑时减少了不必要的时间消耗（基本上就是实际模型的映射），将精力聚焦在数据分析上，这对于提高工程师的生产力而言是非常有价值的。Spark 1.5.x 开始提供了大量的内置函数。

1. Spark SQL 中内置函数介绍

Spark SQL 中提供的内置函数在源码 org.apache.spark.sql.functions.scala 中，我们对其中常用的函数进行分类，如表 11-2 所示。

表11-2　Spark SQL常用内置函数分类

类别	函数举例
聚合函数	countDistinct、sumDistinct
集合函数	sort_array、explode
日期、时间函数	hour、quarter、next_day
数学函数	asin、atan、sqrt、tan、round
开窗函数	row_number
字符串函数	concat、format_number、regexp_extract
其他函数	isNaN、sha、randn、callUDF

2. Spark SQL 内置函数使用

需求：根据用户访问日志统计每天的访问量。

代码 11.8　Spark SQL 内置函数的使用

```scala
package com.kgc.bigdata.spark.sql

import org.apache.spark.sql.Row
import org.apache.spark.sql.types.{IntegerType, StringType, StructField, StructType}
import org.apache.spark.{SparkConf, SparkContext}

/**
 * Spark SQL 内置函数
 *
 * 需求： 根据用户访问日志统计每天的访问量 (pv)
 */
object FunctionApp {

  def main(args: Array[String]) {
    val sparkConf = new SparkConf().setMaster("local[2]").setAppName("FunctionApp")

    val sc = new SparkContext(sparkConf)
    val sqlContext = new org.apache.spark.sql.SQLContext(sc)
    import sqlContext.implicits._

    // 模拟每个用户的访问日志信息
    val accessLog = Array(
      "2016-12-27,001",
      "2016-12-27,001",
      "2016-12-27,002",
      "2016-12-28,003",
      "2016-12-28,004",
      "2016-12-28,002",
      "2016-12-28,002",
      "2016-12-28,001"
    )

    // 根据集合数据生成 RDD
    val accessLogRDD = sc.parallelize(accessLog).map(row => {
      val splited = row.split(",")
      Row(splited(0), splited(1).toInt)
    })

    // 定义 DataFrame 的结构
```

```
val structTypes = StructType(Array(
  StructField("day", StringType, true),
  StructField("userId", IntegerType, true)
))

// 根据数据以及 Schema 信息生成 DataFrame
val accessLogDF = sqlContext.createDataFrame(accessLogRDD, structTypes)

// 导入 Spark SQL 内置的函数
import org.apache.spark.sql.functions._

/**
  * 求每天所有的访问量 (pv)
  *
  * 执行结果为：
  * [2016-12-27,3]
  * [2016-12-28,5]
  */
accessLogDF.groupBy("day").agg(count("userId").as("pv"))
  .select("day", "pv")
  .collect.foreach(println)

  sc.stop()
}
}
```

3. Spark SQL 自定义函数开发及使用

和 Hive 一样，Spark SQL 虽然提供了很多的内置函数，但是在实际生产环境中，还有不少需要统计的场景是内置函数无法支持的，那么就需要我们自定义函数来提供支持。

需求：用户行为喜好个数统计。

输入数据：

alice   jogging,Coding,cooking
lina   travel,dance

输出数据：

alice   jogging,Coding,cooking   3
lina   travel,dance   2

功能实现：

代码 11.9 Spark SQL 用户自定义函数

```
package com.kgc.bigdata.spark.sql

import org.apache.spark.sql.SQLContext
```

```
import org.apache.spark.{SparkConf, SparkContext}

/**
  * Spark SQL 用户自定义函数
  */
object UDFFunctionApp {

  def main(args: Array[String]) {
    val sparkConf = new SparkConf().setMaster("local[2]").setAppName("UDFFunctionApp")

    val sc = new SparkContext(sparkConf)
    val sqlContext = new org.apache.spark.sql.SQLContext(sc)

    val info = sc.textFile("H:/workspace/SparkProject/src/data/hobbies.txt")

    // 进行 RDD 到 DataFrame 的转换， 需手动导入一个隐式转换， 否则 RDD 无法转换成 DataFrame
    import sqlContext.implicits._

    // 通过反射方式将 RDD 转换为 DataFrame
    val hobbyDF = info.map(_.split("\t")).map(p => Hobbies(p(0), p(1))).toDF
    hobbyDF.show
    hobbyDF.registerTempTable("hobbies")

    /**
      * 定义和注册自定义函数三步曲：
      * （1） 定义函数： 自己写匿名函数 （将某个字段中逗号分隔的数量统计出来）
      * （2） 注册函数： SQLContext.udf.register()
      * （3） 使用
      */
    sqlContext.udf.register("hobby_num", (s: String) => s.split(',').size)

    sqlContext.sql("select name, hobbies, hobby_num(hobbies) as hobby_num from hobbies").show()

    sc.stop
  }

  // 自定义类， 供反射使用
  case class Hobbies(name: String, hobbies: String)
}
```

11.3.3　Spark SQL 调优

由于 Spark 的计算本质是基于内存的，除了要考虑广为人知的木桶原理外，还要考虑集群中的任何因素出现瓶颈：CPU、网络带宽或者是内存。如果内存能够容纳所有的数据，那么网络传输和通信就会导致性能出现瓶颈；如果内存比较紧张，不足以在内存中存放所有的数据（比如针对 10 亿以上的数据量进行计算时），此时就需要对内存的使用进行优化，比如使用性能更好的序列化方式 Kyro。

木桶原理又称短板理论，如图 11.4 所示，其核心思想是：一只木桶盛水的多少，并不取决于桶壁上最高的那块木块，而是取决于桶壁上最短的那块。将这个理论应用到系统性能优化上，即系统的最终性能将取决于系统中性能表现最差的组件。

图 11.4　木桶原理

例如，即使系统拥有充足的内存资源和 CPU 资源，但是如果磁盘 I/O 性能低下，那么系统的总体性能还是取决于当前最慢的磁盘 I/O 速度，而不是当前最优越的 CPU 或者内存。在这种情况下，优化内存或者 CPU 资源是毫无用处的，只有提高磁盘 I/O 性能才能对系统的整体性能起到优化作用。

Spark SQL 作为 Spark 的一个组件，在调优的时候，也要充分考虑到木桶原理，既要考虑如何充分地利用硬件资源，又要考虑如何利用好分布式系统的并行计算能力。

1．合适的数据类型

对于要查询的数据，定义合适的数据类型也非常有必要。对于一个可以使用 tinyint 的数据列，就不需要为了方便定义成 int 类型，因为一个 tinyint 的数据占用 1 个 byte，而 int 占用 4 个 byte。也就是说，一旦将这个数据进行缓存的话，内存的消耗将增加数倍。在 Spark SQL 里，定义合适的数据类型可以节省有限的内存资源。

2．合适的数据列

对于要查询的数据，在写 SQL 语句的时候，尽量写出要查询的列名，如 select a,b from tbl，而不是使用 select * from tbl。这样不但可以减少磁盘 I/O，也可以减少缓存时消耗的内存。

3．更优的数据存储格式

在查询的时候，最终还是要读取存储在文件系统中的文件。采用更优的数据存储格式，将有利于优化数据的读取速度。查看 Spark SQL 的 Stage 可以发现，很多时候数据读取消耗会占很大的比重。对于 sqlContext 来说，支持 textFile、SequenceFile、ParquetFile、jsonFile；对于 hiveContext 来说，支持 AvroFile、ORCFile、ParquetFile，以及各种压缩。根据自己的业务需求，测试并选择合适的数据存储格式将有利于提高 Spark SQL 的查询效率。

4. 合适的 Task 数量

对于 Spark SQL，还有一个比较重要的参数，就是 shuffle 时候的 Task 数量，可以通过 spark.sql.shuffle.partitions 来调节。调节的基础是 Spark 集群的处理能力和要处理的数据量，Spark 的默认值是 200。Task 过多，会产生很多的任务启动开销；Task 过少，则每个 Task 的处理时间过长，进而容易导致整个作业的运行时间延长。

5. 内存缓存数据

Spark SQL 可以通过 sqlContext.cacheTable("tableName") 或 dataFrame.cache() 接口将 RDD 数据缓存到内存中。Spark SQL 可以扫描需要的列并自动压缩，进行垃圾回收等；还可以通过 sqlContext.uncacheTable("Tablename") 从内存中移除表。与内存缓存数据相关的参数如表 11-3 所示。

表11-3　内存缓存数据相关参数

属性	默认值	描述
spark.sql.inMemoryColumnarStorage.compressed	true	若设为 true，Spark SQL 会基于列的统计数据自动选择压缩器进行数据压缩
spark.sql.inMemoryColumnarStorage.batchSize	10000	控制列缓存的每批次的数据大小，数据越大则内存利用率及压缩比例越大，但 OOM 风险也越大

6. BroadcastJoin 的使用

在 Spark SQL 中如果是大表关联小表，那么建议将小表广播出去，使得能在 Map 端就完成 Join 操作，避免 shuffle 操作。BroadcastJoin 常用属性如表 11-4 所示。

表11-4　BroadcastJoin常用属性

属性	默认值	描述
spark.sql.autoBroadcastJoinThreshold	10485760 (10 MB)	配置做 Join 操作时被广播变量的表的大小。当设为 -1 时禁用广播。目前只有 Hive 元数据支持统计信息，可以通过 ANALYZE TABLE <tablename> COMPUTE STATISTICS 设置
spark.sql.tungsten.enabled	true	若为 true 或使用 tungsten 物理优化执行，可显式地管理内存并动态生成表达式计算的字节码

➔ 本章总结

本章学习了以下知识点。
➢ 常用的 SQL on Hadoop 框架有哪些。
➢ Spark SQL 的前世今生。

> ➢ DataFrame 是什么？使用 DataFrame 进行编程。
> ➢ 外部数据源是什么？使用 Spark SQL 操作常用的外部数据源。
> ➢ Spark SQL 的内置函数以及自定义函数的使用。
> ➢ 常见的 Spark SQL 调优策略。

➔ 本章练习

编写 UDF 函数实现添加 10 以内的随机前缀的功能，比如输入：SPARK，输出：xxx_SPARK。

随手笔记

Spark Streaming

技能目标

❖ 掌握 Spark Streaming 核心概念
❖ 掌握 Spark Streaming 进行流处理应用
   的开发

本章任务

学习本章，需要完成以下 3 个工作任务。记录学习过程中遇到的问题，通过自己的努力或访问 kgc.cn 解决。

任务 1：流处理框架及 Spark Streaming
了解什么是流处理系统、常用的流处理系统有哪些。

任务 2：使用 Spark Streaming 编程
认识 Spark Streaming 编程的入口点 StreamingContext 及其他核心概念，掌握使用 Spark Streaming 处理 HDFS、Socket 等数据源的数据。

任务 3：Spark Streaming 高级应用
使用 Spark Streaming 整合 Flume、Kafka 打造通用流处理应用，认识 Spark Streaming 的常用调优策略。

任务 1 流处理框架及 Spark Streaming

关键步骤如下。

➢ 认识流是什么。

➢ 常用的流处理框架有哪些。

➢ Spark Streaming 和 Storm 的对比。

12.1.1 流处理框架简介

1. 流是什么

在大数据时代，数据流就像水流一样，有数据的流入、数据的处理、数据的流出。日常工作或者生活中的数据来自很多不同的地方，例如电商网站、日志服务器、社交网络和交通监控产生的很多实时数据，数据流无处不在。

2. 常用流处理框架

（1）Apache Storm

在 Storm 中，先要设计一个用于实时计算的图状结构，我们称之为拓扑（Topology）。这个拓扑将会被提交给集群，由集群中的主控节点（Master Node）分发代码，将任务分配给工作节点（Worker Node）执行。一个拓扑中包括 Spout 和 Bolt 两种角色，其中 Spout 发送消息，负责将数据流以元组（Tuple）的形式发送出去；而 Bolt 则负责转换这些数据流，并完成计算、过滤等操作，Bolt 自身也可以随机将数据发送给其他 Bolt。由 Spout 发送出去的元组是不可变数组，对应着固定的 key/value。Storm 数据处理流程如图 12.1 所示。

图 12.1　Storm 数据处理流程

（2）Spark Streaming

Spark Streaming 是核心 Spark API 的一个扩展，它并不会像 Storm 那样一次一个地处理数据流，而是在处理前按时间间隔将其切分成一段一段的批处理作业。Spark 针对持续性数据流的抽象称为 DStream（Discretized Stream，离散数据流），一个 DStream 是一个微批处理（micro-batching）的 RDD（弹性分布式数据集）；而 RDD 则是一种分布式数据集，能够以两种方式并行运作，分别是任意函数和滑动窗口数据的转换。

（3）Apache Samza

Samza 处理数据流时，会分别按次处理每条收到的消息。Samza 的流单位既不是元组，也不是 DStream，而是一条条消息。在 Samza 中，数据流被切分开来，每个部分都由一组只读消息的有序数列构成，而这些消息每条都有一个特定的 ID（offset）。Samza 还支持批处理，即逐次处理同一个数据流分区的多条消息。Samza 的执行与数据流模块都是可插拔式的，其依赖于 Hadoop 的 YARN（另一种资源调度器）和 Apache Kafka。

（4）Apache Flink

Apache Flink 是一个高效、分布式、基于 Java 实现的通用大数据分析引擎，它具有分布式 MapReduce 一类平台的高效性、灵活性和扩展性以及并行数据库查询优化方案，还支持批量和基于流的数据分析，且提供了基于 Java 和 Scala 的 API。Spark Streaming 基于数据片集合（RDD）进行小批量处理，所以 Spark 在流处理方面，不可避免地增加了一些延时。Flink 的流式计算跟 Storm 性能差不多，支持毫秒级计算，而 Spark 只支持秒级计算。

3．Spark Streaming 对比 Storm

虽然说 Storm 和 Spark Streaming 都是分布式流处理的开源框架，但是它们之间还是有些差别的。

（1）处理模型以及延迟

这两个框架都提供可扩展性和可容错性，但是它们的处理模型从根本上说是不一样的。Storm 处理每次传入的一个事件，而 Spark Streaming 处理某个时间段窗口内的事件流。因此，Storm 处理一个事件可以达到亚秒级的延迟，而 Spark Streaming 则有秒级的延迟。简而言之，如果你需要亚秒级的延迟，Storm 是一个不错的选择，而且没有数据丢失；如果你需要有状态的计算，而且要完全保证每个事件只被处理一次，Spark Streaming 则更好。Spark Streaming 编程逻辑也更容易，因为它类似于批处理程序，特别是在使用批次数据（尽管很少）时。

（2）容错和数据保证

Spark Streaming 提供了更好的容错状态计算。在 Storm 中，当每条单独的记录通过系统时必须被跟踪，所以 Storm 至少能够保证每条记录被处理一次，但是在从错误中恢复过来时允许出现重复记录，这意味着可变状态可能不正确地被更新了两次。而 Spark Streaming 只需要在批处理级别对记录进行跟踪处理，因此可以有效地保证每条记录将只被严格处理一次，即使一个节点发生故障。虽然 Storm 的 Trident library 库也提供了一次处理的功能，但是它依赖于事务更新状态，而这个过程是很慢的，并且通常必须由用户实现。

（3）实现和编程 API

Storm 主要由 Clojure 语言实现，Spark Streaming 主要由 Scala 实现。Storm 由 BackType 和 Twitter 开发，而 Spark Streaming 由 DataBricks 开发。Storm 提供了 Java API，同时也支持其他语言的 API。Spark Streaming 支持 Scala 和 Java 语言（其实也支持 Python）。另外，Spark Streaming 的一个特性就是运行在 Spark 框架之上，这样就能一栈式解决各种不同应用场景的问题。

（4）集群管理集成

尽管两个系统都运行在它们自己的集群上，但 Storm 也能运行在 Mesos 上，而 Spark Streaming 能运行在 YARN 和 Mesos 上，更加方便。

12.1.2　Spark Streaming 简介

1. 什么是 Spark Streaming

Spark Streaming 是基于 Spark 核心 API 的扩展，使高伸缩性、高带宽、高容错的流式数据处理成为可能。数据可以来自于多种源，如 Kafka、Flume、Kinesis 或者 TCP Sockets 等，而且可以使用 Map、Reduce、Join 和 Window 等高级接口实现复杂算法的处理。最终，处理的数据可以被推送到数据库、文件系统以及动态布告板。实际上，还可以将 Spark 的机器学习（Machine Learning）和图计算（Graph Processing）算法用于数据流的处理。Spark Streaming 对于数据的输入输出处理如图 12.2 所示。

图 12.2　Spark Streaming 输入和输出

Spark Streaming 内部工作流程如图 12.3 所示。Spark Streaming 接收数据流的动态输入，然后将数据分批，每一批数据通过 Spark 创建一个结果数据集后再进行处理。

图 12.3　Spark Streaming 内部工作流程

Spark Streaming 提供一个高级别的抽象——离散数据流（DStream），代表一个连续的数据流。DStream 可以从 Kafka、Flume、Kinesis 等源中创建，或者在其他的

DStream 上执行高级操作。在内部，DStream 代表一系列的 RDD。

2．Spark Streaming 快速入门

在开始 Spark Streaming 编程之前，先来看一个简单的 Spark Streaming 程序。我们从基于 TCP Socket 的数据服务器接收一个文本数据，然后对单词进行计数。

首先导入 Spark Streaming 的类命名空间和一些 StreamingContext 的转换工具。StreamingContext 是所有的 Spark Streaming 功能的主入口点。我们创建 StreamingContext，指定两个执行线程和分批间隔为 1 秒。

```
import org.apache.spark._
import org.apache.spark.streaming._
import org.apache.spark.streaming.StreamingContext._  // not necessary since Spark 1.3

val conf = new SparkConf().setMaster("local[2]").setAppName("NetworkWordCount")
val ssc = new StreamingContext(conf, Seconds(1))
```

使用这个 context，我们可以创建一个 DStream，这是来自于 TCP 数据源的流数据，我们通过 hostname（如 localhost）和端口（如 9999）来指定这个数据源。

```
val lines = ssc.socketTextStream("localhost", 9999)
```

这里的 lines 是一个 DStream 对象，代表从服务器收到的流数据。每一个 DStream 中的记录是一个文本行。下一步，我们将每一行中以空格分开的单词分离出来。

```
val words = lines.flatMap(_.split(" "))
```

flatMap 是"一对多"的 DStream 操作，通过对源 DStream 的每一个记录产生多个新的记录创建新 DStream。这里，每一行将被分解成多个单词，并且单词流代表了 words DStream。下一步，我们对这些单词进行计数统计。

```
val pairs = words.map(word => (word, 1))
val wordCounts = pairs.reduceByKey(_ + _)
wordCounts.print()
```

Spark
Streaming
基本操作

words DStream 映射为 (word, 1) 的 key/value 的 DStream，然后用于统计单词出现的频度。最后，wordCounts.print() 打印出每秒创建出的计数值。

> ⚠ **注意**
>
> 上面这些代码行执行的时候，仅仅是设定了计算执行的逻辑，并没有真正地处理数据。

在所有的设定完成后，为了启动处理，需要调用：

```
ssc.start()
ssc.awaitTermination()
```

完整代码如下。

代码 12.1　使用 Spark Streaming 进行 WordCount 统计

```
package com.kgc.bigdata.spark.streaming

import org.apache.spark.SparkConf
import org.apache.spark.storage.StorageLevel
import org.apache.spark.streaming.{Seconds, StreamingContext}

object NetworkWordCount {
  def main(args: Array[String]) {
    if (args.length < 2) {
      System.err.println("Usage: NetworkWordCount <hostname> <port>")
      System.exit(1)
    }

    val sparkConf = new SparkConf().setMaster("local[2]").setAppName("NetworkWordCount")
    val ssc = new StreamingContext(sparkConf, Seconds(1))

    val lines = ssc.socketTextStream(args(0), args(1).toInt, StorageLevel.MEMORY_AND_DISK_SER)
    val words = lines.flatMap(_.split(" "))
    val wordCounts = words.map(x => (x, 1)).reduceByKey(_ + _)
    wordCounts.print()
    ssc.start()
    ssc.awaitTermination()
  }
}
```

与 Spark 类似，Spark Streaming 也可以通过 Maven 中心库访问。为了编写相应的 Spark Streaming 程序，需要加入下面的依赖到 Maven 的工程文件中。

```
<dependency>
    <groupId>org.apache.spark</groupId>
    <artifactId>spark-streaming_2.10</artifactId>
    <version>1.6.1</version>
</dependency>
```

（1）首先运行 Netcat（一个 UNIX 风格的小工具）作为数据服务器，如下所示。

```
nc -lk 9999
```

⚠️ 注意

　　在有些 Linux 中是没有安装 nc 的，使用之前需要先安装。在 CentOS 系统中的安装命令为：yum install nc。

（2）其次在 IDEA 中运行 Spark Streaming 程序。

（3）最后在 netcat 服务器运行控制台键入的行都会被计数，然后每隔 1 秒在屏幕上打印出来。

```
// 控制台
$ nc -lk 9999
hello world

//IDEA 控制台
(hello,1)
(world,1)
```

注意

　　Socket 接收数据在本地运行 Spark Streaming 应用，不能将 master 设为 "local" 或 "local[1]"。这两个值都只会在本地启动一个线程。而如果此时你使用一个包含接收器（如套接字、Kafka、Flume 等）的输入 DStream，那么这个线程只能用于运行这个接收器，而处理数据的逻辑就没有线程来执行了。因此，本地运行时一定要将 master 设为 "local[n]"，其中 n > 接收器的个数（有关 master 的详情请参考 Spark Properties）。将 Spark Streaming 应用置于集群中运行时，同样，分配给该应用的 CPU 内核数必须大于接收器的总数。否则，该应用就只会接收数据，而不会处理数据。

任务 2 **使用 Spark Streaming 编程**

关键步骤如下。
- ➤ 掌握 Spark Streaming 的入口 StreamingContext。
- ➤ 掌握 Spark Streaming 编程的核心概念。
- ➤ 掌握使用 Spark Streaming 进行流处理应用程序的开发。

12.2.1　Spark Streaming 核心

1. StreamingContext

为了初始化 Spark Streaming 程序，必须首先创建 StreamingContext 对象作为总入口。StreamingContext 对象可以通过 SparkConf 对象创建，如下所示。

```
import org.apache.spark._
import org.apache.spark.streaming._
```

```
val conf = new SparkConf().setAppName(appName).setMaster(master)
val ssc = new StreamingContext(conf, Seconds(1))
```

appName 参数是应用在集群中的名称。master 是 Spark、Mesos 或 YARN cluster URL，或者用"local[*]"字符串指示运行在 local 模式下。实际上当运行一个集群时，不应该硬编码 master 参数在集群中，而应该通过 launch the application with spark-submit 接收其参数。但是，对于本地测试和单元测试，可以传递"local[*]"在进程内运行 Spark Streaming（自动检测本地系统的 CPU 内核数量）。注意，这里内部创建了 SparkContext（所有 Spark 功能的入口点），可以通过 ssc.sparkContext 进行存取。分批间隔时间基于应用延迟需求和可用的集群资源进行设定。

 注意

设定间隔要大于应用数据的最小延迟需求，同时不能设置得太小以免导致系统无法在给定的周期内处理完毕。

StreamingContext 对象也可以从已有的 SparkContext 对象中创建。

```
import org.apache.spark.streaming._
```

```
val sc = ...              // existing SparkContext
val ssc = new StreamingContext(sc, Seconds(1))
```

在 StreamingContext 创建之后，可以进行如下的工作。

（1）定义输入源，通过创建输入 DStreams 完成。

（2）定义流计算，通过 DStreams 的转换和输出算子实现。

（3）启动接收数据和处理，通过 streamingContext.start() 完成。

（4）等待处理停止（通常因为错误），通过 streamingContext.awaitTermination() 完成。

（5）处理过程可以手动停止，通过 streamingContext.stop() 完成。

注意实现：

（1）一旦 context 启动，再没有新的流计算可以被设置和添加进来。

（2）一旦 context 被停止，它不能被再次启动。

（3）在 JVM 中只有一个 StreamingContext 在同一时间可以被激活。

（4）在 StreamingContext 执行时，stop() 同时停止了 SparkContext。为了仅终止 StreamingContext，应将 stopSparkContext 的 Stop 选项设置为 false。

（5）可以重用 SparkContext 来创建多个 StreamingContext，直到前一个 StreamingContext 被停止（不停止 SparkContext），才能创建下一个 StreamingContext。

2. DStream

离散数据流（DStream）是 Spark Streaming 最基本的抽象。它代表了一种连续的数据流，要么从某种数据源提取数据，要么从其他数据流映射转换而来。DStream 内部是由一系列连续的 RDD 组成的，每个 RDD 都是不可变、分布式的数据集，都包含了特定时间间隔内的一批数据，如图 12.4 所示。

图 12.4　DStream 与 RDD 的关系

任何作用于 DStream 的算子，其实都会被转换为对其内部 RDD 的操作。例如，在前面的例子中，我们将 lines DStream 转成 words DStream 对象，其实作用于 lines 上的 flatMap 算子，会施加于 lines 中的每个 RDD，并生成新的对应的 RDD，而这些新生成的 RDD 对象就组成了 words DStream 对象。其过程如图 12.5 所示。

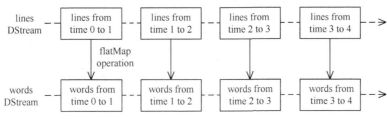

图 12.5　DStream 转换

底层的 RDD 转换仍然是由 Spark 引擎来计算。DStream 的算子将这些细节隐藏，并为开发者提供了更为方便的高级 API。后续会详细讨论这些高级算子。

3．输入 DStream & Receiver

输入 DStream 代表从某种流式数据源流入的数据流。在之前的例子里，lines 对象就是输入 DStream，它代表从 netcat 服务器收到的数据流。每个输入 DStream（除文件数据流外）都和一个接收器（Receiver）相关联，而接收器则是专门从数据源提取数据到内存中的对象。

Spark Streaming 主要提供以下两种内建的流式数据源。

（1）基础数据源（Basic sources）：在 StreamingContext API 中可直接使用的源，如文件系统、Socket 等。具体案例后续介绍。

（2）高级数据源（Advanced sources）：需要依赖额外工具类的源，如 Kafka、Flume 等数据源。这些数据源都需要增加额外的依赖，后续也会详细介绍。

4．DStream 支持的转换算子

DStream 支持的转换算子和 RDD 类似，也支持从输入 DStream 经过各种转换算子映射成新的 DStream。DStream 支持很多 RDD 上常见的转换算子，一些常用的操作如表 12-1 所示。

表12-1　DStream的转换算子

算子	用途
map(func)	会返回一个新的 DStream，并将源 DStream 中每个元素通过 func 映射为新的元素
flatMap(func)	和 map 类似，不过每个输入元素不再是映射为一个输出，而是映射为 0 到多个输出
filter(func)	返回一个新的 DStream，并包含源 DStream 中被 func 选中（func 返回 true）的元素
repartition(numPartitions)	更改 DStream 的并行度（增加或减少分区数）
union(otherStream)	返回新的 DStream，包含源 DStream 和 otherDStream 元素的并集
count()	返回一个包含单元素 RDD 的 DStream，其中每个元素是源 DStream 中各个 RDD 中的元素
reduce(func)	返回一个包含单元素 RDD 的 DStream，其中每个元素是通过源 RDD 中各个 RDD 的元素经 func（func 接收两个输入参数并返回一个同类型结果数据）聚合得到的结果。func 必须满足结合律，以便支持并行计算
countByValue()	如果源 DStream 包含的元素类型为 K，那么该算子返回新的 DStream 包含元素为 (K, Long) key/value，其中 K 为源 DStream 各个元素，而 Long 为该元素出现的次数
reduceByKey(func, [numTasks])	如果源 DStream 包含的元素为 (K, V) key/value，则该算子返回一个新的也包含 (K, V) key/value 的 DStream，其中 V 是由 func 聚合得到的。注意：默认情况下，该算子使用 Spark 的默认并发任务数（本地模式为 2，集群模式下由 spark.default.parallelism 决定），可以通过可选参数 numTasks 来指定并发任务个数
join(otherStream, [numTasks])	如果源 DStream 包含元素为 (K, V)，同时 otherDStream 包含元素为 (K, W) key/value，则该算子返回一个新的 DStream，其中源 DStream 和 otherDStream 中每个 K 都对应一个 (K, (V, W)) key/value 元素
cogroup(otherStream, [numTasks])	如果源 DStream 包含元素为 (K, V)，同时 otherDStream 包含元素为 (K, W) key/value，则该算子返回一个新的 DStream，其中每个元素类型为包含 (K, Seq[V], Seq[W]) 的元组
transform(func)	返回一个新的 DStream，其包含的 RDD 为源 RDD 经过 func 操作后得到的结果。利用该算子可以对 DStream 施加任意的操作
updateStateByKey(func)	返回一个包含新"状态"的 DStream。源 DStream 中每个 key 及其对应的 value 会作为 func 的输入，而 func 可以用于对每个 key 的"状态"数据做任意的更新操作

5. Window 算子

Spark Streaming 同样也提供基于时间窗口的计算，也就是说，可以对某一个滑动时间窗口内的数据施加特定转换算子。具体参照图 12.6。Window 算子如表 12-2 所示。

图 12.6　Spark Streaming Window 算子

表12-2　Window算子

算子	用途
window(windowLength, slideInterval)	将源 DStream 窗口化，并返回转化后的 DStream
countByWindow(windowLength,slideInterval)	返回数据流在一个滑动窗口内的元素个数
reduceByWindow(func, windowLength, slideInterval)	基于数据流在一个滑动窗口内的元素，用 func 做聚合，返回一个单元素数据流。func 必须满足结合律，以便支持并行计算
reduceByKeyAndWindow(func,window-Length, slideInterval, [numTasks])	基于 (K, V) key/value DStream，将一个滑动窗口内的数据进行聚合，返回一个新的包含 (K,V) key/value 的 DStream，其中每个 value 都是各个 key 经过 func 聚合后的结果。 注意：如果不指定 numTasks，其值将使用 Spark 的默认并行任务数（本地模式下为 2，集群模式下由 spark.default.parallelism 决定）。当然，也可以通过 numTasks 来指定任务个数
reduceByKeyAndWindow(func, invFunc,windowLength,slideInterval, [numTasks])	和前面的 reduceByKeyAndWindow() 类似，只是这个版本会使用之前滑动窗口计算结果来递增地计算每个窗口的归约结果。当新的数据进入窗口时，这些 value 会被输入 func 做归约计算，而当数据离开窗口时，对应的这些 value 又会被输入 invFunc 做"反归约"计算。举个简单的例子，就是把新进入窗口数据中各单词个数"增加"到各单词统计结果上，同时把离开窗口数据中各单词的统计个数从相应的统计结果中"减掉"。不过，你需要自己定义好"反归约"函数，即：该算子不仅要有归约函数（见参数 func），还要有一个对应的"反归约"函数（见参数中的 invFunc）。和前面的 reduceByKeyAndWindow() 类似，该算子也有一个可选参数 numTasks 来指定并行任务数。注意，这个算子需要配置好检查点（checkpointing）才能用
countByValueAndWindow(windowLength, slideInterval, [numTasks])	基于包含 (K, V) key/value 的 DStream，返回新的包含 (K, Long) key/value 的 DStream。其中的 Long 和 value 都是滑动窗口内 key 出现次数的计数。 和前面的 reduceByKeyAndWindow() 类似，该算子也有一个可选参数 numTasks 来指定并行任务数

　　每次窗口滑动时，源 DStream 中落入窗口的 RDD 就会被合并成新的 windowed DStream。在图 12.6 的例子中，这个操作会施加于 3 个 RDD 单元，而滑动距离是 2 个 RDD 单元。由此可以得出，任何窗口相关操作都需要指定以下两个参数。

　　（1）window length（窗口长度）——窗口覆盖的时间长度（图中为 3）。

　　（2）sliding interval（滑动距离）——窗口启动的时间间隔（图中为 2）。

　　这两个参数都必须是 DStream 批次间隔（图中为 1）的整数倍。

6．DStream 支持的输出算子

　　输出算子可以将 DStream 的数据推送到外部系统，如数据库或者文件系统。因为输出算子会将最终完成转换的数据输出到外部系统，因此只有输出算子调用时，才会真正

触发 DStream 转换算子的真正执行（这一点类似于 RDD 的动作算子）。目前所支持的输出算子如表 12-3 所示。

表12-3　输出算子

算子	用途
print()	在驱动器（driver）节点上打印 DStream 每个批次中的前十个元素
saveAsTextFiles(prefix, [suffix])	将 DStream 的内容保存到文本文件。 每个批次一个文件，文件命名规则为 "prefix-TIME_IN_MS[.suffix]"
saveAsObjectFiles(prefix, [suffix])	将 DStream 内容以序列化 Java 对象的形式保存到顺序文件中。 每个批次一个文件，文件命名规则为 "prefix-TIME_IN_MS[.suffix]"。 Python API 暂不支持 Python
saveAsHadoopFiles(prefix, [suffix])	将 DStream 内容保存到 Hadoop 文件中。 每个批次一个文件，文件命名规则为 "prefix-TIME_IN_MS[.suffix]"。 Python API 暂不支持 Python
foreachRDD(func)	这是最通用的输出算子，该算子接收一个 func，func 将作用于 DStream 的每个 RDD 上。 func 应该实现将每个 RDD 的数据推送到外部系统中，比如：保存到文件中或者写到数据库中。 注意，func 函数是在 streaming 应用的驱动器进程中执行的，如果其中包含 RDD 的 action 算子，就会触发对 DStream 中 RDD 的实际计算过程

12.2.2　Spark Streaming 编程实例

1. 使用 Spark Streaming 处理 HDFS 上的数据

文件数据流（File Streams）：可以从任何兼容 HDFS API（包括 HDFS、S3、NFS 等）的文件系统创建，方式如下。

streamingContext.fileStream[KeyClass, ValueClass, InputFormatClass](dataDirectory)

Spark Streaming 将监视该 dataDirectory 目录，并处理该目录下任何新建的文件（目前还不支持嵌套目录）。

 注意

（1）各个文件数据格式必须一致。

（2）dataDirectory 中的文件必须通过 moving 或者 renaming 来创建。

（3）一旦文件移进 dataDirectory 之后，就不能再改动。所以如果这个文件后续还有数据写入，这些新写入的数据将不会被读取。

（4）另外，文件数据流不是基于接收器的，所以不需要为其单独分配一个 CPU 内核。

对于文本文件，更简单的方式是调用 streamingContext.textFileStream (dataDirectory)。

需求：统计 HDFS 文件的词频。

代码 12.2　使用 Spark Streaming 处理 HDFS 上的文件

```
package com.kgc.bigdata.spark.streaming

import org.apache.spark.SparkConf
import org.apache.spark.streaming.{Seconds, StreamingContext}

object HdfsWordCount {
  def main(args: Array[String]) {
    // 判断输入的参数是否为 1，即文件输入路径
    if (args.length != 1) {
      System.err.println("Usage: HdfsWordCount <directory>")
      System.exit(1)
    }

    val sparkConf = new SparkConf().setAppName("HdfsWordCount").setMaster("local[2]")

    // 创建 StreamingContext
    val ssc = new StreamingContext(sparkConf, Seconds(2))

    // 创建 FileInputDStream 去读取文件系统上的数据
    val lines = ssc.textFileStream(args(0))

    // 使用空格分割每行记录的字符串
    val words = lines.flatMap(_.split(" "))

    // 类似于 RDD 的编程，将每个单词赋值为 1，并进行合并计算
    val wordCounts = words.map(x => (x, 1)).reduceByKey(_ + _)
    wordCounts.print()
    ssc.start()
    ssc.awaitTermination()
  }
}
```

在 HDFS 上创建文件夹并拷贝文件到该目录下，观察 Spark Streaming 应用程序的输出：

```
hadoop fs -mkdir -p /ss/data/input/

hadoop fs -put hello.txt /ss/data/input/
hadoop fs -put hello.txt /ss/data/input/2.txt      // 注意文件名不要重复
```

2. 使用 Spark Streaming 处理带状态的数据

updateStateByKey 算子支持维护一个任意的状态。要实现这一点，只需要两步：

（1）定义状态：状态数据可以是任意类型。

（2）定义状态更新函数：定义好一个函数，其输入为数据流之前的状态和新的数据流数据，且其可更新步骤（1）中定义的输入数据流的状态。

在每一个批次数据到达后，Spark 都会调用状态更新函数，来更新所有已有 key（不管 key 是否存在于本批次中）的状态。如果状态更新函数返回 None，则对应的 key/value 会被删除。

需求：计算到目前为止累计词频的个数。

分析：不管是处理 Socket 还是 HDFS 的数据时都只能进行当前批次的词频统计。

代码实现：

代码 12.3 使用 Spark Streaming 处理有状态的数据

```
package com.kgc.bigdata.spark.streaming

import org.apache.spark.SparkConf
import org.apache.spark.streaming.{Seconds, StreamingContext}

object StatefulWordCount {

  def main(args: Array[String]) {

    val sparkConf = new SparkConf
    sparkConf.setAppName("StatefulWordCount").setMaster("local[2]")
    val ssc = new StreamingContext(sparkConf, Seconds(5))

    ssc.checkpoint(".")

    val lines = ssc.socketTextStream("localhost", 6789)
    val result = lines.flatMap(_.split(" ")).map((_, 1))

    val state = result.updateStateByKey(updateFunction)
    state.print()

    ssc.start()
    ssc.awaitTermination()
  }


  def updateFunction(currentValues: Seq[Int], preValues: Option[Int]): Option[Int] = {
    val curr = currentValues.sum
    val pre = preValues.getOrElse(0)

    Some(curr + pre)
  }
}
```

updateFunction 方法说明：用当前批次的数据去更新已有的数据。

 注意

　　（1）如果要长期保存一份 key 的状态，那么 Spark Streaming 是要求必须有检查点的，要设置一个 checkpoint 目录，开启检查点机制。

　　（2）那么每个 key 对应的批次除了在内存中有之外，在检查点中也会有一份，以便可以在内存数据丢失时从检查点中恢复数据。

　　（3）开启检查点机制，只要调用 ssc 的 checkpoint 方法，设置一个 HDFS 目录即可。

3．使用 Spark Streaming 整合 Spark SQL 进行词频统计分析

　　在 Streaming 应用中可以调用 DataFrame 和 SQL 来处理流式数据。开发者可以通过 StreamingContext 中的 SparkContext 对象来创建一个 SQLContext，并且，开发者需要确保一旦驱动器（driver）故障恢复，该 SQLContext 对象能重新创建出来。同样，还可以使用创建的单例模式来实例化 SQLContext，如下面的代码所示，这里对最开始的那个例子做了一些修改，使用 DataFrame 和 SQL 来统计单词计数。其实就是将每个 RDD 都转化成一个 DataFrame，然后注册成临时表，再用 SQL 查询这些临时表。

　　需求：使用 Spark Streaming 整合 DataFrame 完成词频统计分析。

代码 12.4　使用 Spark Streaming 整合 Spark SQL 完成 WordCount 统计

```
package com.kgc.bigdata.spark.streaming

import org.apache.spark.{SparkContext, SparkConf}
import org.apache.spark.sql.SQLContext
import org.apache.spark.streaming.{Seconds, StreamingContext}

object NetworkSQLWordCount {

  def main(args: Array[String]) {
    val sparkConf = new SparkConf().setAppName("NetworkSQLWordCount").setMaster("local[2]")
    val ssc = new StreamingContext(sparkConf, Seconds(5))

    val lines = ssc.socketTextStream("localhost", 6789)
    val result = lines.flatMap(_.split(" "))


    result.foreachRDD(rdd => {
      if (rdd.count() != 0) {

        // 得到 SQLContext 实例
```

```
    val sqlContext = SQLContextSingleton.getInstance(rdd.sparkContext)
    import sqlContext.implicits._

    // 将 RDD 转换成 DataFrame
    val df = rdd.map(x => Word(x)).toDF
    df.registerTempTable("tb_word")

    // 使用 SparkSQL 进行词频统计分析
    sqlContext.sql("select word, count(*) from tb_word group by word").show
    }
  })

  ssc.start()
  ssc.awaitTermination()
  }
}

//SQLContext 获取实例单词类
object SQLContextSingleton {

  @transient private var instance: SQLContext = _

  def getInstance(sparkContext: SparkContext): SQLContext = {
   if (instance == null) {
    instance = new SQLContext(sparkContext)
   }
   instance
   }
}

// 定义单词的 case class 类
case class Word(word: String)
```

任务3 Spark Streaming 高级应用

关键步骤如下。

➤ 掌握 Spark Streaming 整合 Flume 的两种方式。

➤ 掌握 Spark Streaming 整合 Kafka 的两种方式。

➤ 熟悉 Spark Streaming 中常用的优化策略。

12.3.1　使用 Spark Streaming 整合 Flume

1. Push 风格的推方法

Flume 用于在 Flume 代理之间推送数据。在这种方法中，Spark Streaming 本质上设置了一个接收器作为 Flume 的一个 Avro 代理，Flume 把数据推送到接收器上。

开发及测试步骤如下。

（1）在开发环境中添加 Spark Streaming 对 Flume 的依赖，即在 pom.xml 中添加如下依赖。

```
<dependency>
  <groupId>org.apache.spark</groupId>
  <artifactId>spark-streaming-flume_2.10</artifactId>
  <version>${spark.version}</version>
</dependency>
```

（2）Flume Agent 配置文件：flume_push_streaming.conf。

```
# 定义 agent
simple-agent.sources = netcat-source
simple-agent.channels = netcat-memory-channel
simple-agent.sinks = avro-sink

# 定义 source
simple-agent.sources.netcat-source.type = netcat
simple-agent.sources.netcat-source.bind = localhost
simple-agent.sources.netcat-source.port = 44444

# 定义 channel
simple-agent.channels.netcat-memory-channel.type = memory

# 定义 sink
simple-agent.sinks.avro-sink.type = avro
simple-agent.sinks.avro-sink.channel = channel1
simple-agent.sinks.avro-sink.hostname = localhost
simple-agent.sinks.avro-sink.port = 41414

# 组装 Agent 的关系
simple-agent.sources.netcat-source.channels = netcat-memory-channel
simple-agent.sinks.avro-sink.channel = netcat-memory-channel
```

（3）Spark Streaming 处理 Flume 数据。

代码 12.5　使用 Spark Streaming 整合 Flume 的 Push 风格

```
package com.kgc.bigdata.spark.streaming
```

```
import org.apache.spark.SparkConf
import org.apache.spark.streaming.flume.FlumeUtils
import org.apache.spark.streaming.{Seconds, StreamingContext}

object FlumePushWordCount {
  def main(args: Array[String]) {
    if (args.length < 2) {
      System.err.println(
        "Usage: FlumePushWordCount <host> <port>")
      System.exit(1)
    }
    val Array(hostname, port) = args
    val sparkConf = new SparkConf().setAppName("FlumePushWordCount").setMaster("local[2]")
    val ssc = new StreamingContext(sparkConf, Seconds(5))

    // 推送方式： flume 向 spark 发送数据
    val flumeStream = FlumeUtils.createStream(ssc, hostname, port.toInt, StorageLevel.MEMORY_
ONLY_SER_2)

    //flume 中的数据通过 event.getBody() 才能取出真正的内容
    flumeStream.map(x => new String(x.event.getBody.array()).trim).flatMap(_.split(" "))
      .map(word => (word, 1)) // 每个单词映射成一个 pair
      .reduceByKey(_ + _) // 根据每个 key 进行累加
      .print() // 打印前十个数据
    ssc.start()
    ssc.awaitTermination()
  }
}
```

（4）启动 Spark Streaming 作业。

（5）启动 Flume。

```
flume-ng agent \
--name simple-agent \
--conf $FLUME_HOME/conf \
--conf-file $FLUME_HOME/conf/flume_push_streaming.conf \
-Dflume.root.logger=INFO,console &
```

（6）启动 telnet 进行测试。

```
telnet localhost 44444
```

（7）观察 Spark Streaming 应用程序控制台的输出。

2. Pull 风格的拉方式

除了让 Flume 将数据推送到 Spark Streaming，还有一种方式：运行一个自定义的

flume sink：Flume 推送数据到 sink 并将数据缓存在其中；然后 Spark Streaming 用一个可靠的 flume 接收器以及事务机制从 sink 中拉取数据。

开发及测试步骤如下。

（1）在开发环境中添加 Spark Streaming 对 Flume 的依赖，即在 pom.xml 中添加如下依赖。

```
<dependency>
  <groupId>org.apache.spark</groupId>
  <artifactId>spark-streaming-flume_2.10</artifactId>
  <version>${spark.version}</version>
</dependency>
```

（2）Flume Agent 配置文件：flume_poll_streaming.conf。

```
# 定义 agent
simple-agent.sources = netcat-source
simple-agent.channels = netcat-memory-channel
simple-agent.sinks = spark-sink

# 定义 source
simple-agent.sources.netcat-source.type = netcat
simple-agent.sources.netcat-source.bind = localhost
simple-agent.sources.netcat-source.port = 44444

# 定义 channel
simple-agent.channels.netcat-memory-channel.type = memory

# 定义 sink
simple-agent.sinks.spark-sink.type = org.apache.spark.streaming.flume.sink.SparkSink
simple-agent.sinks.spark-sink.hostname = localhost
simple-agent.sinks.spark-sink.port = 41414

# 组装 agent 的关系
simple-agent.sources.netcat-source.channels = netcat-memory-channel
simple-agent.sinks.spark-sink.channel = netcat-memory-channel
```

（3）Spark Streaming 处理 Flume 数据。

代码 12.6　使用 Spark Streaming 整合 Flume 的 Pull 风格

```
package com.kgc.bigdata.spark.streaming

import org.apache.spark.SparkConf
import org.apache.spark.streaming.flume.FlumeUtils
import org.apache.spark.streaming.{Seconds, StreamingContext}
```

```
object FlumePullWordCount {
  def main(args: Array[String]) {
    if (args.length < 2) {
     System.err.println(
       "Usage: FlumePushWordCount <host> <port>")
     System.exit(1)
    }

    val Array(hostname, port) = args
    val sparkConf = new SparkConf().setAppName("FlumePullWordCount").setMaster("local[2]")
    val ssc = new StreamingContext(sparkConf, Seconds(5))

    // 获取 flume 数据
       val flumeStream = FlumeUtils.createPollingStream(ssc, hostname, port.toInt, StorageLevel.
MEMORY_ONLY_SER_2)
    flumeStream.map(x =>  new String(x.event.getBody.array()).trim).flatMap(_.split(" "))
     .map(word => (word, 1))        // 每个单词映射成一个 pair
     .reduceByKey(_ + _)            // 根据每个 key 进行累加
     .print()                       // 打印前十个数据
    ssc.start()
    ssc.awaitTermination()
   }
}
```

（4）启动 Flume。

```
flume-ng agent \
--name simple-agent  \
--conf $FLUME_HOME/conf   \
--conf-file $FLUME_HOME/conf/flume_poll_streaming.conf \
-Dflume.root.logger=INFO,console &
```

（5）启动 Spark Streaming 作业。

（6）启动 telnet 进行测试。

```
telnet localhost 44444
```

（7）观察 Spark Streaming 应用程序控制台的输出。

12.3.2　使用 Spark Streaming 整合 Kafka

　　Kafka 是一个分布式的发布—订阅消息系统，简单来说就是一个消息队列，数据是持久化到磁盘的（此处只简单介绍 Kafka）。

　　Kafka 的使用场景比较多，比如用作异步系统间的缓冲队列。另外，在很多场景下，我们都会做如下设计。

（1）将一些数据（比如日志）写入到 Kafka 做持久化存储，而另一个服务消费
Kafka 中的数据，做业务级别的分析，然后将分析结果写入 HBase 或者 HDFS。

（2）因为这个设计很通用，所以像 Storm 这样的大数据流式处理框架已经支持与
Kafka 的无缝连接。

当然，作为后起之秀，Spark 同样对 Kafka 提供了原生的支持。

1．Kafka 基本使用

（1）Kafka 部署

（2）Kafka 简单使用

```
// 启动 zk
zkServer.sh start

// 启动 kafka server
kafka-server-start.sh -daemon $KAFKA_HOME/config/server.properties

// 创建 topic： topic 的名称不要采用短横线，可以采用下划线
kafka-topics.sh --create --zookeeper localhost:2181 --replication-factor 1 --partitions 1 --topic kafka_
streaming_topic

// 查看所有 topic
kafka-topics.sh --list --zookeeper localhost:2181

// 查看指定 topic
kafka-topics.sh --describe --zookeeper localhost:2181 --topic kafka_streaming_topic

// 启动 producer
kafka-console-producer.sh --broker-list localhost:9092 --topic kafka_streaming_topic

// 启动 consumer
kafka-console-consumer.sh --zookeeper localhost:2181 --topic kafka_streaming_topic
```

在 producer 控制台输入数据后能够输出，就表明 Kafka 已经能正常使用了。

2．基于接收器的方式

Spark Streaming 使用接收器来获取数据，而接收器是使用 Kafka 的高阶 Consumer
API 来实现的，接收器从 Kafka 中获取的数据都存储在 Spark Executor 的内存中，然后
Spark Streaming 启动的 job 会去处理那些数据。

开发及测试步骤如下。

（1）在开发环境中添加 Spark Streaming 对 Kafka 的依赖，即在 pom.xml 中添加如
下依赖。

```
<dependency>
    <groupId>org.apache.spark</groupId>
```

```
    <artifactId>spark-streaming-kafka_2.10</artifactId>
    <version>${spark.version}</version>
</dependency>
```

（2）使用 Spark Streaming 处理 Kafka 的数据。

代码 12.7 使用 Spark Streaming 整合 Kafka 的接收器风格

```scala
package com.kgc.bigdata.spark.streaming

import org.apache.spark.SparkConf
import org.apache.spark.streaming.kafka.KafkaUtils
import org.apache.spark.streaming.{Seconds, StreamingContext}

object KafkaWordCount {
 def main(args: Array[String]) {
  if (args.length < 4) {
   System.err.println("Usage: KafkaWordCount <zkQuorum> <group> <topics> <numThreads>")
   System.exit(1)
  }

  val Array(zkQuorum, group, topics, numThreads) = args
  val sparkConf = new SparkConf().setAppName("KafkaWordCount").setMaster("local[2]")
  val ssc = new StreamingContext(sparkConf, Seconds(2))

  // 我们需要消费的 kafka 数据的 topic
  val topicMap = topics.split(",").map((_, numThreads.toInt)).toMap

  // 创建 DStream
  val messages = KafkaUtils.createStream(ssc, zkQuorum, group, topicMap)

  messages.map(_._2)     // 取出 value
   .flatMap(_.split(" ")) // 将字符串使用空格分隔
   .map(word => (word, 1))    // 每个单词映射成一个 pair
   .reduceByKey(_+_) // 根据每个 key 进行累加
   .print()   // 打印前 10 个数据

  ssc.start()
  ssc.awaitTermination()
 }
}
```

（3）在 Kafka 的 Producer 中输入数据，观察 Spark Streaming 应用程序控制台的输出。

注意

① Kafka 中 topic 的 partition，与 Spark 中 RDD 的 partition 是没有关系的。所以在 KafkaUtils.createStream() 中，提高特定 topic 的 partition 的数量，只会增加一个接收器中读取 partition 的线程的数量，并不会增加 Spark 处理数据的并行度。

② 可以创建多个 Kafka 输入 DStream，使用不同的 Consumer group 和 topic，来通过多个接收器并行接收数据。

③ 如果基于容错的文件系统（比如 HDFS），启用了预写日志机制（Write-Ahead Logging，WAL），接收到的数据都会复制一份到预写日志中。因此，在 KafkaUtils.createStream() 中，设置的持久化级别是 StorageLevel.MEMORY_AND_DISK_SER。

3. 直接方式（没有接收器）

这种新的不基于接收器的直接方式是在 Spark1.3 中引入的，能够确保更加健壮的机制。不是启动一个接收器来连续不断地从 Kafka 中接收数据并写入到 WAL 中，而是简单地给出每个批次数据区间需要读取的偏移量位置。最后，每个批次数据的 job 被运行，对应偏移量的数据在 Kafka 中已经准备好了。这些偏移量信息被可靠地存储（检查点），在从失败中恢复时可以直接读取这些偏移量信息。需要注意的是，Spark Streaming 可以在失败以后重新从 Kafka 中读取那些数据段并处理。然而，由于使用仅处理一次的语义，最后重新处理的结果和没有失败之前处理的结果是一致的（这就是所谓的幂等操作：虽经多次处理但结果是一样的）。

直接方式的特点：

（1）简化并行读取：如果要读取多个 partition，不需要创建多个输入 DStream，然后对它们进行 union 操作。Spark 会创建跟 Kafka partition 一样多的 RDD partition，并且会并行地从 Kafka 中读取数据。所以在 Kafka partition 和 RDD partition 之间，有一对一的映射关系。

（2）高性能：如果要保证零数据丢失，在基于接收器的方式中，需要开启 WAL 机制。这种方式其实效率很低下，因为数据实际上被复制了两份，Kafka 自身就有高可靠的机制，会复制一份数据，这里又复制一份到 WAL 中；而直接方式不依赖接收器，不需要开启 WAL 机制，只要 Kafka 中复制了数据，就可以通过 Kafka 的副本进行恢复，属于一次且仅一次的事务机制。

（3）基于接收器的方式，是使用 Kafka 的高阶 API 在 ZooKeeper 中保存消费过的 offset，这是消费 Kafka 数据的传统方式。这种方式配合 WAL 机制可以保证数据零丢失的高可靠性，但无法保证数据被处理一次且仅一次，甚至可能会处理两次。因为 Spark 和 ZooKeeper 之间可能是不同步的。

（4）直接方式使用 Kafka 的简单 API，Spark Streaming 自己负责追踪消费的 offset

并保存在检查点中。Spark 一定是同步的，因此可以保证数据消费一次且仅消费一次。

补充：关于 Kafka offset 的监控开源软件，在生产上用得比较多的有雅虎开源的 Kafka Manager（https://github.com/yahoo/kafka-manager）和 KafkaOffsetMonitor（https://github.com/quantifind/KafkaOffsetMonitor），有兴趣的读者可以按照 GitHub 上的文档说明进行安装和使用。

代码实现：

代码 12.8 使用 Spark Streaming 整合 Kafka 的直接风格

```
package com.kgc.bigdata.spark.streaming

import kafka.serializer.StringDecoder
import org.apache.spark.SparkConf
import org.apache.spark.streaming.kafka.KafkaUtils
import org.apache.spark.streaming.{Seconds, StreamingContext}

object DirectKafkaWordCount {
  def main(args: Array[String]) {
    if (args.length < 2) {
      System.err.println(s"""
        |Usage: DirectKafkaWordCount <brokers> <topics>
        |  <brokers> is a list of one or more Kafka brokers
        |  <topics> is a list of one or more kafka topics to consume from
        |
        """.stripMargin)
      System.exit(1)
    }
    val Array(brokers, topics) = args
    val sparkConf = new SparkConf().setAppName("DirectKafkaWordCount").setMaster("local[1]")
    val ssc = new StreamingContext(sparkConf, Seconds(2))

    // 我们需要消费的 kafka 数据的 topic
    val topicsSet = topics.split(",").toSet

    // kafka 的 broker list 地址
    val kafkaParams = Map[String, String]("metadata.broker.list" -> brokers)

      val messages = KafkaUtils.createDirectStream[String, String, StringDecoder, StringDecoder](ssc, kafkaParams, topicsSet)
    messages.map(_._2)    // 取出 value
      .flatMap(_.split(" ")) // 将字符串使用空格分隔
      .map(word => (word, 1))    // 每个单词映射成一个 pair
      .reduceByKey(_+_) // 根据每个 key 进行累加
      .print() // 打印前十个数据
```

```
ssc.start()
ssc.awaitTermination()
}
}
```

12.3.3　Spark Streaming 优化策略

要获得 Spark Streaming 应用的最佳性能还需要一点调优工作。总体上需要考虑：提高集群资源利用率，减少单批次处理耗时和设置合适的批次大小，以使数据处理速度能跟上数据接收速度。

1.　减少批处理时间之数据接收并发度

跨网络接收数据（如从 Kafka、Flume、socket 等接收数据）需要在 Spark 中序列化并存储数据。如果接收数据的过程是系统瓶颈，那么可以考虑增加数据接收的并行度。注意，每个输入 DStream 只包含一个单独的接收器（Receiver，运行于 Worker Node），每个接收器单独接收一路数据流。所以，配置多个输入 DStream 就能从数据源的不同分区分别接收多个数据流。例如，可以将从 Kafka 拉取两个 topic 的数据流分成两个 Kafka 输入数据流，每个数据流拉取其中一个 topic 的数据，这样一来会同时有两个接收器并行地接收数据，因而增加了总体的吞吐量。同时，又可以把这些 DStream 数据流合并成一个，然后在合并后的 DStream 上使用任何可用的 transformation 算子。示例代码如下：

```
val numStreams = 5
val kafkaStreams = (1 to numStreams).map { i => KafkaUtils.createStream(...) }
val unifiedStream = streamingContext.union(kafkaStreams)
unifiedStream.print()
```

2.　减少批处理时间之数据处理并发度

在计算的各个阶段（stage）中，任何一个阶段的并发任务数不足都有可能造成集群资源利用率低。例如，对于 reduce 类的算子，reduceByKey 和 reduceByKeyAndWindow 的默认并发任务数是由 spark.default.parallelism 决定的，既可以修改这个默认值（spark.default.parallelism），也可以通过参数指定这个并发数量。

3.　减少批处理时间之任务启动开销

如果每秒启动的任务数过多，比如每秒 50 个以上，那么将任务发送给从节点的开销会明显增加，也就很难达到亚秒级（sub-second）的延迟。不过以下两个方法可以减少任务的启动开销。

（1）任务序列化（Task Serialization）：使用 Kryo 来序列化任务，以减少任务本身的大小，从而提高发送任务的速度。任务的序列化格式是由 spark.closure.serializer 属性决定的。不过，目前还不支持闭包序列化，未来的版本可能会增加这个功能。

（2）执行模式（Execution mode）：Spark 独立部署或者 Mesos 粗粒度模式下的任务启动时间比 Mesos 细粒度模式下的任务启动时间要短。

这些调整有可能减少 100 毫秒的批处理时间，这也使得实现亚秒级的批次间隔成为可能。

4. 设置合适的批次间隔

要想 Streaming 应用在集群上能够稳定运行，系统处理数据的速度必须跟上其接收数据的速度。换句话说，批次数据的处理速度应该和其生成速度一样快。对于特定的应用来说，可以从对应的监控（monitoring）页面上观察验证，页面上显示的处理耗时应该要小于批次间隔时间。

根据 Spark Streaming 计算的性质，在一定的集群资源限制下，批次间隔的值会极大地影响系统的数据处理能力。例如，在 WordCountNetwork 示例中，对于特定的数据速率，一个系统可能在批次间隔为 2 秒时跟上数据接收速度，但如果把批次间隔改为 500 毫秒，系统可能就处理不过来了。所以，需要谨慎设置批次间隔，以确保系统能够处理过来。

要找出适合的批次间隔，可以从一个比较保守的批次间隔值（如 5～10 秒）开始测试。要验证系统是否能跟上当前的数据接收速率，可能需要检查一下端到端的批次处理延迟（可以看 Spark 驱动器 log4j 日志中的总延迟，也可以用 StreamingListener 接口来检测）。如果这个延迟能保持和批次间隔差不多，那么系统基本就是稳定的。否则，如果这个延迟持续在增长，也就是说系统跟不上数据接收速度，那就意味着系统不稳定。一旦系统稳定下来后，就可以尝试提高数据接收速度或者减少批次间隔值。需要注意，瞬间的延迟增长可能只是暂时的，只要这个延迟后续会自动降下来就没有问题（如降到小于批次间隔值）。

5. 内存调优

Spark Streaming 应用在集群中占用的内存量严重依赖于具体所使用的 tranformation 算子。例如，如果想要用一个 Window 算子操纵最近 10 分钟的数据，那么集群至少需要在内存里保留 10 分钟的数据；另一个例子是 updateStateByKey，如果 key 很多的话，相对应的保存 key 的状态也会很多，而这些都需要占用内存。如果你的应用只是做一个简单的"映射—过滤—存储"（map-filter-store）操作的话，那需要的内存就很少了。

一般情况下，streaming 接收器接收到的数据会以 StorageLevel.MEMORY_AND_DISK_SER_2 存储级别存到 Spark 中，也就是说，如果内存装不下，数据将被放到磁盘上。数据放到磁盘上会大大降低 streaming 应用的性能，因此还是建议根据应用处理的数据量提供充足的内存。最好的方式就是，一边小规模地放大内存，一边观察评估，然后再放大，再评估。

另一个内存调优的方向就是垃圾回收。因为 streaming 应用往往都需要低延迟，所以肯定不希望出现大量的或耗时较长的 JVM 垃圾回收暂停。

以下是一些能够帮助你减少内存占用和垃圾回收开销的参数或手段。

（1）DStream 持久化级别（Persistence Level of DStreams）：前面提到数据序列化（Data Serialization），默认 streaming 的输入 RDD 会被持久化成序列化的字节流。相对于非序列化数据，这样可以减少内存占用和垃圾回收开销。如果启用 Kryo 序列化，还能进一步减少序列化数据大小和内存占用量。如果还需要进一步减少内存占用的话，可以开启数据压缩（通过 spark.rdd.compress 这个配置设定），只不过数据压缩会增加 CPU 消耗。

（2）清除老数据（Clearing old data）：默认情况下，所有的输入数据以及 DStream 的转换算子产生的持久化 RDD 都是自动清理的。Spark Streaming 会根据所使用的转换算子来清理老数据。例如，你用了一个 Window 算子处理最近 10 分钟的数据，那么 Spark Streaming 会保留至少 10 分钟的数据，并且会主动把更早的数据都删掉。当然，可以设置 streamingContext.remember 的值大一些以保留更长时间段的数据（比如：你可能会需要交互式地查询更老的数据）。

（3）CMS 垃圾回收器（CMS Garbage Collector）：为了尽量减少垃圾回收暂停的时间，强烈建议使用 CMS 垃圾回收器。虽然 CMS 垃圾回收器会稍微降低系统的总体吞吐量，但仍建议使用它，因为 CMS 垃圾回收器能使批次处理的时间保持在一个比较恒定的水平上。最后，需要确保在驱动器（通过 spark-submit 中的 –driver-java- options 设置）和执行器（使用 spark.executor.extraJavaOptions 配置参数）上都设置了 CMS 垃圾回收器。

（4）其他提示：如果还想进一步减少垃圾回收开销，可以尝试以下手段：配合 Tachyon 使用堆外内存来持久化 RDD 或者使用更多但是更小的执行器进程。这样垃圾回收压力就会分散到更多的 JVM 堆中。

➡ 本章总结

本章学习了以下知识点。

➤ 了解大数据处理中常用的实时流处理框架有哪些。

➤ 使用 Spark Streaming 处理 Socket 和 HDFS 上的数据。

➤ 使用 Spark Streaming 处理有状态的统计分析操作。

➤ 使用 Spark Streaming 整合 Flume 的两种不同方式。

➤ 使用 Spark Streaming 整合 Kafka 的两种不同方式。

➤ 通过案例掌握 DStream 中常用的转换和输出算子的使用。

➤ 常见的 Spark Streaming 调优策略。

➡ 本章练习

使用 mapWithState 算子实现有状态的统计分析，mapWithState 的性能高于 updateStateByKey。

随手笔记

附录

一、学习方法

通过本书的学习，你将对大数据常见的处理平台有更深入的理解，现在就可以搭建 Hadoop、Spark 的集群并进行分布式存储与计算。

大数据处理的过程包括：采集、存储、处理、分析、可视化。一般而言，利用 HDFS 进行数据存储，利用 MapReduce 或 Spark 进行数据过滤处理得到结果，利用 Hive 获得一定的数据分析能力。

数据作为整个处理过程的入口，我们已不再满足现有的数据获取方式，想要主动去搜集来自集群服务器的数据，使用 Flume 和 Kafka 便是一种经典的解决方案。甚至有时我们还会想办法去抓取互联网上的公共数据，此时使用 Python 将具有很大的优势。最后，数据处理结果应该借助于图形化手段清晰有效地传达给用户，此时一些常用的报表类工具又给我们提供了极大的便利。

附图 1.1 给出大数据工程师应具备的基本技能图。

目前我们位于 Spark 学习阶段。作为大数据工程师，后面仍然还有很多需要掌握的技能。但不论学习任何技能，都要先回答这样几个问题：我要学的是什么？我为什么要学它？我应该怎样去学习它？总的来说就是学习目标和学习计划的问题。我们推荐的学习方法如附图 1.2 所示。

首先认识了解这项技能是什么？它能够解决什么问题？有哪些相同的解决方案？这个阶段应该培养自己的学习兴趣。

然后是对技能点的理解记忆，比如架构设计图、启动或运行流程、语法或 API 的调用等。该阶段应该掌握技能点的基础知识点。

同时辅助一些简单的案例进行练习，以巩固对技能知识点的掌握。练习时遇到问题一定要尝试自己解决，问题解决后以笔记的方式记录下来，并适时进行回顾总结。

附图 1.1　大数据工程师学习路线图

附图 1.2　推荐学习方法

　　最后，学习完所有技能点之后，再找几个完整的项目来进行实践，推荐观看课工场大数据实战项目视频，跟着视频学习可以提高效率，少走弯路。其中应重点关注各技能点间的集成以及各个技能点适用的场景是什么，同时思考有没有可替换的方案，形成自己的一套解决方案，最终能自己动手写出一个完整的项目。

二、学习资源

　　Hadoop 的核心来自于 Google 的三篇论文，俗称谷歌三驾马车，这里给出它们的链接地址，里面详细阐述了其产生背景与实现思路。

　　1．The Google File System(2003)

　　原文地址：http://labs.google.com/papers/gfs.html

　　中文翻译：http://blog.csdn.net/xuleicsu/article/details/526386

2．MapReduce: Simplied Data Processing on Large Clusters (2004)

原文地址：http://labs.google.com/papers/mapreduce.html

中文翻译：http://blog.csdn.net/active1001/article/details/1675920

3．Bigtable: A Distributed Storage System for Structured Data (2006)

原文地址：http://labs.google.com/papers/bigtable.html

中文翻译：http://blog.csdn.net/three_man/article/details/44409027

另外，还可以在以下网站中获取大数据技术的学习资源。

（1）Apache：http://www.apache.org

（2）StackOverFlow：http://stackoverflow.com

（3）GitHub：https://github.com

（4）Cloudera：http://www.cloudera.com

（5）Databricks：http://databricks.com

（6）CSDN 大数据频道：http://www.csdn.net/tag/bigdata/

（7）51CTO 大数据频道：http://bigdata.51cto.com/col/1710/

（8）知乎大数据话题：https://www.zhihu.com/topic/19740929/top-answers

（9）课工场大数据学院：http://a.kgc.cn/zhuanti/basebigdata.shtml

随手笔记